JN051577

エックス線
作業主任者試験
合格問題集

三好康彦 著

■ はしがき

本書は，国家試験であるエックス線作業主任者試験の10回分の公表試験問題を解説したものです．試験は，「エックス線の管理に関する知識」，「関係法令」，「エックス線の測定に関する知識」，「エックス線の生体に与える影響に関する知識」の4分野ですが，本書は，各分野の中を項目別（出題内容別）に分類して解説しています．

読者がこのような項目別に分類した構成で学習されると，同様な問題が繰返し出題されていることがわかり，記憶に残りやすく，また，系統的に理解が進むと確信しています．

ところで，エックス線は，いろいろな分野で現在ではなくてはならないものですが，その取扱いを誤ると危険なものとなります．エックス線作業主任者は，エックス線に携わる作業者等の安全と安心を確保するための鍵となるポジションにあるといえます．

読者の皆さんは，すでに実務に携わっている方も多いと思います．現場では，さまざまな問題に遭遇し解決することが求められています．この場合に重要なことは，問題解決に必要である広範囲な知識と経験を身につけていることはもとより，単にそれだけでなく，それらを有機的に結び付けて解決する能力が求められています．その能力は，関係するどんな些細なことにも関心をもち，常に疑問の課題として抱えておくことによって，身につくものと考えています．

エックス線は，100年以上前に発見され，当初は医療に利用されてきましたが，周辺技術と相まってエックス線に関係する技術進歩は日進月歩であることはいうまでもありません．この国家資格の合格をきっかけに，関連する他の国家試験にも挑戦していただき，絶えず自己研鑽と現場に即した技術を身につけられることを期待しています．

2020年12月

著者しるす

目　次

第1章　エックス線の管理に関する知識

第2章　関係法令

■第3章　エックス線の測定に関する知識

■第4章　エックス線の生体に与える影響に関する知識

主な法律名の略語一覧

法 …… 労働安全衛生法
令 …… 労働安全衛生法施行令
規則 …… 労働安全衛生規則
電離則 …… 電離放射線障害防止規則

第1章

■ ■ ■ ■

エックス線の管理に関する知識

1.1 エックス線（連続と特性エックス線も含む）の発生及び装置

■ 1.1.1 陽極ターゲット・陰極

問題1 【令和2年春A問1】

エックス線管及びエックス線の発生に関する次の記述のうち，誤っているものはどれか.

(1) エックス線管の内部は，効率的にエックス線を発生させるため，高度の真空になっている.
(2) 陰極で発生する熱電子の数は，フィラメント電流を変えることで制御される.
(3) 陽極のターゲットはエックス線管の軸に対して斜めになっており，加速された熱電子が衝突しエックス線が発生する領域である実焦点は，これをエックス線束の利用方向から見た実効焦点よりも小さくなる.
(4) 連続エックス線の発生効率は，ターゲット元素の原子番号と管電圧の積に比例する.
(5) 管電圧がターゲット元素に固有の励起電圧を超える場合，発生するエックス線は，制動放射による連続エックス線と特性エックス線が混在したものになる.

解説 (1) 正しい．エックス線管の内部は，効率的にエックス線を発生させるため，高度の真空になっている.

(2) 正しい．陰極で発生する熱電子の数は，フィラメント電流を変えることで制御される.

(3) 誤り．陽極のターゲットは，**図1.1**に示すようにエックス線管の軸に対して斜めになっており，加速された熱電子が衝突しエックス線が発生する領域である実焦点は，これをエックス線束の利用方向から見た実効焦点よりも大きくなる.

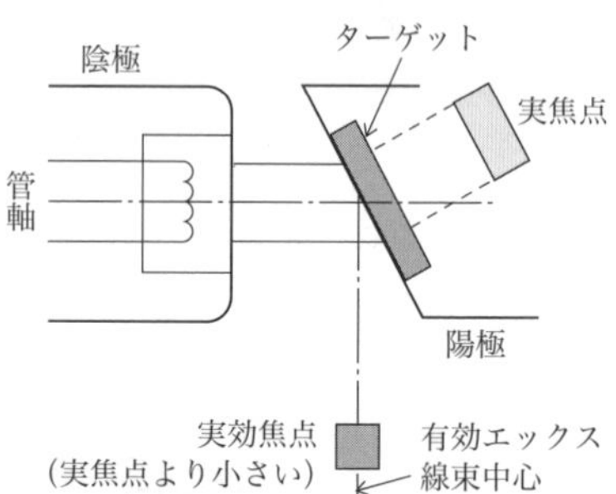

図1.1 実焦点と実効焦点 [1)]

(4) 正しい．連続エックス線の発生効率ηは，ターゲット元素の原子番号Zと管電圧Vの積に比例する．$\eta = k \cdot Z \cdot V$　ただし，kは常数（$10^{-6}\,\mathrm{kV^{-1}}$）である.

(5) 正しい．管電圧がターゲット元素に固有の励起電圧を超える場合，発生するエックス線は，制動放射による連続エックス線（高速の電子が原子核の電場で曲がることで発生する電磁波）と特性エックス線（エネルギーの高い電子軌道から低い電子軌道に電子が遷移するときに発生する電磁波）が混在したものになる.

▶答 (3)

問題2

【令和元年秋A問1】 

エックス線管及びエックス線の発生に関する次の記述のうち，誤っているものはどれか．

(1) エックス線管の内部は，効率的にエックス線を発生させるため，高度の真空になっている．

(2) 陰極で発生する熱電子の数は，フィラメント電流を変えることで制御される．

(3) 陽極のターゲットはエックス線管の軸に対して斜めになっており，加速された熱電子が衝突しエックス線が発生する領域である実焦点よりも，これをエックス線束の利用方向から見た実効焦点の方が大きくなる．

(4) 連続エックス線の発生効率は，ターゲット元素の原子番号と管電圧の積に比例する．

(5) 管電圧がターゲット元素に固有の励起電圧を超える場合，発生するエックス線は，制動放射による連続エックス線と特性エックス線が混在したものになる．

解説 (1) 正しい．エックス線管の内部は，効率的にエックス線を発生させるため，高度の真空になっている．

(2) 正しい．陰極で発生する熱電子の数は，フィラメント電流を変えることで制御される．

(3) 誤り．陽極のターゲットは，図1.1に示すようにエックス線管の軸に対して斜めになっており，加速された熱電子が衝突しエックス線が発生する領域である実焦点は，これをエックス線束の利用方向から見た実効焦点よりも大きくなる．

(4) 正しい．連続エックス線の発生効率ηは，ターゲット元素の原子番号Zと管電圧Vの積に比例する．$\eta = k \cdot Z \cdot V$　ただし，kは常数である．

(5) 正しい．管電圧がターゲット元素に固有の励起電圧を超える場合，発生するエックス線は，制動放射による連続エックス線（高速の電子が核の近傍の強い電場で曲げられることによって発生）と特性エックス線（エネルギー的に高い軌道電子がより低い空の電子軌道に遷移するときに放出するエネルギー）が混在したものになる．　▶答 (3)

問題3

【令和元年春A問1】 

エックス線管及びエックス線の発生に関する次の記述のうち，誤っているものはどれか．

(1) エックス線管の内部は，効率的にエックス線を発生させるため，高度の真空になっている．

(2) 陰極で発生する熱電子の数は，フィラメント電流を変えることで制御される．

(3) 陽極のターゲットは，エックス線管の軸に対して斜めになっており，加速された熱電子が衝突しエックス線が発生する領域である実焦点よりも，これをエックス線束の利用方向から見た実効焦点の方が大きくなるようにしてある.

(4) 連続エックス線の発生効率は，ターゲット元素の原子番号と管電圧の積に比例する.

(5) 管電圧がターゲット元素に固有の励起電圧を超える場合，発生するエックス線は，制動放射による連続エックス線と線スペクトルを示す特性エックス線が混在したものになる.

解説 (1) 正しい. エックス線管の内部は，効率的にエックス線を発生させるため，高度の真空になっている.

(2) 正しい. 陰極で発生する熱電子の数は，フィラメント電流を変えることで制御される.

(3) 誤り. 陽極のターゲットは，エックス線管の軸に対して斜めになっており，加速された熱電子が衝突しエックス線が発生する領域である実焦点よりも，これをエックス線束の利用方向から見た実効焦点の方が小さくなるようにしてある.（図1.1参照）

(4) 正しい. 連続エックス線の発生効率ηは，ターゲット元素の原子番号Zと管電圧Vの積に比例する. $\eta = k \cdot Z \cdot V$　ただし，kは常数である.

(5) 正しい. 管電圧がターゲット元素に固有の励起電圧を超える場合，発生するエックス線は，制動放射による連続エックス線と線スペクトルを示す特性エックス線が混在したものになる.

▶答 (3)

問題4 【平成30年秋A問1】

工業用エックス線装置のエックス線管及びエックス線の発生に関する次の記述のうち，正しいものはどれか.

(1) エックス線管の内部には，効率的にエックス線を発生させるためにアルゴンなどの不活性ガスが封入されている.

(2) 陽極のターゲットにタングステンが多く用いられる主な理由は，熱伝導率が高く，加工しやすいことである.

(3) 陰極のフィラメント端子間の電圧は，フィラメント加熱用の降圧変圧器を用いて10～20V程度にしている.

(4) 陽極のターゲット上のエックス線が発生する部分を実効焦点といい，これをエックス線束の利用方向から見たものを実焦点という.

(5) エックス線管の管電流は，陰極から陽極に向かって流れる.

解説 (1) 誤り. エックス線管の内部には，効率的にエックスを発生させるために真空にされている.

(2) 誤り. 陽極のターゲットにタングステンが多く用いられている主な理由は，陽極に電子が衝突するため必要な高い融点を持ち，また冷却効果の望める高い熱伝導率を持つからである．

(3) 正しい．陰極のフィラメント端子間の電圧は，フィラメント加熱用の降圧変圧器を用いて 10 ～ 20 V 程度にしている．

(4) 誤り．陽極のターゲット上のエックス線が発生する部分を実焦点といい，これをエックス線束の利用方向から見たものを実効焦点という．記述が逆である．（図 1.1 参照）

(5) 誤り．エックス線の管電流は，電子が陰極から陽極に流れるので，陽極から陰極に流れる．

▶答 (3)

問題5

【平成30年春A問1】 

工業用エックス線装置のエックス線管及びエックス線の発生に関する次の記述のうち，正しいものはどれか．

(1) エックス線管の内部には，効率的にエックス線を発生させるためにアルゴンなどの不活性ガスが封入されている．

(2) 陽極のターゲットにタングステンが多く用いられる主な理由は，熱伝導率が高く，加工しやすいことである．

(3) 陰極のフィラメント端子間の電圧は，フィラメント加熱用の降圧変圧器を用いて 10 ～ 20 V 程度にされている．

(4) 陽極のターゲット上のエックス線が発生する部分を実効焦点といい，これをエックス線束の利用方向から見たものを実焦点という．

(5) 陽極のターゲットに衝突する電子の運動エネルギーがエックス線に変換する効率は，管電圧に比例し，ターゲット元素の原子番号に反比例する．

解説 (1) 誤り．エックス線管の内部には，効率的にエックス線を発生させるために真空にされている．

(2) 誤り．陽極のターゲットにタングステンが多く用いられている主な理由は，陽極に電子が衝突するために必要な高い融点を持ち，また冷却効果の望める高い熱伝導率を持つからである．

(3) 正しい．陰極のフィラメント端子間の電圧は，フィラメント加熱用の降圧変圧器を用いて 10 ～ 20 V 程度にしている．

(4) 誤り．陽極のターゲット上のエックス線が発生する部分を実焦点といい，これをエックス線束の利用方向から見たものを実効焦点という．記述が逆である．（図 1.1 参照）

(5) 誤り．陽極のターゲットに衝突する電子の運動エネルギーがエックス線に変換する効率 η は，$\eta = k \cdot Z \cdot V$（k：常数，Z：原子番号，V：管電圧）で表されるので，管電圧に比例し，ターゲット元素の原子番号に比例する．

▶答 (3)

問題6

【平成29年秋A問1】

工業用エックス線装置のエックス線管及びエックス線の発生に関する次の記述のうち，正しいものはどれか．

(1) エックス線管の内部には，効率的にエックス線を発生させるためにアルゴンなどの不活性ガスが封入されている．

(2) 陽極のターゲットにタングステンが多く用いられる主な理由は，熱伝導率が高く，加工しやすいことである．

(3) 陰極のフィラメント端子間の電圧は，フィラメント加熱用の降圧変圧器を用いて10～20V程度にしている．

(4) 陽極のターゲット上のエックス線が発生する部分を実効焦点といい，これをエックス線束の利用方向から見たものを実焦点という．

(5) 陽極のターゲットに衝突する電子の運動エネルギーがエックス線に変換する効率は，管電圧に比例し，ターゲット元素の原子番号に反比例する．

解説 (1) 誤り．エックス線管の内部には，効率的にエックス線を発生させるために真空にされている．

(2) 誤り．陽極のターゲットにタングステンが多く用いられている主な理由は，陽極に電子が衝突するために必要な高い融点を持ち，また冷却効果の望める高い熱伝導率を持つからである．

(3) 正しい．陰極のフィラメント端子間の電圧は，フィラメント加熱用の降圧変圧器を用いて10～20V程度にしている．

(4) 誤り．陽極のターゲット上のエックス線が発生する部分を実焦点といい，これをエックス線束の利用方向から見たものを実効焦点という．記述が逆である．(図1.1参照)

(5) 誤り．陽極のターゲットに衝突する電子の運動エネルギーがエックス線に変換する効率ηは，$\eta = k \cdot Z \cdot V$ (k：常数，Z：原子番号，V：管電圧) で表されるので，管電圧に比例し，ターゲット元素の原子番号に比例する．

▶答 (3)

問題7

【平成29年春A問5】

工業用エックス線装置のエックス線管及びエックス線の発生に関する次の記述のうち，正しいものはどれか．

(1) エックス線管の内部には，効率的にエックス線を発生させるためにアルゴンなどの不活性ガスが封入されている．

(2) 陽極のターゲットにタングステンが多く用いられる主な理由は，熱伝導率が高く，加工しやすいことである．

(3) 陰極のフィラメント端子間の電圧は，フィラメント加熱用の降圧変圧器を用いて 10 ～ 20 V 程度にされている.
(4) 陽極のターゲット上のエックス線が発生する部分を実効焦点といい，これをエックス線束の利用方向から見たものを実焦点という.
(5) 陽極のターゲットに衝突する電子の運動エネルギーがエックス線に変換する効率は，管電圧に比例し，ターゲット元素の原子番号に反比例する.

解説 問題 5（平成 30 年春 A 問 1）と同一問題．解説は問題 5 を参照. ▶答 (3)

問題 8 【平成 28 年秋 A 問 1】

エックス線管及びエックス線の発生に関する次の記述のうち，誤っているものはどれか.
(1) エックス線管の内部は，効率的にエックス線を発生させるため，高度の真空状態としている.
(2) 陽極のターゲットには，融点の高いタングステン，モリブデンなどが用いられる.
(3) 電子が陽極のターゲットに衝突し，エックス線が発生する部分を実焦点といい，これをエックス線束の利用方向から見たものを実効焦点という.
(4) 陽極のターゲットに衝突した電子の運動エネルギーの一部はエックス線として放射されるが，その発生効率は 1 ～ 3% 程度で，大部分は熱に変換される.
(5) エックス線管の管電流は，陰極から陽極に向かって流れる.

解説 (1) 正しい．エックス線管の内部は，効率的にエックス線を発生させるため，高度の真空状態としている.
(2) 正しい．陽極のターゲットには，融点の高いタングステン，モリブデンなどが用いられる.
(3) 正しい．陽子が陽極のターゲットに衝突し，エックス線が発生する部分を実焦点といい，これをエックス線束の利用方向から見たものを実効焦点という．（図 1.1 参照）
(4) 正しい．陽極のターゲットに衝突した電子の運動エネルギーの一部は，エックス線として放射されるが，その発生効率は 1 ～ 3% 程度で，大部分は熱に変換される.
(5) 誤り．エックス線管の管電流は，電子の流れの反対であるから陽極から陰極に向かって流れる.
▶答 (5)

問題 9 【平成 28 年春 A 問 1】

エックス線管及びエックス線の発生に関する次の記述のうち，誤っているものはどれか.
(1) エックス線管の内部は，効率的にエックス線を発生させるため，高度の真空になっている.

(2) 陰極で発生する熱電子の数は，フィラメント電流を変えることで制御される.

(3) 陽極のターゲットはエックス線管の軸に対して斜めになっており，加速された熱電子が衝突しエックス線が発生する領域である実焦点よりも，これをエックス線束の利用方向から見た実効焦点の方が大きくなる.

(4) 連続エックス線の発生効率は，ターゲット元素の原子番号と管電圧の積に比例する.

(5) 管電圧がターゲット元素に固有の励起電圧を超える場合，発生するエックス線は，制動放射による連続エックス線と特性エックス線が混在したものになる.

解説 (1) 正しい．エックス線管の内部は，効率的にエックス線を発生させるため，高度の真空になっている．

(2) 正しい．陰極で発生する熱電子の数は，フィラメント電流を変えることによって制御される．

(3) 誤り．陽極のターゲットは，図 1.1 に示すようにエックス線管の軸に対して斜めになっており，加速された熱電子が衝突しエックス線が発生する領域である実焦点よりも，これをエックス線束の利用方向から見た実効焦点の方が小さくなる．

(4) 正しい．連続エックス線の発生効率ηは，次のようにターゲット元素の原子番号と管電圧の積に比例する．$\eta = k \cdot Z \cdot V$　ここに，k：比例常数（$10^{-6}\,\mathrm{kV}^{-1}$），$Z$：原子番号，$V$：管電圧

(5) 正しい．管電圧がターゲット元素に固有の励起電圧を超える場合，発生するエックス線は，制動放射による連続エックス線（高速の電子が核の近傍の強い電場によって曲げられたときに発生するエックス線）と特性エックス線（軌道電子がエネルギー準位のより低い空のある電子軌道に遷移するときに発生するエックス線）が混在したものになる．

▶答（3）

■ 1.1.2　エックス線管電圧・電流・全強度の実験式

問題 1　【令和 2 年春 A 問 3】 

エックス線装置の管電流を一定にして，管電圧を増加させた場合に，発生する連続エックス線に認められる変化として，誤っているものは次のうちどれか.

(1) 最大エネルギーは，高くなる.

(2) 最高強度を示す波長は，短くなる.

(3) 線質は，硬くなる.

(4) 最短波長は，管電圧に反比例して短くなる．
(5) 全強度は，管電圧に比例して大きくなる．

解説 (1) 正しい．最大エネルギーは，高くなる．(図 1.3 参照)
(2) 正しい．最高強度を示す波長は，エネルギーが大きくなっているので短くなる．
(3) 正しい．線質は，硬く（短い波長のエックス線）なり，エネルギーでは 20 ～ 100 keV 以上を硬エックス線と呼ぶ．
(4) 正しい．最短波長は，管電圧に反比例して短くなる．
(5) 誤り．全強度 I は，$I = kiV^2Z$（k：定数，i：管電流，V：管電圧，Z：ターゲット元素の原子番号）で表せるから管電圧の 2 乗に比例して大きくなる．

▶答 (5)

問題 2

【令和元年春 A 問 2】

エックス線管の管電流又は管電圧の変化に対応したエックス線の発生に関する次の記述のうち，誤っているものはどれか．
(1) 管電圧を一定にして管電流を上げると，エックス線の全強度は，管電流に比例して増加する．
(2) 管電流を一定にして管電圧を上げると，エックス線の全強度は，管電圧に比例して増加する．
(3) 管電圧を一定にして管電流を上げても，エックス線の最大エネルギーは変わらない．
(4) 管電流を一定にして管電圧を上げると，エックス線の最大エネルギーは高くなる．
(5) 管電流を一定にして管電圧を上げると，エックス線の最短波長は，管電圧に反比例して短くなる．

解説 (1) 正しい．管電圧 V を一定にして管電流 i を上げると，エックス線の全強度 I は，次式に示すように管電流に比例して増加する．

$I = kiV^2Z$　ここに，k：定数，Z：原子番号

(2) 誤り．管電流 i を一定にして管電圧 V を上げると，上の式（(1) で示した式）からエックス線の全強度は，管電圧の 2 乗に比例して増加する．
(3) 正しい．電子の運動エネルギーは，電子の荷電量 e と電位差 V の積 eV で表され電流に関係しないから，管電圧を一定にして管電流を上げても，エックス線の最大エネルギーは変わらない．
(4) 正しい．管電流を一定にして管電圧を上げると，エックス線の最大エネルギーは高くなる．
(5) 正しい．管電流を一定にして管電圧 V を上げると，エックス線の最短波長 λ_{min} は，

次に示す関係があり管電圧に反比例して短くなる．

$$\lambda_{min} = 1.24/V$$

▶答（2）

問題3 【平成29年秋A問2】

エックス線装置について，次のAからDのように条件を変化させるとき，発生する連続エックス線の全強度を大きくするもののすべての組合せは（1）～（5）のうちどれか．

A　管電流は一定にして，管電圧を2倍にする．

B　管電圧は1/2にして，管電流を2倍にする．

C　管電圧は2倍にして，管電流を1/2にする．

D　管電圧及び管電流は一定にして，ターゲットを原子番号のより大きな元素にする．

（1）A，B　（2）A，B，D　（3）A，C，D　（4）B，C　（5）C，D

解説　連続エックス線の全強度Iは，次のように実験的に管電流に比例し，管電圧の二乗に比例し，ターゲット元素の原子番号に比例するものである．

$$I = kiV^2Z$$

ここに，k：比例定数，i：管電流，V：管電圧，Z：ターゲット元素の原子番号

A　正しい．$i \to$ 一定，$V \to 2V$にすれば，$I \to 4$倍となる．

B　誤り．$V \to V/2$，$i \to 2i$にすれば，$I \to 1/2$倍となる．

C　正しい．$V \to 2V$，$i \to i/2$にすれば，$I \to 2$倍となる．

D　正しい．V，$i \to$ 一定，$Z \to$ 大にすれば，$I \to$ 大となる．

以上から（3）が正解．

▶答（3）

問題4 【平成28年秋A問2】

エックス線管から発生する連続エックス線の全強度Iを示す式として，実験的に求められているものは，次のうちどれか．

ただし，V：管電圧

i：管電流

Z：ターゲット元素の原子番号

k：比例定数

とする．

（1）$I = kiV^2Z$

（2）$I = kiVZ^2$

（3）$I = ki^2VZ$

(4) $I = kiVZ$

(5) $I = ki^2V/Z$

解説 連続エックス線の全強度Iは，次のように実験的に管電流に比例し，管電圧の二乗に比例し，ターゲット元素の原子番号に比例するものである．

$$I = kiV^2Z$$

ここに，k：比例定数，i：管電流，V：管電圧，Z：ターゲット元素の原子番号

▶答 (1)

問題5

【平成27年秋A問1】 

エックス線管から発生する連続エックス線に関する次の記述のうち，正しいものはどれか．

(1) 管電圧が一定の場合，管電流を増加させると，連続エックス線の全強度は管電流に比例して増加する．

(2) 管電圧が一定の場合，管電流を増加させると，連続エックス線の最短波長は短くなる．

(3) 管電圧が一定の場合，管電流を増加させると，連続エックス線の最高強度を示す波長は長くなる．

(4) 管電圧と管電流が一定の場合，ターゲット元素の種類を変えても，連続エックス線の全強度は変わらない．

(5) 管電圧と管電流が一定の場合，ターゲット元素の原子番号が小さいほど，連続エックス線の最短波長は長くなる．

解説 (1) 正しい．管電圧Vが一定の場合，管電流iを増加させると，連続エックス線の全強度Iは次のように管電流iに比例して増加する．

$$I = kiV^2Z \quad ①$$

ここに，k：比例定数で約$10^{-6}\,\mathrm{kV^{-1}}$，$Z$：ターゲット元素の原子番号

(2) 誤り．管電圧が一定の場合，管電流を増加させても，連続エックス線の最短波長は変わらない．強度は大きくなる．なお，管電圧を大きくすると，電子がより加速されるため，最短波長はより短くなる．

(3) 誤り．管電圧が一定の場合，管電流を増加させても，連続エックス線の最高強度を示す波長は変わらない．なお，最高強度はさらに大きくなる．

(4) 誤り．管電圧と管電流が一定の場合，ターゲット元素の種類を変えると式①から連続エックス線の全強度は変わる．原子番号が大きいほど全強度は大きくなる．

(5) 誤り．管電圧と管電流が一定の場合，ターゲット元素の原子番号が小さいほど連続

エックス線の全強度は小さくなるが，連続エックス線の最短波長は変化しない．

▶答（1）

■ 1.1.3　制動エックス線

題 1　【平成 28 年春 A 問 2】 

エックス線に関する次の記述のうち，誤っているものはどれか．

（1）エックス線は，間接電離放射線である．

（2）制動エックス線は，軌道電子が，エネルギー準位の高い軌道から低い軌道へと転移するときに発生する．

（3）制御エックス線のエネルギー分布は，連続スペクトルを示す．

（4）特性エックス線は，ターゲットの元素に特有な波長をもつ．

（5）K 系列の特性エックス線は，管電圧を上げると強度が増大するが，その波長は変わらない．

解説　（1）正しい．エックス線は，間接電離放射線（荷電を持たない放射線でエックス線，γ 線や中性子線などが該当）である．

（2）誤り．特性エックス線は，軌道電子が，エネルギー準位の高い軌道から空のある低い軌道へと転移するときに発生する．制動エックス線は，高速の電子が核の近傍の強い電場によって曲げられたときに発生するものをいう．

（3）正しい．制動エックス線のエネルギー分布は，連続スペクトルを示す．

（4）正しい．特性エックス線は，ターゲットの元素に特有な波長のピークを示す．

（5）正しい．K 系列の特性エックス線（L 殻や M 殻などから K 殻に電子が遷移するときに発生するエックス線）は，管電圧を上げると強度が増大するが，その波長は変わらない．

▶答（2）

■ 1.1.4　一体形・分離形エックス線装置

問題 1　【令和元年秋 A 問 4】 

工業用の一体形エックス線装置に関する次の文中の［　　］内に入れる A から C の語句の組合せとして，正しいものは（1）～（5）のうちどれか．

「工業用の一体形エックス線装置は，［ A ］とエックス線管を一体としたエックス線発生器と，［ B ］との間を［ C ］ケーブルで接続する構造の装置である．」

	A	B	C
(1)	管電圧調整器	制御器	高電圧
(2)	管電圧調整器	管電流調整器	高電圧
(3)	高電圧発生器	管電圧調整器	高電圧
(4)	高電圧発生器	制御器	低電圧
(5)	管電流調整器	管電圧調整器	低電圧

解説 A 「高電圧発生器」である.
B 「制御器」である.
C 「低電圧」である.
以上から (4) が正解.

▶答 (4)

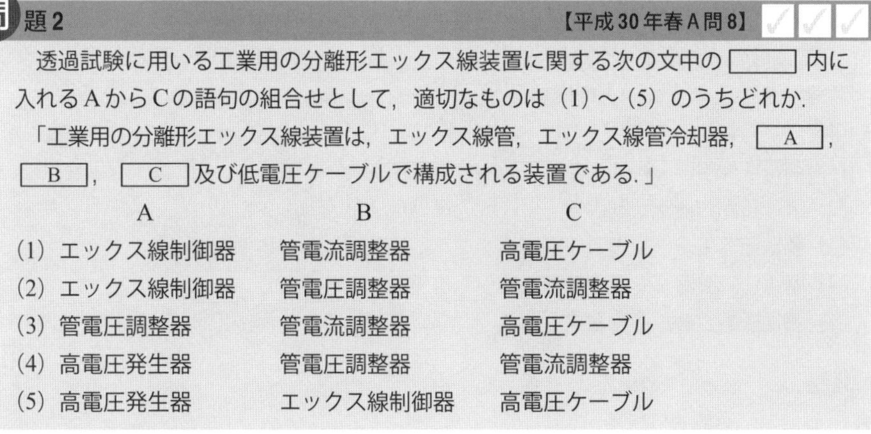

問題2 【平成30年春A問8】

透過試験に用いる工業用の分離形エックス線装置に関する次の文中の[　　]内に入れるAからCの語句の組合せとして，適切なものは (1)～(5) のうちどれか.

「工業用の分離形エックス線装置は，エックス線管，エックス線管冷却器，[A]，[B]，[C]及び低電圧ケーブルで構成される装置である.」

	A	B	C
(1)	エックス線制御器	管電流調整器	高電圧ケーブル
(2)	エックス線制御器	管電圧調整器	管電流調整器
(3)	管電圧調整器	管電流調整器	高電圧ケーブル
(4)	高電圧発生器	管電圧調整器	管電流調整器
(5)	高電圧発生器	エックス線制御器	高電圧ケーブル

解説 A 「高電圧発生器」である.
B 「エックス線制御器」である.
C 「高電圧ケーブル」である.
以上から (5) が正解.

▶答 (5)

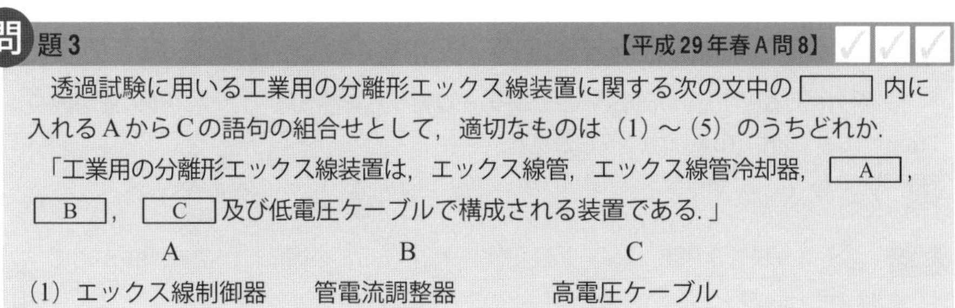

問題3 【平成29年春A問8】

透過試験に用いる工業用の分離形エックス線装置に関する次の文中の[　　]内に入れるAからCの語句の組合せとして，適切なものは (1)～(5) のうちどれか.

「工業用の分離形エックス線装置は，エックス線管，エックス線管冷却器，[A]，[B]，[C]及び低電圧ケーブルで構成される装置である.」

	A	B	C
(1)	エックス線制御器	管電流調整器	高電圧ケーブル

(2)	エックス線制御器	管電圧調整器	管電流調整器
(3)	管電圧調整器	管電流調整器	高電圧ケーブル
(4)	高電圧発生器	管電圧調整器	管電流調整器
(5)	高電圧発生器	エックス線制御器	高電圧ケーブル

解説 A 「高電圧発生器」である．

B 「エックス線制御器」である．

C 「高電圧ケーブル」である．

以上から（5）が正解．

▶答（5）

問題 4

【平成 28 年春 A 問 7】

工業用の一体形エックス線装置に関する次の文中の［　］内に入れるAからCの語句の組合せとして，正しいものは（1）～（5）のうちどれか．

「工業用の一体形エックス線装置は，［A］とエックス線管を一体としたエックス線発生器と，［B］との間を［C］ケーブルで接続する構造の装置である．」

	A	B	C
(1)	高電圧発生器	制御器	低電圧
(2)	管電圧調整器	制御器	高電圧
(3)	高電圧発生器	管電圧調整器	高電圧
(4)	管電流調整器	管電圧調整器	低電圧
(5)	管電圧調整器	管電流調整器	高電圧

解説 A 「高電圧発生器」である．

B 「制御器」である．

C 「低電圧」である．

以上から（1）が正解．

▶答（1）

■ 1.1.5　エックス線の最短波長の算出

問題 1

【平成 27 年秋 A 問 10】

波高値による管電圧が 150 kV のエックス線管から発生するエックス線の最短波長（nm）に最も近い値は，次のうちどれか．

（1）0.001　（2）0.008　（3）0.02　（4）0.08　（5）0.2

解説 エックス線管電圧 V〔kV〕と最短波長 λ_{min}〔nm〕の間には，次の関係がある．

$$\lambda_{min} = 1.24/V \quad ①$$

式①に与えられた数値を代入する．

$$\lambda_{\min} = 1.24/150 = 0.008\,\text{nm}$$

以上から（2）が正解．　▶答（2）

■ 1.1.6　エックス線に関する知識

問題1　【平成29年春A問3】 

エックス線に関する次の記述のうち，正しいものはどれか．

（1）エックス線は，荷電粒子の流れである．

（2）エックス線は，直接電離放射線である．

（3）エックス線は，波長が可視光線より短い電磁波である．

（4）エックス線の光子は，電子と同じ質量をもつ．

（5）エックス線は，磁場の影響を受ける．

解説（1）誤り．エックス線は，波長の短い電磁波であるから荷電粒子の流れではない．

（2）誤り．エックス線は，間接電離放射線である．直接電離放射線はそれ自体が荷電を持つ粒子で物質を電離できるだけのエネルギーを持つものであり，間接電離放射線は非荷電粒子線（中性子など）や電磁波（エックス線やγ線）であって，これらが物質に当たり生成した二次荷電粒子線が物質に電離を起こすものである．

（3）正しい．エックス線は，波長が可視光線（400～700 nm）より短い電磁波である．

（4）誤り．エックス線の光子は質量がない．

（5）誤り．エックス線は荷電がないので磁場の影響を受けない．　▶答（3）

1.2　特性エックス線

問題1　【令和元年秋A問9】 

特性エックス線に関する次の記述のうち，正しいものはどれか．

（1）特性エックス線（Kα）の波長は，ターゲット元素の原子番号が大きくなると長くなる．

（2）特性エックス線は，連続スペクトルを示す．

（3）管電圧が，K系列の特性エックス線を発生させるのに必要な最小値であるK励起電圧を下回るときは，他の系列の特性エックス線も発生することはない．

（4）K殻電子が電離されたことにより特性エックス線が発生することをオージェ効果

という．

(5) K系列の特性エックス線は，管電圧を上げると強度が増大するが，その波長は変わらない．

解説 (1) 誤り．特性エックス線の波長は，次式に示すようにターゲット元素の原子番号が大きくなると，短くなる．これをMoseleyの法則という．

$$\sqrt{1/\lambda} = a(Z - b)$$

ここに，λ：波長，Z：元素の原子番号，a，b：定数

(2) 誤り．特性エックス線は，エネルギー的に高い軌道電子がより低い空の電子軌道に遷移するときに放出するエネルギーであるから線スペクトルとなる．なお，連続スペクトルとなるのは，制動エックス線ともいい，高速の電子が核の近傍の強い電場で曲げられることによって発生するものである．

(3) 誤り．管電圧が，K系列の特性エックス線（M殻やL殻などからK殻に遷移するときに発生するエックス線）を発生させるのに必要な最小値であるK励起電圧を下回っても，より小さい励起電圧で励起するL系列（M殻やN殻からL殻に遷移するときに発生するエックス線）やM系列（N殻からM殻に遷移するときに発生するエックス線）の特性エックス線が発生する．（**図1.2**参照）

(4) 誤り．オージェ効果とは，高いエネルギー軌道から低いエネルギー軌道へ電子が遷移すると，軌道間に相当するエネルギーをエックス線（特性エックス線）として放出するが，そのエネルギーを最外殻に近い軌道電子に与えて，軌道電子が放出される場合があり，この現象をオージェ効果といい，放出された電子をオージェ電子という．なお，特性エックス線の放出とオージェ電子の放出は競合過程である．

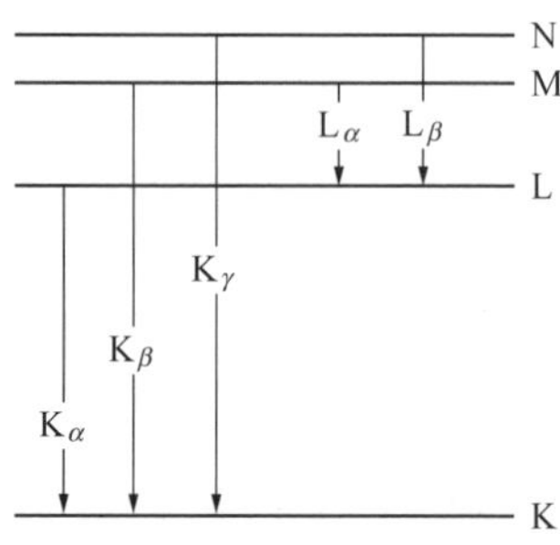

図1.2　K・L殻特性エックス線 [4)]

(5) 正しい．K系列の特性エックス線は，管電圧を上げると強度が増大するが，その波長は変わらない．（**図1.3**参照）

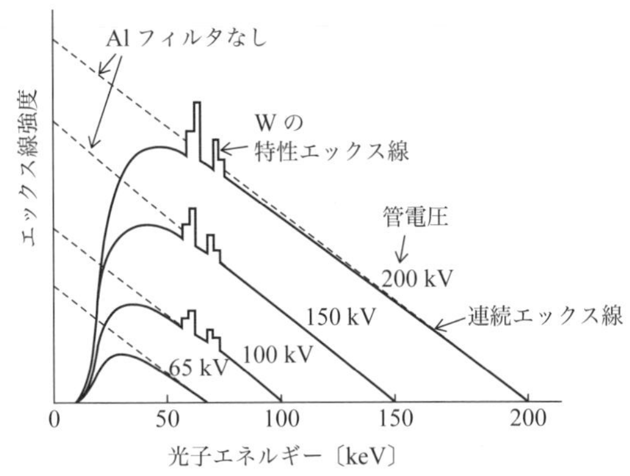

図 1.3　タングステンターゲットのエックス線管からの管電圧によるエックス線スペクトル[1)]

▶答（5）

問題 2　【令和元年春 A 問 3】

特性エックス線に関する次の記述のうち，正しいものはどれか．

(1) 特性エックス線の波長は，ターゲット元素の原子番号が大きいほど長くなる．

(2) 特性エックス線は，連続スペクトルを示す．

(3) 管電圧が，K 系列の特性エックス線を発生させるのに必要な限界値である K 励起電圧を下回るときは，他の系列の特性エックス線も発生することはない．

(4) K 殻電子が電離されたことにより特性エックス線が発生することをオージェ効果という．

(5) K 系列の特性エックス線は，管電圧を上げると強度が増大するが，その波長は変わらない．

解説 (1) 誤り．特性エックス線の波長は，次式に示すようにターゲット元素の原子番号が大きくなると，短くなる．これを Moseley の法則という．

$$\sqrt{1/\lambda} = a(Z - b)$$

ここに，λ：波長，Z：元素の原子番号，a，b：定数

(2) 誤り．特性エックス線は，エネルギー的に高い軌道電子がより低い空の電子軌道に遷移するときに放出するエネルギーであるから線スペクトルとなる．なお，連続スペクトルとなるのは，制動エックス線ともいい，高速の電子が核の近傍の強い電場で曲げられることによって発生するものである．

(3) 誤り．管電圧が，K 系列の特性エックス線（M 殻や L 殻などから K 殻に遷移するときに発生するエックス線）を発生させるのに必要な最小値である K 励起電圧を下回っ

ても，より小さい励起電圧で励起するL系列（M殻やN殻からL殻に遷移するときに発生するエックス線）やM系列（N殻からM殻に遷移するときに発生するエックス線）の特性エックス線が発生する.（図1.2参照）

(4) 誤り．オージェ効果とは，高いエネルギー軌道から低いエネルギー軌道へ電子が遷移すると，軌道間に相当するエネルギーをエックス線（特性エックス線）として放出するが，そのエネルギーを最外殻に近い軌道電子に与えて，軌道電子が放出される場合があり，この現象をオージェ効果といい，放出された電子をオージェ電子という．なお，特性エックス線の放出とオージェ電子の放出は競合過程である.

(5) 正しい．K系列の特性エックス線は，管電圧を上げると強度が増大するが，その波長は変わらない.（図1.3参照）

▶答（5）

問題3 【平成30年秋A問2】

特性エックス線に関する次の記述のうち，正しいものはどれか.

(1) 特性エックス線の波長は，ターゲット元素の原子番号が大きくなると長くなる.

(2) 特性エックス線は，連続スペクトルを示す.

(3) 管電圧が，K系列の特性エックス線を発生させるのに必要な最小値であるK励起電圧を下回るときは，他の系列の特性エックス線も発生することはない.

(4) K殻電子が電離されたことにより特性エックス線が発生することをオージェ効果という.

(5) K系列の特性エックス線は，管電圧を上げると強度が増大するが，その波長は変わらない.

解説 (1) 誤り．特性エックス線の波長は，次式に示すようにターゲット元素の原子番号が大きくなると，短くなる．これをMoseleyの法則という.

$$\sqrt{1/\lambda} = a(Z - b)$$

ここに，λ：波長，Z：元素の原子番号，a，b：定数

(2) 誤り．特性エックス線は，エネルギー的に高い軌道電子がより低い空の電子軌道に遷移するときに放出するエネルギーであるから線スペクトルとなる．なお，連続スペクトルとなるのは，制動エックス線ともいい，高速の電子が核の近傍の強い電場で曲げられることによって発生するものである.

(3) 誤り．管電圧が，K系列の特性エックス線（M殻やL殻などからK殻に遷移するときに発生するエックス線）を発生させるのに必要な最小値であるK励起電圧を下回っても，より小さい励起電圧で励起するL系列（M殻やN殻からL殻に遷移するときに発生するエックス線）やM系列（N殻からM殻に遷移するときに発生するエックス線）の特性エックス線が発生する.（図1.2参照）

(4) 誤り．オージェ効果とは，高いエネルギー軌道から低いエネルギー軌道へ電子が遷移すると，軌道間に相当するエネルギーをエックス線（特性エックス線）として放出するが，そのエネルギーを最外殻に近い軌道電子に与えて，軌道電子が放出される場合があり，この現象をオージェ効果といい，放出された電子をオージェ電子という．なお，特性エックス線の放出とオージェ電子の放出は競合過程である．

(5) 正しい．K系列の特性エックス線は，管電圧を上げると強度は増大するが，その波長は変わらない．（図1.3参照）

▶答（5）

問題4　【平成30年春A問2】

特性エックス線に関する次の記述のうち，正しいものはどれか．

(1) 特性エックス線の波長は，ターゲット元素の原子番号が大きくなると長くなる．

(2) 特性エックス線は，連続スペクトルを示す．

(3) 管電圧が，K系列の特性エックス線を発生させるのに必要な最小値であるK励起電圧を下回るときは，他の系列の特性エックス線も発生することはない．

(4) K殻電子が電離されたことにより特性エックス線が発生することを，オージェ効果という．

(5) ターゲット元素がタングステンの場合のK励起電圧は，タングステンより原子番号の小さい銅やモリブデンの場合に比べて高い．

解説 (1) 誤り．特性エックス線の波長は，次式に示すようにターゲット元素の原子番号が大きくなると，短くなる．これをMoseleyの法則という．

$$\sqrt{1/\lambda} = a(Z - b)$$

ここに，λ：波長，Z：元素の原子番号，a，b：定数

(2) 誤り．特性エックス線は，エネルギー的に高い軌道電子がより低い空の電子軌道に遷移するときに放出するエネルギーであるから線スペクトルとなる．なお，連続スペクトルとなるのは，制動エックス線ともいい，高速の電子が核の近傍の強い電場で曲げられることによって発生するものである．

(3) 誤り．管電圧が，K系列の特性エックス線（M殻やL殻などからK殻に遷移するときに発生するエックス線）を発生させるのに必要な最小値であるK励起電圧を下回っても，より小さい励起電圧で励起するL系列（M殻やN殻からL殻に遷移するときに発生するエックス線）やM系列（N殻からM殻に遷移するときに発生するエックス線）の特性エックス線が発生する．（図1.2参照）

(4) 誤り．オージェ効果とは，高いエネルギー軌道から低いエネルギー軌道へ電子が遷移すると，軌道間に相当するエネルギーをエックス線（特性エックス線）として放出するが，そのエネルギーを最外殻に近い軌道電子に与えて，軌道電子が放出される場合が

あり，この現象をオージェ効果といい，放出された電子をオージェ電子という．なお，特性エックス線の放出とオージェ電子の放出は競合過程である．

(5) 正しい．ターゲット元素がタングステンの場合のK励起電圧は，原子番号の大きいタングステン（原子番号72）の方が，原子番号の小さい銅（29）やモリブデン（42）の場合に比べて高い．

▶答 (5)

問題5 【平成29年秋A問3】

特性エックス線に関する次の記述のうち，正しいものはどれか．

(1) 特性エックス線の波長は，ターゲット元素の原子番号が大きくなると長くなる．

(2) 特性エックス線は，連続スペクトルを示す．

(3) 管電圧が，K系列の特性エックス線を発生させるのに必要な最小値であるK励起電圧を下回るときは，他の系列の特性エックス線も発生することはない．

(4) K殻電子が電離されたことにより特性エックス線が発生することを，オージェ効果という．

(5) ターゲット元素がタングステンの場合のK励起電圧は，タングステンより原子番号の小さい銅やモリブデンの場合に比べて高い．

解説 (1) 誤り．特性エックス線の波長は，次式に示すようにターゲット元素の原子番号が大きくなると，短くなる．これをMoseleyの法則という．

$$\sqrt{1/\lambda} = a(Z - b)$$

ここに，λ：波長，Z：元素の原子番号，a，b：定数

(2) 誤り．特性エックス線は，エネルギー的に高い軌道電子がより低い空の電子軌道に遷移するときに放出するエネルギーであるから線スペクトルとなる．なお，連続スペクトルとなるのは，制動エックス線ともいい，高速の電子が核の近傍の強い電場で曲げられることによって発生するものである．

(3) 誤り．管電圧が，K系列の特性エックス線（M殻やL殻などからK殻に遷移するときに発生するエックス線）を発生させるのに必要な最小値であるK励起電圧を下回っても，より小さい励起電圧で励起するL系列（M殻やN殻からL殻に遷移するときに発生するエックス線）やM系列（N殻からM殻に遷移するときに発生するエックス線）の特性エックス線が発生する．（図1.2参照）

(4) 誤り．オージェ効果とは，高いエネルギー軌道から低いエネルギー軌道へ電子が遷移すると，軌道間に相当するエネルギーをエックス線（特性エックス線）として放出するが，そのエネルギーを最外殻に近い軌道電子に与えて，軌道電子が放出される場合があり，この現象をオージェ効果といい，放出された電子をオージェ電子という．なお，特性エックス線の放出とオージェ電子の放出は競合過程である．

(5) 正しい．ターゲット元素がタングステンの場合のK励起電圧は，原子番号の大きいタングステン（原子番号72）の方が，原子番号の小さい銅（29）やモリブデン（42）の場合に比べて高い．

▶答（5）

問題6

【平成29年春A問7】 

特性エックス線に関する次の記述のうち，正しいものはどれか．

(1) 特性エックス線の波長は，ターゲット元素の原子番号が大きくなると長くなる．

(2) 特性エックス線は，連続スペクトルを示す．

(3) 管電圧が，K系列の特性エックス線を発生させるのに必要な最小値であるK励起電圧を下回るときは，他の系列の特性エックス線も発生することはない．

(4) K殻電子が電離されたことにより特性エックス線が発生することをオージェ効果という．

(5) K系列の特性エックス線は，管電圧を上げると強度が増大するが，その波長は変わらない．

解説 (1) 誤り．特性エックス線の波長は，次式に示すようにターゲット元素の原子番号が大きくなると，短くなる．これをMoseleyの法則という．

$$\sqrt{1/\lambda} = a(Z - b)$$

ここに，λ：波長，Z：元素の原子番号，a，b：定数

(2) 誤り．特性エックス線は，エネルギー的に高い軌道電子がより低い空の電子軌道に遷移するときに放出するエネルギーであるから線スペクトルとなる．なお，連続スペクトルとなるのは，制動エックス線であり，高速の電子が核の近傍の強い電場で曲げられることによって発生するものである．

(3) 誤り．管電圧が，K系列の特性エックス線（M殻やL殻などからK殻に遷移するときに発生するエックス線）を発生させるのに必要な最小値であるK励起電圧を下回っても，より小さい励起電圧で励起するL系列（M殻やN殻からL殻に遷移するときに発生するエックス線）やM系列（N殻からM殻に遷移するときに発生するエックス線）の特性エックス線が発生する．（図1.2参照）

(4) 誤り．オージェ効果とは，軌道間の電子の遷移に伴いそのエネルギーをエックス線（特性エックス線）として放出するが，そのエネルギーを最外殻に近い軌道電子に与えて，軌道電子が放出される場合があり，この現象をオージェ効果といい，放出された電子をオージェ電子という．なお，特性エックス線の放出とオージェ電子の放出は競合過程である．

(5) 正しい．K系列の特性エックス線は，特定の軌道電子がK殻に遷移するときに発生するエネルギーであるから管電圧を上げると強度が増大するが，その波長は変わらな

い．（図1.3参照） ▶答（5）

題7 【平成28年秋A問3】

特性エックス線に関する次の記述のうち，正しいものはどれか．

(1) 特性エックス線の波長は，ターゲット元素の原子番号が大きくなると長くなる．

(2) 特性エックス線は，連続スペクトルを示す．

(3) 管電圧が，K系列の特性エックス線を発生させるのに必要な限界値であるK励起電圧を下回るときは，他の系列の特性エックス線も発生することはない．

(4) K殻電子が電離されたことにより特性エックス線が発生することをオージェ効果という．

(5) K系列の特性エックス線は，管電圧を上げると強度が増大するが，その波長は変わらない．

解説 (1) 誤り．特性エックス線の波長は，次式に示すようにターゲット元素の原子番号が大きくなると，短くなる．これをMoseleyの法則という．

$$\sqrt{1/\lambda} = a(Z - b)$$

ここに，λ：波長，Z：元素の原子番号，a，b：定数

(2) 誤り．特性エックス線は，エネルギー的に高い軌道電子がより低い空の電子軌道に遷移するときに放出するエネルギーであるから線スペクトルとなる．なお，連続スペクトルとなるのは，制動エックス線であり，高速の電子が核の近傍の強い電場で曲げられることによって発生するものである．

(3) 誤り．管電圧が，K系列の特性エックス線（M殻やL殻などからK殻に遷移するときに発生するエックス線）を発生させるのに必要な限界値であるK励起電圧を下回っても，より小さい励起電圧で励起するL系列（M殻やN殻からL殻に遷移するときに発生するエックス線）やM系列（N殻からM殻に遷移するときに発生するエックス線）の特性エックス線が発生する．（図1.2参照）

(4) 誤り．オージェ効果とは，軌道間の電子の遷移に伴いそのエネルギーをエックス線（特性エックス線）として放出するが，そのエネルギーを最外殻に近い軌道電子に与えて，軌道電子が放出される場合があり，この現象をオージェ効果といい，放出された電子をオージェ電子という．なお，特性エックス線の放出とオージェ電子の放出は競合過程である．

(5) 正しい．K系列の特性エックス線は，特定の軌道電子がK殻に遷移するときに発生するエネルギーであるから，管電圧を上げると強度が増大するが，その波長は変わらない．（問題6（平成29年春A問7）とは，選択肢（3）の「限界値」→「最小値」のみ異なる．）

▶答（5）

問題 8 【平成 27 年秋 A 問 2】 

特性エックス線に関する次の記述のうち，正しいものはどれか．

(1) 特性エックス線の波長は，ターゲット元素の原子番号が大きくなると長くなる．
(2) 特性エックス線は，連続スペクトルを示す．
(3) 管電圧が，K 系列の特性エックス線を発生させるのに必要な限界値である K 励起電圧を下回るときは，他の系列の特性エックス線も発生することはない．
(4) K 殻電子が電離されたことにより特性エックス線が発生することを，オージェ効果という．
(5) K 系列の特性エックス線は，管電圧を上げると強度が増大するが，その波長は変わらない．

解説 問題 7（平成 28 年秋 A 問 3）と同一問題．解説は，問題 7 を参照． ▶答 (5)

1.3 エックス線と物質の相互作用

問題 1 【令和 2 年春 A 問 6】 

エックス線と物質との相互作用に関する次の記述のうち，誤っているものはどれか．

(1) 入射エックス線のエネルギーが中性子 1 個の静止質量に相当するエネルギー以上になると，電子及び陽電子を生じる電子対生成が起こるようになる．
(2) コンプトン効果とは，エックス線光子と原子の軌道電子とが衝突し，電子が原子の外に飛び出し，光子が運動の方向を変える現象である．
(3) コンプトン効果による散乱エックス線は，入射エックス線のエネルギーが高くなるほど前方に散乱されやすくなる．
(4) 光電効果とは，原子の軌道電子がエックス線光子のエネルギーを吸収して原子の外に飛び出し，光子が消滅する現象である．
(5) 光電効果が起こる確率は，エックス線のエネルギーが高くなるほど低下する．

解説 (1) 誤り．入射エックス線のエネルギーが電子 2 個の静止質量に相当するエネルギー（2×0.511 MeV）以上になると，電子及び陽電子を生じる電子対生成が起こるようになる．

(2) 正しい．コンプトン効果とは，エックス線光子と原子の軌道電子とが衝突し，電子が原子の外に飛び出し，光子が運動の方向を変える現象である．(**図 1.4** 参照)

(3) 正しい．コンプトン効果による散乱エックス線は，入射エックス線のエネルギーが高くなるほど前方に散乱されやすくなる.

(4) 正しい. 光電効果とは, 原子の軌道電子がエックス線光子のエネルギーを吸収して原子の外に飛び出し, 光子が消滅する現象である.

(5) 正しい. 光電効果が生じる確率は, 入射エックス線のエネルギーが増大すると, コンプトン効果に比べて急激に低下する. (図 1.5 参照)

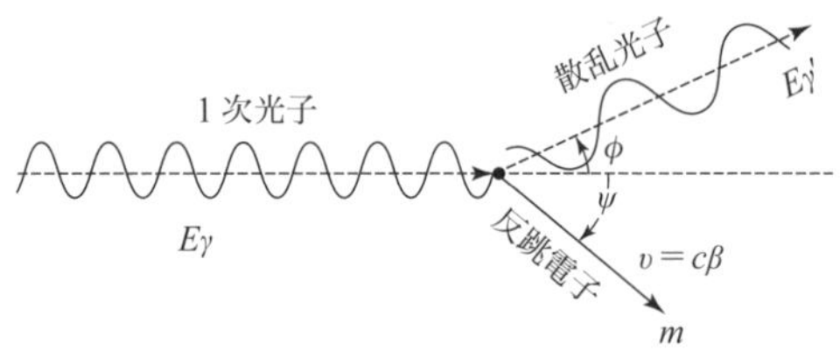

図 1.4 コンプトン効果[2)]

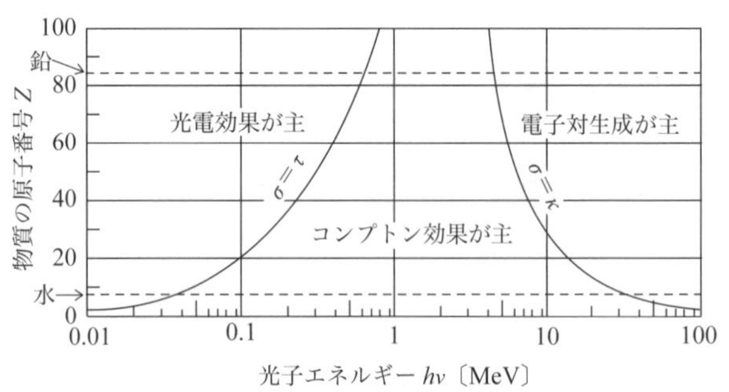

図 1.5 光子エネルギーと物質の原子番号の関係[1)]

▶答 (1)

問題 2 【令和元年春 A 問 4】

エックス線と物質との相互作用に関する次の記述のうち, 誤っているものはどれか.

(1) 入射エックス線のエネルギーが中性子 1 個の静止質量に相当するエネルギー以上になると, 電子及び陽電子を生じる電子対生成が起こるようになる.

(2) コンプトン効果とは, エックス線光子と原子の軌道電子とが衝突し, 電子が原子の外に飛び出し, 光子が運動の方向を変える現象である.

(3) コンプトン効果による散乱エックス線は, 入射エックス線のエネルギーが高くなるほど前方に散乱されやすくなる.

(4) 光電効果とは, 原子の軌道電子がエックス線光子のエネルギーを吸収して原子の外に飛び出し, 光子が消滅する現象である.

(5) 光電効果が生じる確率は, 入射エックス線のエネルギーが増大すると, コンプトン効果に比べて急激に低下する.

解説 (1) 誤り. 入射エックス線のエネルギーが電子2個の静止質量に相当するエネルギー (2 × 0.511 MeV) 以上になると, 電子及び陽電子を生じる電子対生成が起こるようになる.

(2) 正しい. コンプトン効果とは, エックス線光子と原子の軌道電子とが衝突し, 電子が原子の外に飛び出し, 光子が運動の方向を変える現象である. (図1.4参照)

(3) 正しい. コンプトン効果による散乱エックス線は, 入射エックス線のエネルギーが高くなるほど前方に散乱されやすくなる.

(4) 正しい. 光電効果とは, 原子の軌道電子がエックス線光子のエネルギーを吸収して原子の外に飛び出し, 光子が消滅する現象である.

(5) 正しい. 光電効果が生じる確率は, 入射エックス線のエネルギーが増大すると, コンプトン効果に比べて急激に低下する. (図1.5参照)

▶答 (1)

問題3 【平成30年秋A問4】

エックス線と物質との相互作用に関する次の記述のうち, 誤っているものはどれか.

(1) 光電効果とは, 原子の軌道電子がエックス線光子のエネルギーを吸収して原子の外に飛び出し, 光子が消滅する現象である.

(2) 光電効果が起こる確率は, エックス線のエネルギーが高くなるほど低下する.

(3) 光電効果により原子から放出される電子を反跳電子という.

(4) コンプトン効果とは, エックス線光子と原子の軌道電子とが衝突し, 電子が原子の外に飛び出し, 光子が運動の方向を変える現象である.

(5) コンプトン効果による散乱エックス線は, 入射エックス線のエネルギーが高くなるほど前方に散乱されやすくなる.

解説 (1) 正しい. 光電効果とは, 原子の軌道電子がエックス線光子のエネルギーをすべて吸収して原子の外に飛び出し, 光子が消滅する現象である.

(2) 正しい. 光電効果が起こる確率は, エックス線のエネルギーが高くなると, コンプトン効果や電子対生成の現象が発生するので低下する. (図1.5参照)

(3) 誤り. 反跳電子は, コンプトン散乱で生成する電子である.

(4) 正しい. コンプトン効果とは, 図1.4に示すようにエックス線光子と原子の軌道電子とが衝突し, 電子が原子の外に飛び出し, 光子が運動の方向を変える現象である.

(5) 正しい. コンプトン効果による散乱エックス線は, 入射エックス線のエネルギーが高くなるほど前方 (進行方向) に散乱されやすくなる.

▶答 (3)

問題 4　【平成30年春A問4】

エックス線と物質との相互作用による光電効果に関する次の記述のうち，誤っているものはどれか．

(1) 光電効果とは，エックス線光子が軌道電子にエネルギーを与え，電子が原子の外に飛び出し，光子が消滅する現象である．

(2) 光電効果により，原子の外に飛び出した光電子の運動エネルギーは，入射エックス線光子のエネルギーより小さい．

(3) 光電効果が起こると，特性エックス線が二次的に発生する．

(4) 光電効果が発生する確率は，入射エックス線光子のエネルギーが高くなるほど増大する．

(5) 光電効果が発生する確率は，物質の原子番号が大きくなるほど増大する．

解説 (1) 正しい．光電効果とは，エックス線光子が軌道電子にエネルギーを与え，電子が原子の外に飛び出し，光子が消滅する現象である．

(2) 正しい．光電効果により原子から放出される電子の運動エネルギーE_eは，光子のエネルギーをE_r，軌道電子の結合エネルギーをE_bとすれば，次のように表わされる．

$$E_e = E_r - E_b$$

すなわち，光電効果により原子から放出される電子の運動エネルギーE_eは，入射エックス線のエネルギーE_rより結合エネルギーE_bだけ減少する．

(3) 正しい．光電効果によって，電子が原子の外に飛び出すと，電子の空いた軌道にエネルギーの高い軌道の電子が遷移するので，このときに特性エックス線が二次的に発生することとなる．

(4) 誤り．光電効果が発生する確率は，入射エックス線光子のエネルギーが高くなるほど低下し，代わりにコンプトン効果が大きくなり，さらにエネルギーが大きくなると電子対生成が主となってくる．(図1.5参照)

(5) 正しい．光電効果の原子断面積τは，原子番号Zとγ線のエネルギーE_γに依存し，およそ$\tau \propto Z^5 E_\gamma^{-3.5}$の関係があり，原子番号の大きな物質へエネルギーの低い光子が入射したとき光電効果の寄与が大きくなる．

▶答 (4)

問題 5　【平成29年秋A問4】

エックス線と物質との相互作用に関する次の記述のうち，誤っているものはどれか．

(1) 光電効果とは，原子の軌道電子がエックス線光子のエネルギーを吸収して原子の外に飛び出し，光子が消滅する現象である．

(2) 光電効果が起こる確率は，エックス線のエネルギーが高くなるほど低下する．

(3) 光電効果により原子から放出される電子を反跳電子という．

(4) コンプトン効果とは，エックス線光子と原子の軌道電子とが衝突し，電子が原子の外に飛び出し，光子が運動の方向を変える現象である．

(5) コンプトン効果による散乱エックス線は，入射エックス線のエネルギーが高くなるほど前方に散乱されやすくなる．

解説 (1) 正しい．光電効果とは，原子の軌道電子がエックス線光子のエネルギーをすべて吸収して原子の外に飛び出し，光子が消滅する現象である．

(2) 正しい．光電効果が起こる確率は，エックス線のエネルギーが高くなると，コンプトン効果や電子対生成の現象が発生するので低下する．（図 1.5 参照）

(3) 誤り．反跳電子は，コンプトン散乱で生成する電子である．

(4) 正しい．コンプトン効果とは，図 1.4 に示すようにエックス線光子と原子の軌道電子とが衝突し，電子が原子の外に飛び出し，光子が運動の方向を変える現象である．

(5) 正しい．コンプトン効果による散乱エックス線は，入射エックス線のエネルギーが高くなるほど前方（進行方向）に散乱されやすくなる．

▶答 (3)

問題 6 【平成 29 年春 A 問 4】

エックス線と物質の相互作用に関する次の記述のうち，正しいものはどれか．

(1) コンプトン効果により散乱されるエックス線の中には，入射エックス線より波長の短いものがある．

(2) コンプトン効果は，必ず特性エックス線の発生を伴う．

(3) 光電効果が生じる確率は，入射エックス線のエネルギーが増大すると，コンプトン効果に比べて急激に低下する．

(4) 光電効果により光子エネルギーが原子に吸収されて光子は消滅し，このとき入射エックス線に等しい運動エネルギーを持つ光電子が放出される．

(5) 電子対生成は，入射エックス線のエネルギーが，電子 1 個の静止質量に相当するエネルギー以上であるときに生じる．

解説 (1) 誤り．コンプトン効果（エックス線が電子との衝突で，散乱エックス線と散乱電子を生ずる現象）により散乱されるエックス線は，入射エックス線より波長の短いものはない．すなわち，エネルギー的には小さい値となる．

(2) 誤り．コンプトン効果は，特性エックス線の発生を伴わない．特性エックス線とは，軌道電子の散乱などにより軌道に空席ができ，そこへエネルギーの高い軌道の電子が転移する場合に放出される軌道間のエネルギー差に等しいエックス線をいう．

(3) 正しい．光電効果（エックス線が軌道電子にすべてそのエネルギーを与え軌道電子が原子から飛び出す現象）が生じる確率は，**図 1.6** に水の例で示すように入射エックス線が増大すると，コンプトン効果に比べて急激に低下する．図1.6において，τ/ρ が光電効果によるもの，σ_{com}/ρ がコンプトン効果によるもの，κ/ρ が電子対生成によるものである．なお，σ_{coh}/ρ は弾性散乱の発生確率，μ/ρ は質量減弱係数を表す．

(4) 誤り．光電効果により光子エネルギーが原子に吸収されて光子は消滅し，このとき入射エックス線から結合エネルギーを差し引いた値だけ小さい運動エネルギーを持つ光電子が放出される．

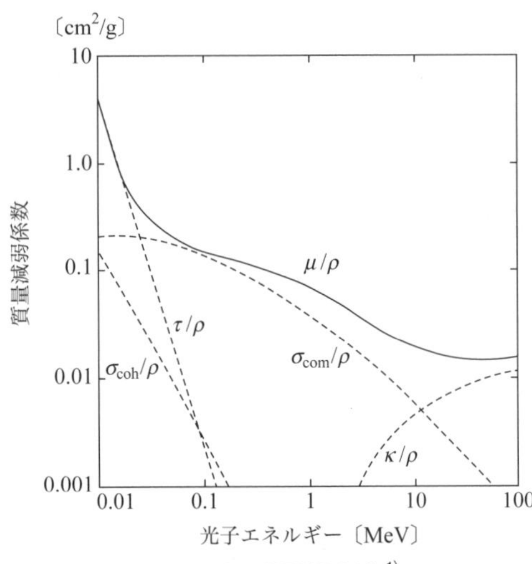

図1.6　水の質量減弱係数[1)]

(5) 誤り．電子対生成は，入射エックス線のエネルギーが，電子2個の静止質量に相当するエネルギー（2 × 0.511 MeV）以上で原子核近傍の電場を通過するときに生じる．　▶答（3）

問題7　【平成28年秋A問4】

次のAからDまでのエックス線と物質との相互作用について，その作用によって入射エックス線が消滅してしまうものの組合せは（1）～（5）のうちどれか．

A　レイリー散乱

B　光電効果

C　コンプトン効果

D　電子対生成

(1) A，B　(2) A，C　(3) B，C　(4) B，D　(5) C，D

解説 A　該当しない．レイリー散乱とは，エネルギーの低いエックス線において，原子核と強く結合している電子を振動させ，その振動が同じ振動数の光子を作り出すので光子はエネルギーを失うことなく同じ波長で散乱する現象であるから，散乱エックス線の波長は，入射エックス線の波長と同じである．入射エックス線は消滅しない．

B　該当する．光電効果とは，軌道電子がエックス線（光子）の全エネルギーを吸収して軌道から電子が飛び出す現象で，エックス線は完全に吸収されて消滅する．

C　該当しない．コンプトン効果とは，軌道電子とエックス線（光子）の弾性散乱で，入射エックス線のエネルギーは，散乱エックス線と反跳電子に分配され，入射エックス線

が消滅することはない．（図 1.4 参照）

D　該当する．電子対生成とは，原子核の近傍の電場の作用によりエックス線（光子）が消滅し，電子・陽電子対が生成される現象である．入射エックス線は，完全に消滅してしまう．

以上から（4）が正解．　▶答（4）

問題 8　【平成 28 年春 A 問 3】 

エックス線と物質の相互作用に関する次の記述のうち，正しいものはどれか．

(1) コンプトン効果により散乱するエックス線の波長は，入射エックス線の波長より短く，散乱角は，0 ～ 90° の間に分布する．

(2) レイリー散乱は，エックス線が原子と弾性的に衝突して運動の向きを変える現象であり，散乱エックス線の波長は入射エックス線の波長より長くなる．

(3) 光電効果により原子から放出される電子を反跳電子という．

(4) 光電効果により原子から放出される電子の運動エネルギーは，入射エックス線のエネルギーに等しい．

(5) 電子対生成は，入射エックス線のエネルギーが，電子 2 個の静止質量に相当するエネルギー以上であるときに生じる．

解説　(1) 誤り．コンプトン効果とは，光子（エックス線やγ線など）と電子の衝突で電子（反跳電子）と散乱光子が生じる現象（図 1.4 参照）で，散乱するエックス線の波長は，入射エックス線の波長より長く，散乱角は，0 ～ 180° の間に分布する．

(2) 誤り．レイリー散乱とは，エネルギーの低いエックス線において，原子核と強く結合している電子を振動させ，その振動が同じ振動数の光子を作り出すので光子はエネルギーを失うことなく同じ波長で散乱する現象であるから，散乱エックス線の波長は，入射エックス線の波長と同じである．

(3) 誤り．コンプトン効果（光子と電子の衝突で散乱光子と反跳電子が生じる現象）により原子から放出される電子を反跳電子という（図 1.4 参照）．なお，光電効果とは，光子が軌道電子にエネルギーを全て与え，軌道電子が原子から飛び出す現象をいう．

(4) 誤り．光電効果により原子から放出される電子の運動エネルギー E_e は，光子のエネルギーを E_r，軌道電子の結合エネルギーを E_b とすれば，次のように表される．

$$E_e = E_r - E_b$$

すなわち，光電効果により原子から放出される電子の運動エネルギー E_e は，入射エックス線のエネルギー E_r より結合エネルギー E_b 分だけ減少する．

(5) 正しい．電子対生成は，入射エックス線のエネルギーが，電子 2 個の静止質量に相当するエネルギー（2 × 0.511 MeV）以上であるときに生じる．　▶答（5）

問題9 【平成27年秋A問4】 

エックス線と物質との相互作用に関する次の記述のうち，正しいものはどれか.

(1) レイリー散乱により散乱されたエックス線の波長は，入射エックス線より長くなる.

(2) 光電効果が起こる確率は，入射エックス線のエネルギーが高くなるほど低下する.

(3) 光電効果により原子から放出される光電子の運動エネルギーは，入射エックス線のエネルギーと等しい.

(4) コンプトン効果により散乱したエックス線は波長がそろっており，互いに干渉して回折現象を起こす.

(5) コンプトン効果によるエックス線の散乱は，入射エックス線のエネルギーが高くなると，前方より後方に多く生じるようになる.

解説 (1) 誤り．レイリー散乱とは，エネルギーの低いエックス線において，原子核と強く結合している電子を振動させ，その振動が同じ振動数の光子を作り出すので，光子はエネルギーを失うことなく同じ波長で散乱する現象であるから，散乱エックス線の波長は，入射エックス線の波長と同じである.

(2) 正しい．光電効果が起こる確率は，入射エックス線のエネルギーが高くなるほど低下し，コンプトン効果や電子対生成の確率が大きくなる.（図1.5参照）

(3) 誤り．光電効果により原子から放出される電子の運動エネルギーE_eは，光子のエネルギーをE_r，軌道電子の結合エネルギーをE_bとすれば，次のように表される.

$$E_e = E_r - E_b$$

すなわち，光電効果により原子から放出される電子の運動エネルギーE_eは，入射エックス線のエネルギーE_rより結合エネルギーE_bだけ減少する.

(4) 誤り．コンプトン効果により散乱したエックス線は波長がそろっておらず連続であり，互いに干渉せず回折現象も起こさない.

(5) 誤り．コンプトン効果によるエックス線の散乱は，入射エックス線のエネルギーが高くなると，後方より前方に多く生じるようになる. ▶答 (2)

1.4 散乱線の空気カーマ率

問題1 【令和2年春A問7】 

図のように，エックス線装置を用い，厚さ20mmの鋼板に管電圧100kVでエックス線を垂直に照射したとき，照射野の中心から2mの距離にある図のA点からD点における散乱線の空気カーマ率の大きさに関する次の記述のうち，正しいものはどれか．

ただし，鋼板からの散乱線以外の影響は考えないものとし，また，照射条件は一定とする．

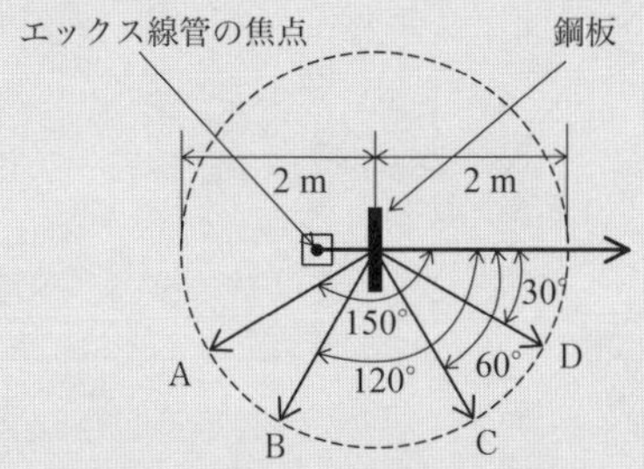

(1) A点における空気カーマ率は，鋼板の厚さを30 mmに替えると減少する．

(2) D点における空気カーマ率は，鋼板の厚さを30 mmに替えても，ほとんど変化しない．

(3) A点における空気カーマ率は，B点における空気カーマ率より小さい．

(4) B点における空気カーマ率は，鋼板を同じ厚さのアルミニウム板に替えると減少する．

(5) C点における空気カーマ率は，D点における空気カーマ率より小さい．

解説 (1) 誤り．A点における空気カーマ率は，鋼板の厚さを30 mmに替えると，散乱が増加するので増加する．なお，空気カーマ率とは，エックス線やγ線など非電離放射線を空気に照射して電離させ，発生した時間当たりの電荷量〔$C \cdot kg^{-1} \cdot h^{-1}$〕で，放射線の照射線量率〔$C \cdot kg^{-1} \cdot h^{-1}$〕である．

(2) 誤り．D点における空気カーマ率は，鋼板の厚さを30 mmに替えると，散乱と吸収が増加するため減少する．

(3) 誤り．後方散乱において，150°付近のA点における空気カーマ率は，**図1.7** (b) の図から最も高いので，B点における空気カーマ率より大きい．

(4) 誤り．B点における空気カーマ率は，鋼板（原子番号26）を同じ厚さのアルミニウム板（原子番号13）に替えると，原子番号の小さい方の後方散乱が大きいので増加する．

(5) 正しい．前方散乱は，散乱角度が小さい方が大きいのでC点における空気カーマ率は，D点における空気カーマ率より小さい．（**図1.7** (a) 参照）

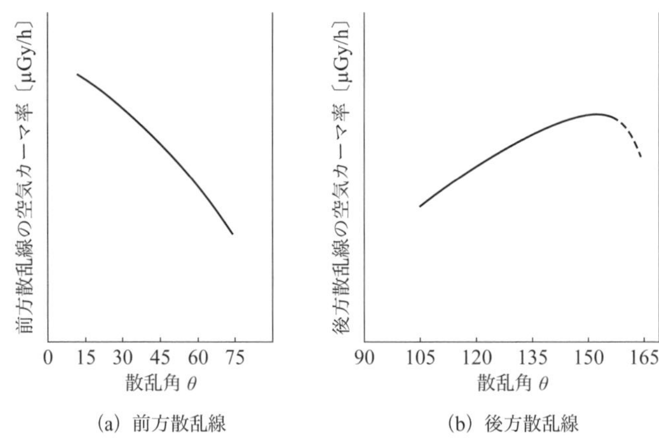

(a) 前方散乱線　(b) 後方散乱線

図 1.7　散乱線の方向依存性

▶答（5）

問題 2　【令和元年秋 A 問 6】

エックス線の散乱に関する次の文中の［　　］内に入れるAからCの語句又は数値の組合せとして，正しいものは（1）～（5）のうちどれか．

「エックス線装置を用い，管電圧 100 kV で，厚さが 20 mm の鋼板及びアルミニウム板のそれぞれにエックス線のビームを垂直に照射し，散乱角 135° 方向の後方散乱線の空気カーマ率を，照射野の中心から 2 m の位置で測定してその大きさを比較したところ，［ A ］の後方散乱線の方が大きかった．

次に，同じ照射条件で，鋼板について，散乱角 120° 及び 135° の方向の後方散乱線の空気カーマ率を，照射野の中心から 2 m の位置で測定し，その大きさを比較したところ，［ B ］方向の方が大きかった．

また，同じ照射条件で，鋼板について，散乱角 30° 及び 60° の方向の前方散乱線の空気カーマ率を，照射野の中心から 2 m の位置で測定し，その大きさを比較したところ，［ C ］方向の方が大きかった．」

	A	B	C
(1)	鋼板	120°	60°
(2)	鋼板	135°	30°
(3)	鋼板	135°	60°
(4)	アルミニウム板	120°	60°
(5)	アルミニウム板	135°	30°

解説 A 「アルミニウム板」である．鉄，アルミニウムにおいて原子番号の小さい方の後方散乱が大きくなる（**図 1.8** 参照）．なお，空気カーマ率とは，エックス線やγ線など非電離放射線を空気に照射して電離させ，発生した時間当たりの電荷量〔$C \cdot kg^{-1} \cdot h^{-1}$〕で放射線の照射線量率〔$C \cdot kg^{-1} \cdot h^{-1}$〕をいう．

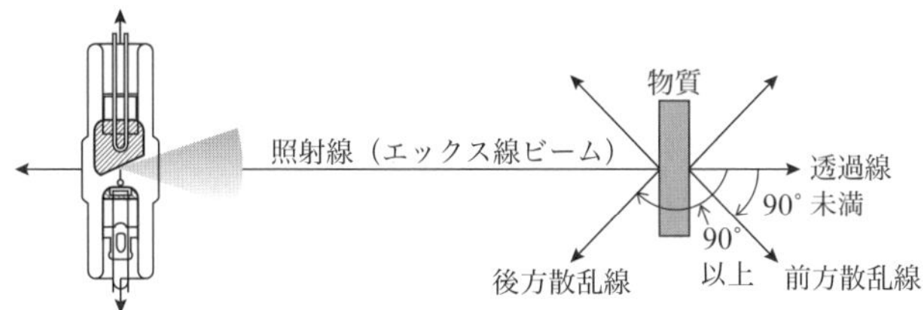

図 1.8 散乱線の発生 [1)]

B 「135°」である．後方散乱は，散乱角が 150° 程度までは，大きいほど空気カーマ率が大きくなる．（図 1.7（b）参照）

C 「30°」である．前方散乱は，散乱角が小さいほど，空気カーマ率は大きくなる．（図 1.7（a）参照）

以上から（5）が正解．

▶**答（5）**

問題 3

【令和元年春 A 問 7】 

エックス線の散乱に関する次の文中の ☐ 内に入れる A から C の語句又は数値の組合せとして，正しいものは（1）～（5）のうちどれか．

「エックス線装置を用い，管電圧 100 kV で，厚さが 20 mm の鋼板及びアルミニウム板のそれぞれにエックス線のビームを垂直に照射し，散乱角 135° 方向の後方散乱線の空気カーマ率を，照射野の中心から 2 m の位置で測定してその大きさを比較したところ， A の後方散乱線の方が大きかった．

次に，同じ照射条件で，鋼板について，散乱角 120° 及び 135° の方向の後方散乱線の空気カーマ率を，照射野の中心から 2 m の位置で測定し，その大きさを比較したところ， B 方向の方が大きかった．

また，同じ照射条件で，鋼板について，散乱角 30° 及び 60° の方向の前方散乱線の空気カーマ率を，照射野の中心から 2 m の位置で測定し，その大きさを比較したところ， C 方向の方が大きかった．」

	A	B	C
(1)	鋼板	120°	60°
(2)	鋼板	135°	30°
(3)	鋼板	135°	60°

(4)	アルミニウム板	120°	60°
(5)	アルミニウム板	135°	30°

解説 A 「アルミニウム板」である．鉄，アルミニウムにおいて原子番号の小さいほど後方散乱は大きくなる．なお，空気カーマ率とは，エックス線やγ線など非電離放射線を空気に照射して電離させ，発生した時間当たりの電荷量〔$C \cdot kg^{-1} \cdot h^{-1}$〕で，放射線の照射線量率〔$C \cdot kg^{-1} \cdot h^{-1}$〕をいう．（図 1.8 参照）

B 「135°」である．後方散乱は，散乱角が 150° 程度までは，散乱角が大きいほど空気カーマ率が大きくなる．（図 1.7（b）参照）

C 「30°」である．前方散乱は，散乱角が小さいほど，空気カーマ率は大きくなる．（図 1.7（a）参照）

以上から（5）が正解．

▶答（5）

問題 4 【平成 30 年秋 A 問 7】

エックス線の散乱に関する次の文中の［　　］内に入れる A から C の語句又は数値の組合せとして，正しいものは（1）～（5）のうちどれか．

「エックス線装置を用い，管電圧 100 kV で，厚さが 20 mm の鋼板及びアルミニウム板のそれぞれにエックス線のビームを垂直に照射し，散乱角 135° 方向の後方散乱線の空気カーマ率を，照射野の中心から 2 m の位置で測定してその大きさを比較したところ，［ A ］の後方散乱線の方が大きかった．

次に，同じ照射条件で，鋼板について，散乱角 120° 及び 135° の方向の後方散乱線の空気カーマ率を，照射野の中心から 2 m の位置で測定し，その大きさを比較したところ，［ B ］の方向の方が大きかった．

また，同じ照射条件で，鋼板について，散乱角 30° 及び 60° の方向の前方散乱線の空気カーマ率を，照射野の中心から 2 m の位置で測定し，その大きさを比較したところ，［ C ］の方向の方が大きかった．」

	A	B	C
(1)	アルミニウム板	120°	60°
(2)	アルミニウム板	135°	30°
(3)	鋼板	120°	60°
(4)	鋼板	135°	30°
(5)	鋼板	135°	60°

解説 A 「アルミニウム板」である．鉄，鉛，アルミニウムの順で後方散乱は大きくなる．なお，空気カーマ率とは，エックス線やγ線など非電離放射線を空気に照射して電離させ，発生した時間当たりの電荷量〔$C \cdot kg^{-1} \cdot h^{-1}$〕で，放射線の照射線量率

〔$C \cdot kg^{-1} \cdot h^{-1}$〕をいう．（図 1.8 参照）

B 「135°」である．後方散乱は，散乱角が 150° 程度までは，大きいほど空気カーマ率が大きくなる．（図 1.7（b）参照）

C 「30°」である．前方散乱は，散乱角が小さいほど，空気カーマ率は大きくなる．（図 1.7（a）参照）

以上から（2）が正解．

▶答（2）

問題 5 【平成 30 年春 A 問 6】

エックス線の散乱に関する次の文中の［　　］内に入れる A から C の語句又は数値の組合せとして，正しいものは（1）～（5）のうちどれか．

「エックス線装置を用い，管電圧 100 kV で，厚さが 20 mm の鋼板及びアルミニウム板のそれぞれにエックス線のビームを垂直に照射し，散乱角 135° 方向の後方散乱線の空気カーマ率を，照射野の中心から 2 m の位置で測定してその大きさを比較したところ，［ A ］の後方散乱線の方が大きかった．

次に，同じ照射条件で，鋼板について，散乱角 120° 及び 135° の方向の後方散乱線の空気カーマ率を，照射野の中心から 2 m の位置で測定し，その大きさを比較したところ，［ B ］方向の方が大きかった．

また，同じ照射条件で，鋼板について，散乱角 30° 及び 60° の方向の前方散乱線の空気カーマ率を，照射野の中心から 2 m の位置で測定し，その大きさを比較したところ，［ C ］方向の方が大きかった．」

	A	B	C
（1）	アルミニウム板	120°	60°
（2）	アルミニウム板	135°	30°
（3）	鋼板	120°	60°
（4）	鋼板	135°	30°
（5）	鋼板	135°	60°

解説 A 「アルミニウム板」である．鉄，鉛，アルミニウムの順で後方散乱は大きくなる．なお，空気カーマ率とは，エックス線やγ線など非電離放射線を空気に照射して電離させ，発生した時間当たりの電荷量〔$C \cdot kg^{-1} \cdot h^{-1}$〕で，放射線の照射線量率〔$C \cdot kg^{-1} \cdot h^{-1}$〕をいう．（図 1.8 参照）

B 「135°」である．後方散乱は，散乱角が 150° 程度までは，大きいほど空気カーマ率が大きくなる．（図 1.7（b）参照）

C 「30°」である．前方散乱は，散乱角が小さいほど，空気カーマ率は大きくなる．（図 1.7（a）参照）

以上から（2）が正解.　▶答（2）

問題6　【平成29年秋A問7】

エックス線を鋼板に照射したときの散乱線に関する次の文中の［　　］内に入れるAからCの語句の組合せとして，正しいものは（1）～（5）のうちどれか.

「前方散乱線の空気カーマ率は，散乱角が大きくなるに従って［ A ］し，また，鋼板の板厚が増すに従って［ B ］する.

後方散乱線の空気カーマ率は，エックス線装置の影になるような位置を除き，散乱角が大きくなるに従って［ C ］する.」

	A	B	C
（1）	増加	増加	増加
（2）	増加	減少	増加
（3）	増加	減少	減少
（4）	減少	増加	減少
（5）	減少	減少	増加

解説　A「減少」である．なお，空気カーマ率とは，エックス線やγ線など非電離放射線を空気に照射して電離させ，発生した時間当たりの電荷量〔$C \cdot kg^{-1} \cdot h^{-1}$〕で，放射線の照射線量率〔$C \cdot kg^{-1} \cdot h^{-1}$〕をいう．図1.7，図1.8から前方散乱角が大きくなると，透過線量は小さくなるので前方散乱線による空気カーマ率は減少する.

B「減少」である．鋼板の板厚が増すと散乱や吸収が増加するので，透過線量は減少するため，前方散乱線による空気カーマ率は減少する.

C「増加」である．後方散乱線の空気カーマ率は，図1.7，図1.8から散乱角が大きくなると増加する.

以上から（5）が正解.　▶答（5）

1.5 物質の透過

■ 1.5.1 減弱係数・半価層等

問題1　【令和元年秋A問2】

連続エックス線が物体を透過する場合の減弱に関する次の記述のうち，正しいものはどれか.

（1）連続エックス線が物体を透過するとき，平均減弱係数は，物体の厚さの増加に伴い大きくなる.

(2) 連続エックス線が物体を透過すると，最高強度を示すエックス線のエネルギーは，低い方へ移動する.

(3) 連続エックス線が物体を透過するとき，透過後の実効エネルギーは物体の厚さが増すほど高くなるが，物体が十分厚くなるとほぼ一定となる.

(4) 連続エックス線は，物体を透過しても，その全強度は変わらない.

(5) 連続エックス線が物体を透過するとき，透過エックス線の全強度が物体に入射する直前の全強度の1/2となる物体の厚さを*H*aとし，直前の全強度の1/4となる物体の厚さを*H*bとすれば，*H*bは*H*aの2倍である.

解説 (1) 誤り．連続エックス線が物体を透過するとき，平均減弱係数は，物体の厚さの増加に伴い透過しやすい高エネルギー側のエックス線のみが残るので減少する.（**図1.9** 参照）

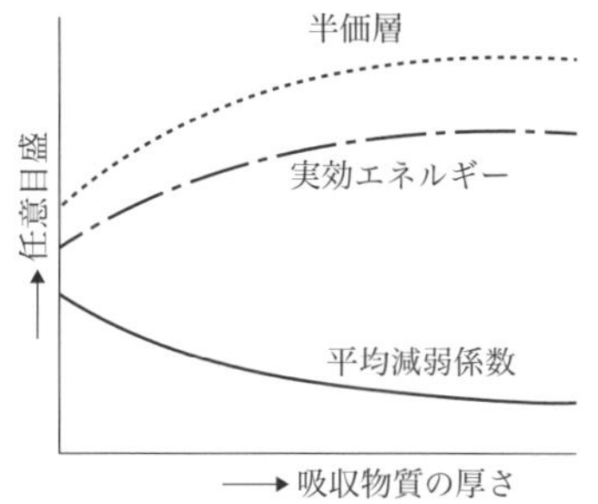

図1.9　連続エックス線の線質変化

(2) 誤り．連続エックス線が物体を透過すると，低エネルギー側の減弱が大きく高エネルギー側の減弱が小さいので，最高強度を示すエックス線のエネルギーは，高い方へ移動する.（**図1.10** 参照）

(3) 正しい．連続エックス線が物体を透過するとき，透過後の実効エネルギー（連続エックス線の第一半価層と等しい半価層に相当する単色エックス線のエネルギー）は，物体の厚さの増加に伴い，エネルギーの小さい長波長のエックス線は減少しエネルギーの大きい短波長のエックス線が残るから増加する．しかし，物体が十分厚いとほぼ一定となる.（図1.9参照）

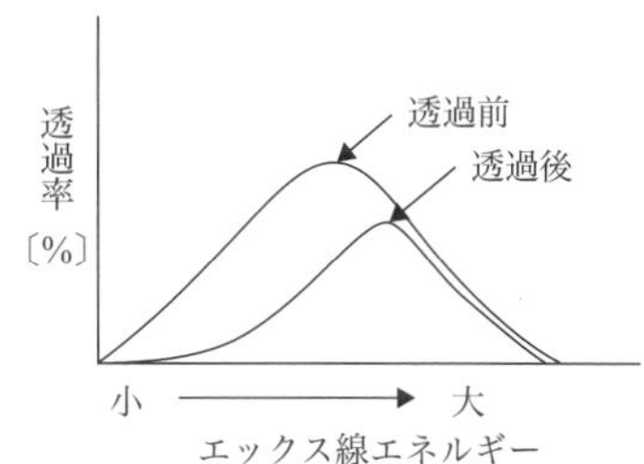

図1.10　エックス線の透過前後のピーク位置の移動

(4) 誤り．連続エックス線は，物体を透過すると，その全強度は $I = I_0 \exp(-\mu x)$ に従って減少する.

I，I_0：透過後及び透過前の放射線の強さ，μ：線減弱係数，x：物体の厚さ

(5) 誤り．連続エックス線が物体を透過するとき，透過エックス線の全強度が物体に入射する直前の全強度の1/2になる物体の厚さを*H*aとし，直前の全強度の1/4になる物体の厚さを*H*bとすれば，吸収物質の厚さが大きくなるほど，透過しやすいエネルギーの高いエックス線が多くなるので（平均減弱係数が小さくなるので），*H*bは*H*aの2倍よりも大きい.

▶答 (3)

問題2

【令和元年秋A問7】 

単一エネルギーの細いエックス線束が物体を透過するときの減弱に関する次の記述のうち，正しいものはどれか．

(1) 半価層の値は，1 MeV 程度以下のエネルギー範囲では，エックス線のエネルギーが高くなるほど小さくなる．

(2) 軟エックス線の場合は，硬エックス線の場合より半価層の値は大きい．

(3) 鉄の半価層は，鉛の半価層より小さい．

(4) 半価層 h（cm）は，減弱係数 μ（cm^{-1}）に反比例する．

(5) 半価層の 10 倍の厚さでは，エックス線の強度は 20 分の 1 になる．

解説 (1) 誤り．半価層の値 h は，1 MeV 程度の以下のエネルギー範囲では，エックス線のエネルギーが高くなるほど，$h = \ln 2/\mu$ において，μ（線減弱係数）が減少するため大きくなる．なお，h は放射線の強さ（又は線量率）には無関係である．

(2) 誤り．軟エックス線（0.1 ～ 10 keV）の場合は，硬エックス線（10 keV 以上）の場合より μ の値が大きいので，半価層の値は小さい．

(3) 誤り．鉄の半価層は，鉛の半価層よりおよそ 2 倍前後大きい．

(4) 正しい．半価層 h〔cm〕は，$h = \ln 2/\mu$ で表されるように減弱係数 μ〔cm^{-1}〕に反比例する．

(5) 誤り．次のように算出される．

物体に対する吸収は

$$I = I_0 e^{-x\mu} \quad ①$$

で表される．ただし，I，I_0：物体に入射後と入射前の強度，x：物体尾厚さ，μ：線減弱係数

半価層は $x = h$ として

$$I_0/2 = I_0 e^{-h\mu}$$

$$1/2 = e^{-h\mu} \quad ②$$

である．

半価層の 10 倍では式①は次のように表される．

$$I = I_0 e^{-10h\mu} = I_0 (e^{-h\mu})^{10} \quad ③$$

式③に式②の値を代入する．

$$I = I_0 (e^{-h\mu})^{10} = I_0 (1/2)^{10} = I_0/1{,}024$$

以上から半価層の 10 倍でエックス線の強度は 1,024 分の 1 になる． ▶答 (4)

問題3

【令和元年春A問6】 

単一エネルギーの細いエックス線束が物体を透過するときの減弱に関する次の記述

のうち，正しいものはどれか．

(1) 半価層の値は，エックス線の線量率が高いほど大きくなる．

(2) 半価層の値は，1 MeV 程度以下のエネルギー範囲では，エックス線のエネルギーが高いほど小さくなる．

(3) 半価層 h（cm）と減弱係数 μ（$\mathrm{cm^{-1}}$）との間には，$\mu h = \log_{10} 2$ の関係がある．

(4) 硬エックス線の半価層の値は，軟エックス線の半価層の値より大きい．

(5) 半価層の5倍に相当する厚さが，1/10 価層である．

解説 (1) 誤り．$I = I_0 e^{-\mu x}$ において，半価層の値（$x_{1/2}$）は，

$$I_0/2 = I_0 e^{-\mu x_{1/2}} \quad ①$$

ここに，I，I_0：物体に入射前後の線量率，μ：線減弱係数，x：物体への透過距離

式①を整理すると，

$$1/2 = e^{-\mu x_{1/2}}$$

$$\mu \times x_{1/2} = \ln 2 \quad ②$$

$$x_{1/2} = \ln 2/\mu \quad ③$$

となる．

式③は，線量率に無関係である．したがって，半価層の値は，エックス線の線量率に無関係で μ が一定であれば，一定となる．

(2) 誤り．エネルギー範囲が 10 keV から 1 MeV 程度までのエックス線（硬エックス線）に対する鉄の半価層の値は，エックス線のエネルギーが高くなるほど線減弱係数 μ が小さくなるので，上式③から大きくなる．（図 1.9 参照）

(3) 誤り．半価層 h〔cm〕と減弱係数 μ〔$\mathrm{cm^{-1}}$〕との間には，$\mu h = \log_e 2$ の関係がある．$\log_{10}$ が誤り．

(4) 正しい．硬エックス線（エネルギー 10 keV 以上）の半価層の値は，軟エックス線（0.1 ～ 10 keV までのエックス線）の半価層の値より μ の値が小さいので，大きい．

(5) 誤り．半価層の5倍に相当する厚さは，次に示すように 1/32 価層である．

$$x_{1/2} = \ln 2/\mu$$

$$x_5 = 5x_{1/2} = 5\ln 2/\mu$$

$$I_5 = I_0 e^{-\mu \times 5} = I_0 e^{-(\mu \times 5\ln 2/\mu)} = I_0 e^{-5\ln 2} = I_0 e^{\ln 2^{-5}} = I_0 \times 2^{-5} = I_0/32$$

（$e^{\ln 2} = 2$ に注意！）

▶答 (4)

問題 4 【平成 30 年秋 A 問 3】 

連続エックス線が物体を透過する場合の減弱に関する次の記述のうち，正しいものはどれか．

第1章 エックス線の管理に関する知識

(1) 連続エックス線が物体を透過するとき，平均減弱係数は，物体の厚さの増加に伴い大きくなる.

(2) 連続エックス線が物体を透過すると，最高強度を示すエックス線のエネルギーは，低い方へ移動する.

(3) 連続エックス線が物体を透過するとき，透過後の実効エネルギーは物体の厚さが増すほど高くなるが，物体が十分厚くなるとほぼ一定となる.

(4) 連続エックス線は，物体を透過しても，その全強度は変わらない.

(5) 連続エックス線が物体を透過するとき，透過エックス線の全強度が物体に入射する直前の全強度の 1/2 となる物体の厚さを Ha とし，直前の全強度の 1/4 となる物体の厚さを Hb とすれば，Hb は Ha の 2 倍である.

解説 (1) 誤り．連続エックス線が物体を透過するとき，平均減弱係数は，物体の厚さの増加に伴い，透過しやすいエックス線（高エネルギー側）のみが残るので，減少する.

(2) 誤り．連続エックス線が物体を透過すると，低エネルギー側の減弱が大きく高エネルギー側の減弱が小さいので，最高強度を示すエックス線エネルギーは，高い方へ移動する.（図 1.10 参照）

(3) 正しい．連続エックス線が物体を透過するとき，実効エネルギー（連続エックス線の半価層と等しい半価層をもつ単一エネルギー：簡単に言えば，エネルギーの平均値に相当するエックス線）は，物体の厚さの増加に伴い，エネルギーの小さい長波長のエックス線は減少しエネルギーの大きい短波長のエックス線が残るから増加する．しかし，物体が十分厚いと一定となる.（図 1.9 参照）

(4) 誤り．連続エックス線は，物体を透過すると，その全強度は $I = I_0 \exp(-\mu x)$ に従って減少する．I，I_0：透過後及び透過前の放射線の強さ，μ：線減弱係数，x：物体の厚さ

(5) 誤り．連続エックス線が物体を透過するとき，透過エックス線の全強度が物体に入射する直前の全強度の 1/2 になる物体の厚さを Ha とし，直前の全強度の 1/4 になる物体の厚さを Hb とすれば，吸収物質の厚さが大きくなるほど，透過しやすいエネルギーの高いエックス線が多くなるので（平均減弱係数が小さくなるので），Hb は Ha の 2 倍よりも大きい.

▶答 (3)

問題 5 【平成 30 年春 A 問 3】

連続エックス線が物体を透過する場合の減弱に関する次の記述のうち，正しいものはどれか.

(1) 連続エックス線が物体を透過するとき，平均減弱係数は，物体の厚さの増加に伴い大きくなる.

(2) 連続エックス線が物体を透過すると，最高強度を示すエックス線のエネルギー

は，低い方へ移動する．

(3) 連続エックス線が物体を透過するとき，透過後の実効エネルギーは物体の厚さが増すほど高くなるが，物体が十分厚くなるとほぼ一定となる．

(4) 連続エックス線は，物体を透過しても，その全強度は変わらない．

(5) 連続エックス線が物体を透過するとき，透過エックス線の全強度が物体に入射する直前の全強度の2分の1となる物体の厚さをHaとし，直前の全強度の4分の1となる物体の厚さをHbとすれば，HbはHaの2倍である．

解説 (1) 誤り．連続エックス線が物体を透過するとき，平均減弱係数は，物体の厚さの増加に伴い，透過しやすいエックス線（高エネルギー側）のみが残るので，減少する．

(2) 誤り．連続エックス線が物体を透過すると，低エネルギー側の減弱が大きく高エネルギー側の減弱が小さいので，最高強度を示すエックス線エネルギーは，高い方へ移動する．(図1.10参照)

(3) 正しい．連続エックス線が物体を透過するとき，実効エネルギー（連続エックス線の半価層と等しい半価層をもつ単一エネルギー：簡単に言えば，エネルギーの平均値に相当するエックス線）は，物体の厚さの増加に伴い，エネルギーの小さい長波長のエックス線は減少しエネルギーの大きい短波長のエックス線が残るから増加する．しかし，物体が十分厚いと一定となる．(図1.9参照)

(4) 誤り．連続エックス線は，物体を透過すると，その全強度は$I = I_0 \exp(-\mu x)$に従って減少する．ここに，I，I_0：透過後及び透過前の放射線の強さ，μ：線減弱係数，x：物体の厚さ

(5) 誤り．連続エックス線が物体を透過するとき，透過エックス線の全強度が物体に入射する直前の全強度の1/2になる物体の厚さをHaとし，直前の全強度の1/4になる物体の厚さをHbとすれば，吸収物質の厚さが大きくなるほど，透過しやすいエネルギーの高いエックス線が多くなるので（平均減弱係数が小さくなるので），HbはHaの2倍よりも大きい．

▶答 (3)

問題6 【平成29年秋A問9】

あるエネルギーのエックス線に対する鉛の質量減弱係数が0.2 cm^2/gであるとき，このエックス線に対する鉛の1/10価層に最も近い厚さは次のうちどれか．

ただし，鉛の密度は11.4 g/cm^{3}とし，$\log_e 2 = 0.69$，$\log_e 5 = 1.61$とする．

(1) 0.5 mm　(2) 1 mm　(3) 2 mm　(4) 5 mm　(5) 10 mm

解説 鉛の厚さhと減弱係数μとの間には，次のような関係がある．

$$I = I_0 e^{-\mu h} \quad ①$$

ここに，I, I_0：透過後及び透過前のエックス線の強度，μ：線減弱係数，h：鉛の厚さ
1/10 価層 H は $I = I_0/10$ として算出される．

質量減弱係数 $\mu_m = \mu/\rho$, $\mu = \mu_m \times \rho = 0.2\,\text{cm}^2/\text{g} \times 11.4\,\text{g/cm}^3 = 2.28\,\text{cm}^{-1}$

式①を使用して次のように表される．

$$I_0/10 = I_0 \mathrm{e}^{-2.28h} \quad ②$$

変形する．

$$1/10 = \mathrm{e}^{-2.28h}$$

両辺の自然対数を取る．

$$-\ln 10 = -2.28h$$

$$\ln(2 \times 5) = 2.28h$$

$$h = (\ln 2 + \ln 5)/2.28 = (0.69 + 1.61)/2.28 = 1\,\text{cm} = 10\,\text{mm}$$

以上から（5）が正解．

▶答（5）

題7

【平成29年春A問6】

単一エネルギーの細いエックス線束が物体を透過するときの減弱に関する次の記述のうち，正しいものはどれか．

(1) 半価層の値は，エックス線の線量率が高くなるほど大きくなる．

(2) エネルギー範囲が 10 keV から 1 MeV 程度までのエックス線に対する鉄の半価層の値は，エックス線のエネルギーが高くなるほど小さくなる．

(3) 半価層 h（cm）は，減弱係数 μ（cm^{-1}）に比例する．

(4) 硬エックス線の場合は，軟エックス線の場合より，半価層の値が小さい．

(5) 1/10 価層 H（cm）と半価層 h（cm）との間には，$H = \dfrac{\log_e 10}{\log_e 2} h$ の関係がある．

解説 (1) 誤り．$I = I_0 \mathrm{e}^{-\mu x}$ において，半価層 (h) の値は，

$$I_0/2 = I_0 \mathrm{e}^{-\mu h} \quad ①$$

ここに，I, I_0：入射後，入射前の強度，μ：線減弱係数，x：物体への透過距離

式①を整理すると，

$$1/2 = \mathrm{e}^{-\mu h}$$

$$\mu \times h = \log_e 2 \quad ②$$

$$h = \log_e 2/\mu \quad ③$$

となる．

式③は，線量率に無関係である．したがって，半価層の値は，エックス線の線量率に無関係で μ が一定であれば，一定となる．

(2) 誤り．エネルギー範囲が 10 keV から 1 MeV 程度までのエックス線（硬エックス線）

に対する鉄の半価層の値は，エックス線のエネルギーが高くなるほど線減弱係数μが小さくなるので，上式③から大きくなる．

(3) 誤り．半価層h〔cm〕は，上式③から減弱係数μ〔cm^{-1}〕に反比例する．

(4) 誤り．硬エックス線の場合は，軟エックス線（0.1～10 keVまでのエックス線）の場合より，μの値が小さいので，上式③から半価層の値が大きい．

(5) 正しい．1/10価層H〔cm〕と半価層h〔cm〕との間には，次のような関係がある．

(1) の解説の式②から

$$\mu = (\log_e 2)/h \quad ④$$

である．

$$I = I_0 e^{-\mu x} \quad ⑤$$

式④を式⑤に代入すると，

$$I = I_0 e^{-(\log_e 2)\times x/h}$$

$$= I_0 e^{(\log_e(1/2))\times x/h} \quad (e^{\log_e 1/2} = 1/2 \text{ に注意})$$

$$= I_0 (1/2)^{x/h} \quad ⑥$$

式⑥において，1/10価層は，$x = H$であるから

$$I_0/10 = I_0(1/2)^{H/h}$$

$$1/10 = (1/2)^{H/h} \quad ⑦$$

となる．両辺の自然対数を取ると，

$$\log_e 10 = H/h \log_e 2$$

となり，変形すると，

$$H = (\log_e 10/\log_e 2) \times h$$

となる．

▶答 (5)

問題8 【平成28年秋A問5】 

単一エネルギーの細いエックス線束が物体を透過するときの減弱に関する次の記述のうち，正しいものはどれか．

(1) 半価層の値は，エックス線の線量率が高くなると大きくなる．

(2) 半価層の値は，1 MeV程度以下のエネルギー範囲では，エックス線のエネルギーが高くなるほど小さくなる．

(3) 半価層h（cm）と減弱係数μ（cm^{-1}）との間には，$\mu h = \log_{10} 2$の関係がある．

(4) 半価層の値は，硬エックス線の場合の方が軟エックス線の場合より大きい．

(5) 半価層の5倍に相当する厚さが1/10価層である．

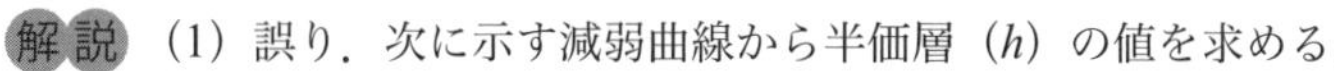

解説 (1) 誤り．次に示す減弱曲線から半価層（h）の値を求める．

$$I = I_0 e^{-\mu x} \quad ①$$

ここに，I，I_0：入射後，入射前の強度，μ：線減弱係数，x：吸収体の厚さ

$I = I_0/2$ として，式①から h を算出する．

$$I_0/2 = I_0 e^{-\mu h} \quad ②$$

$$1/2 = e^{-\mu h} \quad ③$$

式③の両辺の自然対数をとる．

$$\log_e 2 = \mu h$$

$$h = \log_e 2/\mu \quad ④$$

以上から半価層（h）は，エックス線の線量率に無関係である．

(2) 誤り．式④から，半価層はエックス線のエネルギーに無関係である．

(3) 誤り．半価層 h〔cm〕と減弱係数 μ〔cm^{-1}〕との間には，式④から $\mu h = \log_e 2$ の関係がある．$\log_{10} 2$ ではない．

(4) 正しい．硬エックス線は波長が短く物質の透過能が大きく，軟エックス線は波長が長く空気などに吸収され透過能が小さいものをいう．したがって，半価層の値は，硬エックス線の場合の方が，軟エックス線の場合より大きい．なお，式④において，硬エックス線の μ ＜ 軟エックス線の μ，である．

(5) 誤り．半価層 h〔cm〕と 1/10 価層 H〔cm〕との間には次の関係がある．問題5（平成29年春A問6）の解説（5）を参照．

$$H = (\log_e 10/\log_e 2) \times h$$

$$= (2.3/0.69) \times h = 3.3h$$

したがって，半価層の約3.3倍に相当する厚さが1/10価層である．　▶答（4）

問題9　【平成28年秋A問9】

あるエネルギーのエックス線に対する鉄の質量減弱係数が $0.5\,cm^2/g$ であるとき，このエックス線に対する鉄の1/10価層に最も近い厚さは次のうちどれか．

ただし，鉄の密度は $7.9\,g/cm^3$ とし，$\log_e 2 = 0.69$，$\log_e 5 = 1.61$ とする．

(1) 3 mm　(2) 4 mm　(3) 5 mm　(4) 6 mm　(5) 7 mm

解説 次の公式を使用する．

$$I = I_0 e^{-\mu x} \quad ①$$

ここに，I，I_0：入射後，入射前の強度，μ：線減弱係数，x：鉄の厚さ

なお，線減弱係数と質量減弱係数（μ_m）は，$\mu_m = \mu/\rho$ で，ρ は密度である．

式①において，$\mu = \mu_m \times \rho = 0.5\,cm^2/g \times 7.9\,g/cm^3 = 0.5 \times 7.9\,g/cm$ である．

$I = I_0/10$ における x を式①から求める．

$$I_0/10 = I_0 e^{-0.5\times7.9\times x} \quad ②$$

$$10^{-1} = e^{-0.5\times7.9\times x} \quad ③$$

式③において，両辺の自然対数をとる．

$$\log_e 10^{-1} = -0.5 \times 7.9 \times x$$

$$-\log_e(5 \times 2) = -0.5 \times 7.9 \times x$$

$$\log_e 5 + \log_e 2 = 0.5 \times 7.9 \times x$$

$$x = (\log_e 5 + \log_e 2)/(0.5 \times 7.9) = (1.61 + 0.69)/(0.5 \times 7.9) \fallingdotseq 0.6\,\mathrm{cm} = 6\,\mathrm{mm}$$

以上から（4）が正解．　▶答（4）

問題10　【平成28年春A問6】

単一エネルギーの細いエックス線束が物体を透過するときの減弱に関する次の記述のうち，誤っているものはどれか．

（1）エネルギーが1 MeV程度までのエックス線に対する鉄の半価層の値は，エックス線のエネルギーが高くなるほど大きくなる．

（2）半価層の値は，エックス線の線量率が高くなっても変化しない．

（3）半価層 h（cm）と減弱係数 μ（cm^{-1}）との間には，$\mu h = \log_e 2$ の関係がある．

（4）軟エックス線の場合は，硬エックス線の場合より，半価層の値が小さい．

（5）1/10価層 H（cm）と半価層 h（cm）との間には，$H = \dfrac{\log_e 2}{\log_e 10} h$ の関係がある．

解説　（1）正しい．半価層 h と減弱係数 μ との間には，次のような関係がある．

$$I = I_0 e^{-\mu h}$$

ここに，I，I_0：入射後，入射前の強度，μ：線減衰係数，h：鉄の厚さ

半価層 h は $I = I_0/2$ として，算出される．

$$I_0/2 = I_0 e^{-\mu h}$$

$$2^{-1} = e^{-\mu h}$$

両辺の自然対数をとる．

$$\log_e 2 = \mu \times h$$

$$h = (\log_e 2)/\mu = 0.69/\mu \quad ①$$

式①において，減弱係数 μ は，鉄において1 MeV程度までエックス線のエネルギーが大きくなると減少するため，半価層の値は，大きくなる．

（2）正しい．上の式①から，半価層の値 h は，エックス線の線量率 I に無関係であるから，エックス線の線量率が高くなっても，h は変化しない．

（3）正しい．半価層 h〔cm〕と減弱係数 μ〔cm^{-1}〕との間には，式①から $\mu h = \log_e 2$ の関係がある．

（4）正しい．軟エックス線（0.1～10 keV程度のエネルギーが小さい，すなわち波長の長いエックス線）の場合，硬エックス線（100～1 MeV程度のエネルギーが大きい，

すなわち波長の短いエックス線）の場合より物質を透過しにくいので，半価層の値は小さい．

(5) 誤り．1/10価層H〔cm〕と半価層h〔cm〕との間には，次のような関係がある．

(1) の解説の式①から

$$\mu = (\log_e 2)/h \qquad ②$$

である．

$$I = I_0 e^{-\mu \times x} \qquad ③$$

式②を式③に代入すると，

$$I = I_0 e^{-(\log_e 2) \times x/h}$$
$$= I_0 e^{(\log_e (1/2)) \times x/h} \quad (e^{\log_e 1/2} = 1/2 \text{ に注意})$$
$$= I_0 (1/2)^{x/h} \qquad ④$$

式④において，1/10価層は，$x = H$であるから

$$I_0/10 = I_0 (1/2)^{H/h}$$
$$1/10 = (1/2)^{H/h} \qquad ⑤$$

となる．両辺の自然対数を取ると，

$$\log_e 10 = H/h \log_e 2$$

となり，変形すると，

$$H = (\log_e 10/\log_e 2) \times h$$

となる．

▶答 (5)

問題11 【平成28年春A問8】

連続エックス線が物体を透過する場合の減弱に関する次の記述のうち，誤っているものはどれか．

(1) 連続エックス線が物体を透過すると，実効エネルギーは物体の厚さの増加に伴い低くなる．

(2) 連続エックス線が物体を透過すると，全強度は低下し，特に低エネルギー成分の減弱が大きい．

(3) 連続エックス線が物体を透過すると，最高強度を示すエックス線エネルギーは，高い方へ移動する．

(4) 連続エックス線の実効エネルギーが高くなると，平均減弱係数は小さくなる．

(5) 連続エックス線が物体を透過するとき，透過エックス線の全強度が物体に入射する直前の全強度の1/2になる物体の厚さをHaとし，直前の全強度の1/4になる物体の厚さをHbとすれば，HbはHaの2倍よりも大きい．

解説 (1) 誤り．連続エックス線が物体を透過するとき，実効エネルギー（連続エック

ス線の半価層と等しい半価層をもつ単一エネルギー）は，物体の厚さの増加に伴い，エネルギーの小さい長波長のエックス線は減少し，エネルギーの大きい短波長のエックス線が残るから増加する．しかし，物体が十分厚いとほぼ一定となる．

(2) 正しい．連続エックス線が物体を透過すると，全強度は低下し，特に低エネルギー成分（軟エックス線）の減弱は大きい．

(3) 正しい．連続エックス線が物体を透過すると，低エネルギー側の減弱が大きく高エネルギー側の減弱が小さいので，最高強度を示すエックス線エネルギーは，高い方へ移動する．（図 1.10 参照）

(4) 正しい．連続エックス線の実効エネルギーが高くなると，物質を透過しやすくなるから平均減弱係数は小さくなる．

(5) 正しい．連続エックス線が物体を透過するとき，透過エックス線の全強度が物体に入射する直前の全強度の 1/2 になる物体の厚さを *Ha* とし，直前の全強度の 1/4 になる物体の厚さを *Hb* とすれば，吸収物質の厚さが大きくなるほど平均減弱係数が小さくなるので，*Hb* は *Ha* の 2 倍よりも大きい． ▶答 (1)

問題 12 【平成 27 年秋 A 問 3】

連続エックス線が物体を透過する場合の減弱に関する次の記述のうち，誤っているものはどれか．

(1) 連続エックス線が物体を透過すると，実効エネルギーは物体の厚さの増加に伴い低くなる．

(2) 連続エックス線が物体を透過すると，全強度は低下し，特に低エネルギー成分の減弱が大きい．

(3) 連続エックス線が物体を透過すると，最高強度を示すエックス線エネルギーは，高い方へ移動する．

(4) 連続エックス線の実効エネルギーが高くなると，平均減弱係数は小さくなる．

(5) 連続エックス線が物体を透過するとき，透過エックス線の全強度が物体に入射する直前の全強度の 1/2 になる物体の厚さを *H*a とし，直前の全強度の 1/4 になる物体の厚さを *H*b とすれば，*H*b は *H*a の 2 倍よりも大きい．

解説 問題 11（平成 28 年春 A 問 8）と同一問題．解説は，問題 11 を参照． ▶答 (1)

問題 13 【平成 27 年秋 A 問 6】

単一エネルギーの細いエックス線束が物体を透過するときの減弱に関する次の記述のうち，正しいものはどれか．

(1) 半価層の値は，エックス線の線量率が高くなると大きくなる．

(2) 半価層の値は，エックス線のエネルギーが変わっても変化しない．
(3) 半価層 h (cm) と減弱係数 μ (cm^{-1}) との間には，$\mu h = \log_{10} 2$ の関係がある．
(4) 半価層の5倍に相当する厚さが1/10価層である．
(5) 硬エックス線の場合は，軟エックス線の場合より，半価層の値が大きい．

解説 (1) 誤り．半価層 h は，次のように与えられる．

$$I = I_0 e^{-\mu x} \quad ①$$

ここに，I，I_0：入射後，入射前の強度，μ：線減弱係数，x：物質を透過した距離

式①において，$I = I_0/2$ のとき，半価層 h は，$x = h$ である．

$$I_0/2 = I_0 e^{-\mu h}$$
$$1/2 = e^{-\mu h}$$
$$h = \log_e 2/\mu \quad ②$$

式②から，線量率 I や I_0 に関係しない．

(2) 誤り．半価層は，エックス線のエネルギーが変わると変化する．なお，エックス線の強度（線量率）が変わっても上式で示したように変化しない．

(3) 誤り．半価層 h〔cm〕と減弱係数 μ〔cm^{-1}〕との間には，上式②から $\mu h = \log_e 2$ の関係がある．$\log_{10} 2$ でないことに注意．

(4) 誤り．半価層 h〔cm〕と1/10価層 H〔cm〕との間には次の関係がある．問題5（平成29年春A問6）の解説（5）を参照．

$$H = (\log_e 10/\log_e 2) \times h$$
$$= (2.3/0.69) \times h = 3.3h$$

したがって，半価層の約3.3倍に相当する厚さが1/10価層である．

(5) 正しい．硬エックス線（波長の短いエックス線で透過性能が高い）の場合は，軟エックス線（波長の長いエックス線で透過性能が低い）の場合より，半価層の値が大きい．

▶答 (5)

問題14 【平成27年秋A問9】

あるエネルギーのエックス線に対する鉄の質量減弱係数が $0.5\,cm^2/g$ であるとき，このエックス線に対する鉄の1/10価層に最も近い厚さは次のうちどれか．

ただし，鉄の密度は $7.9\,g/cm^3$ とし，$\log_e 2 = 0.69$，$\log_e 5 = 1.61$ とする．

(1) 3mm　(2) 4mm　(3) 5mm　(4) 6mm　(5) 7mm

解説 問題9（平成28年秋A問9）と同一問題．解説は，問題9を参照．

▶答 (4)

■ 1.5.2　ビルドアップ（再生係数）

題1　【令和2年春A問5】

単一エネルギーで太い線束のエックス線が物質を透過するときの減弱及び再生係数（ビルドアップ係数）に関する次の記述のうち，誤っているものはどれか．

(1) 再生係数は，入射エックス線の線量率が高くなるほど小さくなる．

(2) 再生係数は，物質への照射面積が大きいほど大きくなる．

(3) 再生係数は，物質の厚さが薄くなるほど小さくなる．

(4) 再生係数は，透過後，物質から離れるほど小さくなり，その値は1に近づく．

(5) 太い線束のエックス線では，散乱線が加わるため，細い線束のエックス線より減弱曲線の勾配は緩やかになり，見かけ上，減弱係数が小さくなる．

解説　再生係数（ビルドアップ係数）Bは，エックス線が物質を通過するとき，散乱によって絞った放射線束以外の放射線が計測されるため，これを考慮して修正する係数で，次式で示すBで表される．

$$I = B \cdot I_0 e^{-\mu x}$$

ここに，I，I_0：透過前と透過後のエックス線の強度，B：再生係数，μ：線減弱係数，x：物質中を透過した距離

Bは次のように表わされる．

$$B = (I_p + I_s)/I_p = 1 + I_s/I_p$$

ここに，I_p：物体を直進して透過し，測定点に到達した透過線の強度，I_s：物体に散乱されて，測定点に到達した散乱線の強度

(1) 誤り．再生係数は，入射エックス線の線量率（単位時間当たりの線量）に依存しない．再生係数は，線束の広がり，入射エックス線のエネルギー，吸収体の材質や厚さなどに依存する．

(2) 正しい．再生係数は，線束の広がりが大きいほど（物質への照射面積が大きいほど），大きく散乱して入射するエックス線を修正するため大きくなる．すなわち，上式でI_pが小さくなる$(I_s > I_p)$のでBは大きくなる．

(3) 正しい．再生係数は，物質の厚さが薄くなるほど散乱が弱くなるので，すなわち，上式でI_pが大きくなる$(I_s < I_p)$ので，Bは小さくなる．

(4) 正しい．再生係数は，透過後，物質から離れるほどI_sの方がI_pよりも小さくなる$(I_s < I_p)$ので物質から離れるほど小さくなり，その値は1に近づく．

(5) 正しい．太い線束のエックス線では，散乱線が加わるため，細い線束のエックス線より減弱曲線の勾配は緩やかになり，見かけ上，減弱係数が小さくなる．なお，減弱係

数が小さいことは，透過してもあまり減弱しないということを表す． ▶答（1）

問題2 【令和元年秋A問5】

単一エネルギーで太い線束のエックス線が物体を透過するときの減弱を表す場合に用いられる再生係数（ビルドアップ係数）に関する次の記述のうち，誤っているものはどれか．

（1）再生係数は，1未満となることはない．
（2）再生係数は，線束の広がりが大きいほど大きくなる．
（3）再生係数は，入射エックス線のエネルギーや吸収体の材質によって異なる．
（4）再生係数は，吸収体の厚さが厚くなるほど大きくなる．
（5）再生係数は，入射エックス線の線量率が大きいほど大きくなる．

解説 再生係数（ビルドアップ係数）Bは，エックス線が物質を通過するとき，散乱によって絞った放射線束以外の放射線が計測されるため，これを考慮して修正する係数で，再生係数（ビルドアップ係数）は，次式で示すBで表される．

$$I = B \cdot I_0 e^{-\mu x}$$

ここに，I，I_0：透過前と透過後のエックス線の強度，B：再生係数，
μ：線減弱係数，x：物質中を透過した距離

Bは次のように表わされる．

$$B = (I_p + I_s)/I_p = 1 + I_s/I_p \qquad ①$$

ここに，I_p：物体を直進して透過し，測定点に到達した透過線の強度，
I_s：物体に散乱されて，測定点に到達した散乱線の強度

（1）正しい．再生係数は，式①から1未満となることはない．
（2）正しい．再生係数は，線束の広がりが大きいほど，大きく散乱して入射するエックス線を修正するため大きくなる．すなわち，式①でI_pが小さくなる$(I_s > I_p)$のでBは大きくなる．
（3）正しい．再生係数は，入射エックス線のエネルギーや吸収体の材質によって異なる．
（4）正しい．再生係数は，吸収体の厚さが厚くなるほど散乱が強くなるので，大きくなる．
（5）誤り．再生係数は，入射エックス線の線量率（単位時間当たりの線量）に依存しない．再生係数は，線束の広がり，入射エックス線のエネルギー，吸収体の材質や厚さなどに依存する．

▶答（5）

問題3 【平成30年秋A問5】

単一エネルギーで太い線束のエックス線が物質を透過するときの減弱及び再生係数（ビルドアップ係数）に関する次の記述のうち，誤っているものはどれか．

(1) 再生係数は，入射エックス線の線量率が高くなるほど小さくなる．
(2) 再生係数は，物質への照射面積が大きいほど大きくなる．
(3) 再生係数は，物質の厚さが薄くなるほど小さくなる．
(4) 再生係数は，透過後，物質から離れるほど小さくなり，その値は1に近づく．
(5) 太い線束のエックス線では，散乱線が加わるため，細い線束のエックス線より減弱曲線の勾配は緩やかになり，見かけ上，減弱係数が小さくなる．

解説 再生係数（ビルドアップ係数）Bは，エックス線が物質を通過するとき，散乱によって絞った放射線束以外の放射線が計測されるため，これを考慮して修正する係数で，次式で示すBで表される．

$$I = B \cdot I_0 e^{-\mu x}$$

ここに，I_0，I：透過前と透過後のエックス線の強度，B：再生係数，μ：線減弱係数，
x：物質中を透過した距離

Bは次のように表わされる．

$$B = (I_p + I_s)/I_p = 1 + I_s/I_p$$

ここに，I_p：物体を直進して透過し，測定点に到達した透過線の強度，
I_s：物体に散乱されて，測定点に到達した散乱線の強度

(1) 誤り．再生係数は，入射エックス線の線量率（単位時間当たりの線量）に依存しない．再生係数は，線束の広がり，入射エックス線のエネルギー，吸収体の材質や厚さなどに依存する．

(2) 正しい．再生係数は，線束の広がりが大きいほど（物質への照射面積が大きいほど），大きく散乱して入射するエックス線を修正するため大きくなる．すなわち，上式でI_pが小さくなる$(I_s > I_p)$のでBは大きくなる．

(3) 正しい．再生係数は，物質の厚さが薄くなるほど散乱が弱くなるので，すなわち，上式でI_pが大きくなる$(I_s < I_p)$ので，Bは小さくなる．

(4) 正しい．再生係数は，透過後，物質から離れるほどI_sの方がI_pよりも小さくなる$(I_s < I_p)$ので物質から離れるほど小さくなり，その値は1に近づく．

(5) 正しい．太い線束のエックス線では，散乱線が加わるため，細い線束のエックス線より減弱曲線の勾配は緩やかになり，見かけ上，減弱係数が小さくなる．なお，減弱係数が小さいことは，透過してもあまり減弱しないということを表す．　▶答 (1)

問題4　【平成30年春A問7】

単一エネルギーで太い線束のエックス線が物質を透過するときの減弱を表す場合に用いられる再生係数（ビルドアップ係数）に関する次の記述のうち，誤っているものはどれか．

(1) 再生係数は，1未満となることはない.
(2) 再生係数は，線束の広がりが大きいほど大きくなる.
(3) 再生係数は，入射エックス線のエネルギーや物質の種類によって異なる.
(4) 再生係数は，物質の厚さが厚くなるほど大きくなる.
(5) 再生係数は，入射エックス線の線量率が高くなるほど大きくなる.

解説 (1) 正しい．再生係数（ビルドアップ係数）は，次式で示すBで表される．

$$I = B \cdot I_0 e^{-\mu x}$$

ここに，I_0，I：透過前と透過後のエックス線の強度，B：再生係数，
μ：線減弱係数，x：物質中を透過した距離

再生係数は，物質を透過するとき散乱などで検出されないエックス線を考慮した修正係数であるから必ず1以上であり，1未満となることはない．

(2) 正しい．再生係数は，線束の広がりが大きいほど，検出されなくなるので，それを修正するため大きくなる．

(3) 正しい．再生係数は，入射エックス線のエネルギーや物質の種類（吸収体の材質）によって異なる．

(4) 正しい．再生係数は，吸収体の厚さが厚くなるほど，散乱の角度が広がるため大きくなる．

(5) 誤り．再生係数は，入射エックス線の線量率（単位時間当たりの線量）に依存しない．再生係数は，線束の広がり，入射エックス線のエネルギー，吸収体の材質や厚さなどに依存する．

▶答 (5)

問題5 【平成29年秋A問5】

単一エネルギーで太い線束のエックス線が吸収体を通過するときの減弱を表す場合に用いられる再生係数（ビルドアップ係数）に関する次の記述のうち，誤っているものはどれか.

(1) 再生係数は，1未満となることはない.
(2) 再生係数は，線束の広がりが大きいほど大きくなる.
(3) 再生係数は，入射エックス線のエネルギーや吸収体の材質によって異なる.
(4) 再生係数は，吸収体の厚さが厚くなるほど大きくなる.
(5) 再生係数は，入射エックス線の線量率が大きいほど大きくなる.

解説 再生係数（ビルドアップ係数）Bは，エックス線が物質を通過するとき，散乱によって絞った放射線束以外の放射線が計測されるため，これを考慮して修正する係数で，次式で示すBで表される．

$I = B \cdot I_0 e^{-\mu x}$

ここに，I_0，I：透過前と透過後のエックス線の強度，B：再生係数，

μ：線減弱係数，x：物質中を透過した距離

Bは次のように表わされる．

$B = (I_P + I_S)/I_P = 1 + I_S/I_P$

ここに，I_P：物体を直進して透過し，測定点に到達した透過線の強度，

I_S：物体に散乱されて，測定点に到達した散乱線の強度

(1) 正しい．上の式から再生係数は，1未満となることはない．

(2) 正しい．再生係数は，線束の広がりが大きいほど，大きく散乱して入射するエックス線を修正するため大きくなる．すなわち，上式でI_Pが小さくなる($I_s > I_p$)のでBは大きくなる．

(3) 正しい．再生係数は，入射エックス線のエネルギーや吸収体の材質によって異なる．

(4) 正しい．再生係数は，吸収体の厚さが厚くなるほど散乱が強くなるので大きくなる．

(5) 誤り．再生係数は，入射エックス線の線量率（単位時間当たりの線量）に依存しない．再生係数は，線束の広がり，入射エックス線のエネルギー，吸収体の材質や厚さなどに依存する．

▶答 (5)

問題6 【平成29年春A問9】

単一エネルギーで太い線束のエックス線が物体を透過するときの減弱式における再生係数（ビルドアップ係数）Bを表す式として，正しいものは (1) ～ (5) のうちどれか．

ただし，I_P，I_Sは，次のエックス線の強度を表すものとする．

I_P：物体を直進して透過し，測定点に到達した透過線の強度

I_S：物体により散乱されて，測定点に到達した散乱線の強度

(1) $B = 1 + \dfrac{I_S}{I_P}$

(2) $B = 1 + \dfrac{I_P}{I_S}$

(3) $B = 1 - \dfrac{I_S}{I_P}$

(4) $B = \dfrac{I_P}{I_S} - 1$

(5) $B = \dfrac{I_P}{I_S}$

解説 再生係数（ビルドアップ係数）Bは，エックス線が物質を透過するとき，散乱によって絞った放射線束以外の放射線も透過するので，これを考慮して修正する係数で，

$$B=(I_P+I_S)/I_P=1+I_S/I_P$$

となるから，（1）が正解となる． ▶答（1）

問題7 【平成27年秋A問5】

単一エネルギーで太い線束のエックス線が吸収体を通過するときの減弱を表す場合に用いられる再生係数（ビルドアップ係数）に関する次の記述のうち，誤っているものはどれか．

（1）再生係数は，1未満となることはない．
（2）再生係数は，線束の広がりが大きいほど大きくなる．
（3）再生係数は，入射エックス線のエネルギーや吸収体の材質によって異なる．
（4）再生係数は，吸収体の厚さが厚くなるほど大きくなる．
（5）再生係数は，入射エックス線の線量率が大きいほど大きくなる．

解説 問題5（平成29年秋A問5）と同一問題．解説は，問題5を参照． ▶答（5）

1.5.3 遮へい鋼板を通過した線量当量率・鋼板厚さ

問題1 【令和2年春A問2】

あるエックス線装置のエックス線管の焦点から1 m離れた点における1 cm線量当量率は12 mSv/minであった．

このエックス線装置を用い，厚さ8 mmの鋼板及び厚さ40 mmのアルミニウム板にそれぞれ別々に照射したところ，透過したエックス線の1 cm線量当量率はいずれも3 mSv/minであった．

厚さ10 mmの鋼板と厚さ30 mmのアルミニウム板を重ね合わせ40 mmとした板に照射した場合，透過後の1 cm線量当量率の値として，最も近いものは（1）～（5）のうちどれか．

ただし，エックス線は細い線束とし，測定点はいずれもエックス線管の焦点から1 m離れた点とする．

また，鋼板及びアルミニウム板を透過した後の実効エネルギーは，透過前と変わらないものとし，散乱線による影響は無いものとする．

（1）0.1 mSv/min　（2）0.4 mSv/min　（3）0.8 mSv/min
（4）1.2 mSv/min　（5）1.6 mSv/min

解説 エックス線管の焦点 I_0 の線量率は

$I_0=12$ mSv/min ①

である．

次に厚さ 8 mm の鋼板と厚さ 40 mm のアルミニウム板にそれぞれ別々に照射して透過したエックス線の 1 cm 線量当量率がいずれも 3 mSv/min であったから次のように表わされる．

公式

$$I = I_0 e^{-\mu x}$$

を使用する．ここに，I，I_0：エックス線の透過前と透過後の線量当量率，μ：鉄またはアルミニウムの線減弱係数，x：鉄またはアルミニウムの厚さ

$$3 = 12e^{-\mu_{\mathrm{Fe}} \times 8} \quad ②$$

$$3 = 12e^{-\mu_{\mathrm{Al}} \times 40} \quad ③$$

式③を次のように変形する．

$$e^{-\mu_{\mathrm{Al}} \times 40} = 1/4 \quad ④$$

式②=式③から次のように表わされる．

$$12e^{-\mu_{\mathrm{Fe}} \times 8} = 12e^{-\mu_{\mathrm{Al}} \times 40} \quad ⑤$$

式⑤を整理すると，

$$\mu_{\mathrm{Fe}} = 5 \times \mu_{\mathrm{Al}} \quad ⑥$$

となる．

厚さ 10 mm の鋼板と厚さ 30 mm のアルミニウム板を重ね合わせた場合，次のように表わすことができる．

$$I = I_0 e^{-\mu_{\mathrm{Fe}} \times 10} \times e^{-\mu_{\mathrm{Al}} \times 30} \quad ⑦$$

式①と式⑥を使用して式⑦を整理すると，

$$I = 12e^{-\mu_{\mathrm{Al}} \times 5 \times 10} \times e^{-\mu_{\mathrm{Al}} \times 30}$$

$$= 12e^{-\mu_{\mathrm{Al}} \times 80}$$

$$= 12(e^{-\mu_{\mathrm{Al}} \times 40})^2$$

ここで式④の値を代入すると，

$$= 12 \times (1/4)^2 = 12/16 = 0.75$$

となる．

以上から（3）が正解．

▶答（3）

問題2 【令和2年春A問10】

下図のようにエックス線装置を用いて鋼板の透過写真撮影を行うとき，エックス線管の焦点から 4 m の距離にある P 点における写真撮影中の 1 cm 線量当量率は 160 μSv/h である．

この装置を使って，露出時間が1枚につき2分の写真を週300枚撮影するとき，P点の後方に遮へい体を設けることにより，エックス線管の焦点からP点の方向に8mの距離にあるQ点が管理区域の境界線上にあるようにすることができる遮へい体の厚さは次のうちどれか．

ただし，遮へい体の半価層は25mmとし，3か月は13週とする．

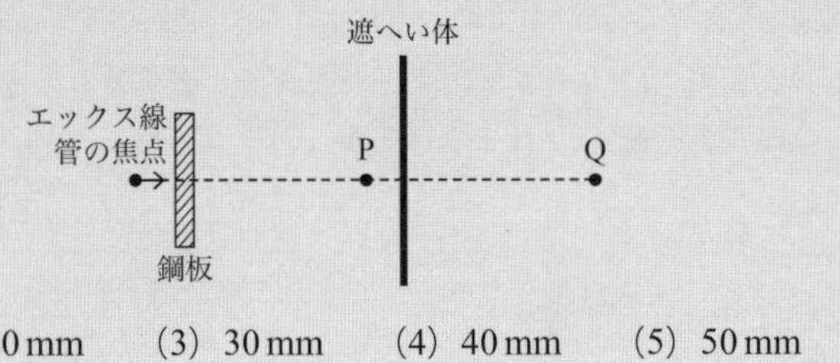

(1) 10mm　(2) 20mm　(3) 30mm　(4) 40mm　(5) 50mm

解説 管理区域の境界線では3か月に1.3mSv以下でなければならないから，計測時間で除して1時間当たりの1cm当量率を求める．1枚の露出時間が2分で1週間当たり300枚であるから3か月（13週）では，

$$2 \times 300 \times 13\text{分}/60\text{分}/\text{時間} = 2 \times 300 \times 13/60\text{時間} \quad ①$$

となる．したがって，1時間当たりの1cm当量率は

$$1.3\,\text{mSv}/(2 \times 300 \times 13/60\text{時間}) = 0.01\,\text{mSv/h} = 10\,\mu\text{Sv/h} \quad ②$$

一方，P点（4m）の1cm当量率は160μSv/hであるから，エックス線管の焦点（A）の1cm線量当量率は

$$A/4^2 = 160\,\mu\text{Sv/h}$$

$$A = 4^2 \times 160\,\mu\text{Sv/h} \quad ③$$

となる．

一方，遮へい体の線減弱係数μ，遮蔽体の厚さx（半価層$h = 25$mm）とすれば，$\mu = \ln 2/h = 1/25 \times \ln 2$であるから（$I = I_0 e^{-\mu x} \to I_0/2 = I_0 e^{-\mu h} \to 1/2 = e^{-\mu h} \to \mu h = \ln 2 \to \mu = \ln 2/h$），Q点（8m）の1時間当たりの1cm当量率は式③を使用すると

$$A/8^2 = 4^2 \times 160/8^2 e^{-\mu x} = 160/2^2 e^{-\mu x} = 160/4 e^{-x/25 \ln 2}$$

$$= 40 e^{\ln 2^{(-x/25)}} = 40 \times 2^{-(x/25)} \quad ④$$

となる（$e^{\ln 2} = 2$）．

式②＝式④であるから

$$40 \times 2^{-(x/25)} = 10$$

となり，変形してxを算出する．

$$2^{-(x/25)} = 10/40 = 1/4 = 2^{-2}$$

$$-(x/25) = -2$$

$x = 50\,\mathrm{mm}$

以上から（5）が正解.　▶答（5）

問題3　【令和元年秋A問3】

下図のようにエックス線装置を用いて鋼板の透過写真撮影を行うとき，エックス線管の焦点から4mの距離にあるP点における写真撮影中の1cm線量当量率は160μSv/hである.

この装置を使って，露出時間が1枚につき2分の写真を週300枚撮影するとき，P点の後方に遮へい体を設けることにより，エックス線管の焦点からP点の方向に8mの距離にあるQ点が管理区域の境界線上にあるようにすることのできる遮へい体の厚さは次のうちどれか.

ただし，遮へい体の半価層は25mmとし，3か月は13週とする.

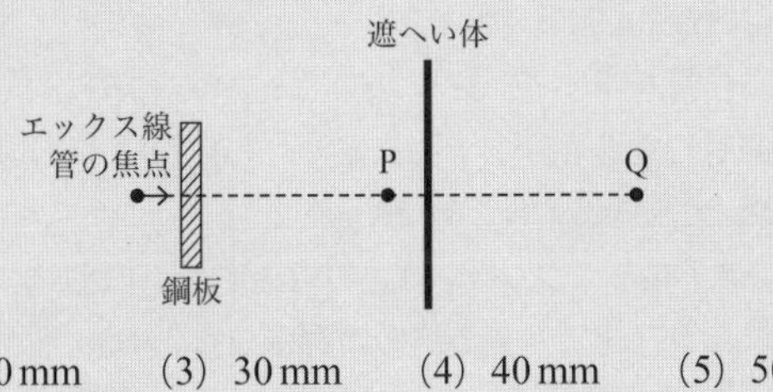

（1）10mm　（2）20mm　（3）30mm　（4）40mm　（5）50mm

解説　管理区域の境界線では3か月に1.3mSv以下でなければならないから，計測時間で除して1時間当たりの1cm当量率を求める．1枚の露出時間が2分で1週間当たり300枚であるから3か月（13週）では，

$$2 \times 300 \times 13\text{分}/60\text{分}/\text{時間} = 2 \times 300 \times 13/60\text{時間} \quad ①$$

となる．したがって，1時間当たりの1cm当量率は

$$1.3\,\mathrm{mSv}/(2 \times 300 \times 13/60\text{時間}) = 0.01\,\mathrm{mSv/h} = 10\,\mu\mathrm{Sv/h} \quad ②$$

一方，P点（4m）の1cm当量率は160μSv/hであるから，エックス線管の焦点（A）の1cm線量当量率は

$$A/4^2 = 160\,\mu\mathrm{Sv/h}$$

$$A = 4^2 \times 160\,\mu\mathrm{Sv/h} \quad ③$$

となる.

一方，遮へい体の線減弱係数μ，遮蔽体の厚さx（半価層$h = 25\,\mathrm{mm}$）とすれば，$\mu = \ln 2/h = 1/25 \times \ln 2$であるから（$I = I_0 e^{-\mu x} \rightarrow I_0/2 = I_0 e^{-\mu h} \rightarrow 1/2 = e^{-\mu h} \rightarrow \mu h = \ln 2 \rightarrow \mu = \ln 2/h$），Q点（8m）の1時間当たりの1cm当量率は式③を使用すると

$$A/8^2 = 4^2 \times 160/8^2 e^{-\mu x} = 160/2^2 e^{-\mu x} = 160/4 e^{-x/25\ln 2}$$

$$= 40e^{\ln 2^{(-x/25)}} = 40 \times 2^{-(x/25)}$$ ④

となる（$e^{\ln 2} = 2$）．

式②＝式④であるから

$$40 \times 2^{-(x/25)} = 10$$

となり，変形して x を算出する．

$$2^{-(x/25)} = 10/40 = 1/4 = 2^{-2}$$

$$-(x/25) = -2$$

$$x = 50\,\text{mm}$$

以上から（5）が正解．

▶答（5）

問題4

【令和元年春A問5】 

あるエックス線装置のエックス線管の焦点から1m離れた点での1cm線量当量率は120mSv/hであった．

このエックス線装置を用いて，鉄板とアルミニウム板を重ね合わせた板に細い線束のエックス線を照射したとき，エックス線管の焦点から1m離れた点における透過後の1cm線量当量率は7.5mSv/hであった．

このとき，鉄板とアルミニウム板の厚さの組合せとして正しいものは次のうちどれか．

ただし，このエックス線に対する鉄の減弱係数を3.0cm^{-1}，アルミニウムの減弱係数を0.5cm^{-1}とし，鉄板及びアルミニウム板を透過した後のエックス線の実効エネルギーは，透過前と変わらないものとする．

また，散乱線による影響は無いものとする．

なお，$\log_e 2 = 0.69$ とする．

	鉄板	アルミニウム板
(1)	2.3mm	20.7mm
(2)	2.3mm	27.6mm
(3)	4.6mm	20.7mm
(4)	4.6mm	27.6mm
(5)	6.9mm	20.7mm

解説 あるエックス線装置のエックス線管の焦点から1m離れた点での1cm線量当量率は120mSv/hであるから

$$I_0 = 120\,\text{mSv/h}$$

である．

鉄と鉛の厚さをそれぞれ x_1 と x_2 とする．公式 $I = I_0 e^{-\mu x}$ を使用する．

鉄を透過したエックス線の1cm線量当量率 I_1 は

$$I_1 = I_0 e^{-\mu_1 x_1} \quad ①$$

である．

次に鉛を透過したエックス線の 1 cm 線量当量率 I_2 は，

$$I_2 = I_1 e^{-\mu_2 x_2} \quad ②$$

である．式①を式②に代入する．

$$I_2 = I_1 e^{-\mu_2 x_2} = I_0 e^{-\mu_1 x_1} \times e^{-\mu_2 x_2} = I_0 e - (\mu_1 x_1 + \mu_2 x_2) \quad ③$$

式③に与えられた数値を代入する．

$$7.5 = 120 e^{-(3.0x_1+0.5x_2)}$$

両辺の自然対数をとる．

$$\ln 7.5 = \ln 120 - (3.0x_1 + 0.5x_2)$$

移項する．

$$3.0x_1 + 0.5x_2 = \ln 120 - \ln 7.5 = \ln 120/7.5$$
$$= \ln 16 = \ln 2^4 = 4 \ln 2 = 4 \times 0.69 = 2.76 \quad ④$$

式④において，$x_1 = 4.6\,\text{mm} = 0.46\,\text{cm}$，$x_2 = 27.6\,\text{mm} = 2.76\,\text{cm}$ を代入すると

$$3.0 \times 0.46 + 0.5 \times 2.76 = 2.76\,\text{cm}$$

となるため，(4) が正解．

▶答 (4)

問題 5

【令和元年春 A 問 10】

下図のようにエックス線装置を用いて鋼板の透過写真撮影を行うとき，エックス線管の焦点から 4 m の距離にある P 点における写真撮影中の 1 cm 線量当量率は，160 μSv/h である．

この装置を使って，露出時間が 1 枚につき 2 分の写真を週 300 枚撮影するとき，P 点の後方に遮へい体を設けることにより，エックス線管の焦点から P 点の方向に 8 m の距離にある Q 点が管理区域の境界線上にあるようにすることのできる遮へい体の厚さは，次のうちどれか．

ただし，遮へい体の半価層は 10 mm とし，3 か月は 13 週とする．

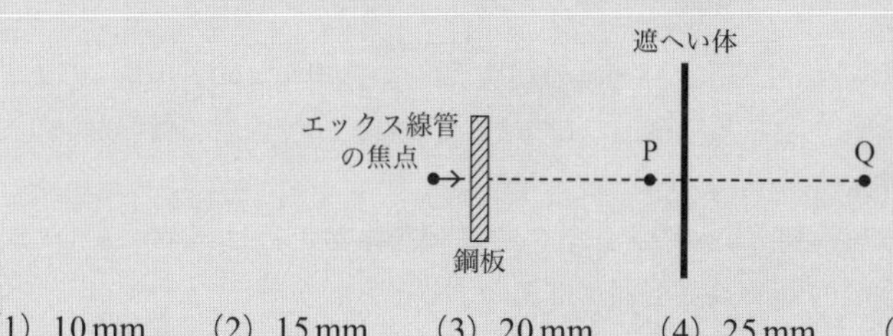

(1) 10 mm　(2) 15 mm　(3) 20 mm　(4) 25 mm　(5) 30 mm

解説 管理区域の境界線では 3 か月に 1.3 mSv 以下でなければならないから，計測時間

第 1 章　エックス線の管理に関する知識

で除して1時間当たりの1cm線量当量率を求める.

1枚の露出時間が2分で1週間当たり300枚であるから3か月（13週）では,

$$2 \times 300 \times 13\text{分}/60\text{分}/\text{時間} = 2 \times 300 \times 13/60\text{時間} \quad ①$$

となる.

したがって，1時間当たりの1cm線量当量率は

$$1.3\,\text{mSv}/(2 \times 300 \times 13/60\text{時間}) = 0.01\,\text{mSv/h} = 10\,\mu\text{Sv/h} \quad ②$$

一方，P点の1cm線量当量率は160μSv/hであるから，エックス線管の焦点（A）の1cm線量当率は

$$A/4^2 \times 160\,\mu\text{Sv/h}$$

$$A = 4^2 \times 160\,\mu\text{Sv/h}$$

となる．一方，遮へい体の線減弱係数μ，遮へい体の厚さxとすれば，$\mu = \ln 2/x_{1/2} = 1/10 \times \ln 2$であるから（$e^{\ln 2} = 2$），エックス線管の焦点（$A$）から8mにあるQ点の1cm線量当量率は

$$\frac{4^2 \times 160}{8^2} e^{-\mu x} = 160/4e^{-x/10 \ln 2} = 40e^{\ln 2^{(-x/10)}} = 40 \times 2^{-(x/10)}\,\mu\text{Sv/h} \quad ③$$

となる.

式②＝式③であるから

$$40 \times 2^{-(x/10)} = 10$$

となり，変形してxを算出する.

$$2^{-(x/10)} = 10/40 = 1/4 = 2^{-2}$$

$$-(x/10) = -2$$

$$x = 20\,\text{mm}$$

以上から（3）が正解.

▶答（3）

問題6

【平成30年春A問5】 

あるエックス線装置のエックス線管の焦点から1m離れた点における1cm線量当量率は8mSv/minであった.

このエックス線装置を用い，厚さ24mmの鋼板及び厚さ40mmのアルミニウム板にそれぞれ別々に照射したところ，透過したエックス線の1cm線量当量率はいずれも2mSv/minであった.

厚さ15mmの鋼板と厚さ15mmのアルミニウム板を重ね合わせ30mmとした板に照射した場合，透過後の1cm線量当量率は次のうちどれか.

ただし，エックス線は細い線束とし，測定点はいずれもエックス線管の焦点から1m離れた点とする.

また，鋼板及びアルミニウム板を透過した後の実効エネルギーは，透過前と変わら

ないものとし，散乱線による影響は無いものとする．

(1) 0.1 mSv/min　(2) 0.5 mSv/min　(3) 1.0 mSv/min
(4) 1.5 mSv/min　(5) 2.0 mSv/min

エックス線管の焦点 I_0 の線量率は

$$I_0 = 8\ \mathrm{mSv/min} \qquad ①$$

である．

次に厚さ 24 mm の鋼板と厚さ 40 mm のアルミニウム板にそれぞれ別々に照射して透過したエックス線の 1 cm 線量当量率がいずれも 2 mSv/min であったから次のように表わされる．

公式　$I = I_0 e^{-\mu x}$ を使用する．ここに，I_0，I：エックス線の透過前と透過後の線量当量率，μ：鉄またはアルミニウムの線減弱係数，x：鉄またはアルミニウムの厚さ

$$2 = 8e^{-\mu_{\mathrm{Fe}} \times 24} \qquad ②$$

$$2 = 8e^{-\mu_{\mathrm{Al}} \times 40} \qquad ③$$

式③を次のように変形する．

$$e^{-\mu_{\mathrm{Al}} \times 40} = 1/4 \qquad ④$$

式②＝式③から次のように表わされる．

$$8e^{-\mu_{\mathrm{Fe}} \times 24} = 8e^{-\mu_{\mathrm{Al}} \times 40} \qquad ⑤$$

式⑤を整理すると，

$$\mu_{\mathrm{Fe}} = 40/24 \times \mu_{\mathrm{Al}} = 5/3 \times \mu_{\mathrm{Al}} \qquad ⑥$$

となる．

厚さ 15 mm の鋼板と厚さ 15 mm のアルミニウム板を重ね合わせた場合，次のように表わすことができる．

$$I = I_0 e^{-\mu_{\mathrm{Fe}} \times 15} \times e^{-\mu_{\mathrm{Al}} \times 15} \qquad ⑦$$

式①と式⑥を使用して式⑦を整理すると，

$$I = 8e^{-\mu_{\mathrm{Al}} \times 5/3 \times 15} \times e^{-\mu_{\mathrm{Al}} \times 15} = 8e^{-\mu_{\mathrm{Al}} \times 40}$$

となる．

ここで式④の値を代入すると，

$$I = 8e^{-\mu_{\mathrm{Al}} \times 40} = 8 \times 1/4 = 2.0\ \text{〔mSv/min〕}$$

となる．

▶答 (5)

題 7　【平成 29 年春 A 問 2】

あるエックス線装置のエックス線管の焦点から 1 m 離れた点における 1 cm 線量当量率は 12 mSv/min であった．

このエックス線装置を用い，厚さ 8 mm の銅板及び厚さ 40 mm のアルミニウム板

第1章　エックス線の管理に関する知識

にそれぞれ別々に照射したところ，透過したエックス線の1cm線量当量率はいずれも3mSv/minであった.

厚さ10mmの鋼板と厚さ30mmのアルミニウム板を重ね合わせ40mmとした板に照射した場合，透過後の1cm線量当量率の値として，最も近いものは（1）～（5）のうちどれか.

ただし，エックス線は細い線束とし，測定点はいずれもエックス線管の焦点から1m離れた点とする.

また，鋼板及びアルミニウム板を透過した後の実効エネルギーは，透過前と変わらないものとし，散乱線による影響は無いものとする.

（1）0.1mSv/min　（2）0.4mSv/min　（3）0.8mSv/min

（4）1.2mSv/min　（5）1.6mSv/min

解説 エックス線管の焦点I_0の線量率は

$$I_0 = 12\,\text{mSv/min} \quad ①$$

である.

次に厚さ8mmの鋼板と厚さ40mmのアルミニウム板にそれぞれ別々に照射して透過したエックス線の1cm線量当量率がいずれも3mSv/minであったから次のように表される.

公式　$I = I_0 e^{-\mu x}$を使用する．ここに，I，I_0：入射後，入射前の強度，μ：鉄またはアルミニウムの線減弱係数，x：鉄またはアルミニウム板の厚さ

$$3 = 12e^{-\mu_{Fe} \times 8} \quad ②$$

$$3 = 12e^{-\mu_{Al} \times 40} \quad ③$$

式③を次のように変形する.

$$e^{-\mu_{Al} \times 40} = 1/4 \quad ④$$

式②＝式③から次のように表される.

$$12e^{-\mu_{Fe} \times 8} = 12e^{-\mu_{Al} \times 40} \quad ⑤$$

式⑤を整理すると，

$$\mu_{Fe} = 5 \times \mu_{Al} \quad ⑥$$

となる.

厚さ10mmの鋼板と厚さ30mmのアルミニウム板を重ね合わせた場合，次のように表すことができる.

$$I = I_0 e^{-\mu_{Fe} \times 10} \times e^{-\mu_{Al} \times 30} \quad ⑦$$

式①と式⑥を使用して式⑦を整理すると，

$$I = 12e^{-\mu_{Al} \times 5 \times 10} \times e^{-\mu_{Al} \times 30}$$

$$= 12e^{-\mu_{Al} \times 80}$$

$= 12(e^{-\mu_{Al}\times 40})^2$

ここで式④の値を代入すると，

$= 12 \times (1/4)^2 = 12/16 = 0.75$

となる．

以上から（3）が正解．

▶答（3）

問題8 【平成28年秋A問10】

図のように，検査鋼板に垂直に細い線束のエックス線を照射し，エックス線管の焦点から5mの位置にある測定点Pで，遮へい板を透過したエックス線の線量当量率を測定した．

遮へい板として鉄を用いるときの測定点Pにおける線量当量率を，厚さ2mmの鉛の遮へい板を用いたときの線量当量率以下にするために必要な鉄板の厚さとして，最小のものは（1）～（5）のうちどれか．

ただし，鉄及び鉛の質量数，密度（g/cm^3）及びこのエックス線に対する質量減弱係数（cm^2/g）は，次のとおりとする．

	質量数	密度	質量減弱係数
鉄	55.85	8	0.1
鉛	207.2	11	0.9

（1）2.5mm

（2）6.7mm

（3）25mm

（4）67mm

（5）250mm

解説 次の公式を使用する．

$$I = I_0 e^{-\mu x} \qquad ①$$

ここに，I，I_0：入射後，入射前の強度，μ：線減弱係数，x：鉄の厚さ

なお，線減弱係数（μ）と質量減弱係数（μ_m）は，$\mu = \mu_m \times \rho$で，ρは密度である．

題意から厚さ2mmの鉛の遮へい板を用いたとき，同じ線量当量率を与える鉄の板の厚さをxとすれば，式①を利用して，次の式が成り立つ．

$$I_l = I_i \qquad ②$$

$$I_l = I_0 e^{-\mu_l \times 2} \qquad ③$$

$$I_i = I_0 e^{-\mu_i \times x} \qquad ④$$

ここに，I_l，I_i：鉛と鉄の透過後の線量当量率，I_0：透過前の線量当量率，μ_l，μ_i：鉛と鉄の線減弱係数．なお，$\mu_l = 0.9 \times 11$，$\mu_i = 0.1 \times 8$である．

式③＝式④であるから

$$I_0 e^{-\mu_l \times 2} = I_0 e^{-\mu_i \times x}$$

したがって，

$$\mu_l \times 2 = \mu_i \times x$$

$$x = \mu_l \times 2/\mu_i = 0.9 \times 11 \times 2/(0.1 \times 8) \fallingdotseq 25\,\mathrm{mm}$$

▶答（3）

問題 9

【平成28年春A問5】

図Ⅰのように，検査鋼板に垂直に細い線束のエックス線を照射し，エックス線管の焦点から5mの位置で，透過したエックス線の1cm線量当量率を測定したところ，8mSv/hであった．次に図Ⅱのように，この線束を厚さ20mmの鋼板で遮へいし，同じ位置で1cm線量当量率を測定したところ1mSv/hとなった．

この遮へい鋼板を厚いものに替えて，同じ位置における1cm線量当量率を0.5mSv/h以下とするために必要な遮へい鋼板の最小の厚さは（1）～（5）のうちどれか．

ただし，エックス線の実効エネルギーは変わらないものとする．また，散乱線の影響は無いものとする．

なお，$\log_e 2 = 0.69$とする．

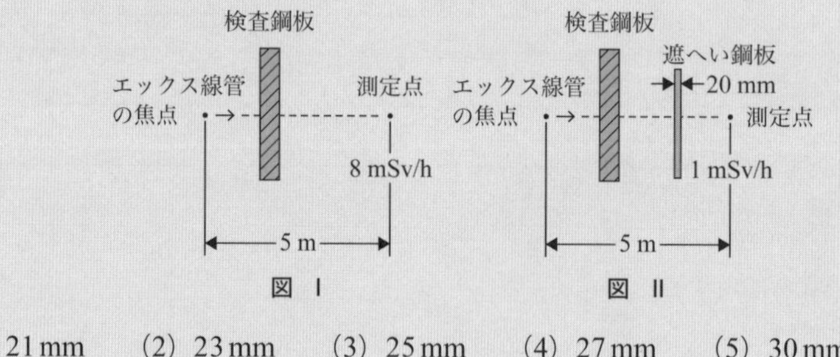

図 Ⅰ　　図 Ⅱ

（1）21mm　（2）23mm　（3）25mm　（4）27mm　（5）30mm

解説　次の公式を使用する．

$$I = I_0 e^{-\mu h}$$

ここに，I，I_0：入射後，入射前の強度，μ：線減弱係数，

h：遮へい鋼板の厚さ〔mm〕

1）I_0の算出：遮へい鋼板がないとき，$I = 8\,\mathrm{mSv/h}$，$h = 0$

$$8 = I_0 e^{-\mu \times 0}$$

$$I_0 = 8\,\mathrm{mSv/h} \quad ①$$

となる．

2) μ の算出：遮へい鋼板が $h = 20\,\mathrm{mm}$ のとき，$I = 1\,\mathrm{mSv}$

式①から

$$1 = 8\mathrm{e}^{-\mu \times 20}$$

$$2^{-3} = \mathrm{e}^{-\mu \times 20}$$

両辺の自然対数を取る．

$$3 \log_e 2 = \mu \times 20$$

$$\mu = 3 \times 0.69/20 \qquad ②$$

3) 遮へい鋼板の最小の厚さ h の算出

$$0.5 = 8\mathrm{e}^{-\mu \times h}$$

$$2^{-1} = 2^3\mathrm{e}^{-\mu \times h}$$

$$2^{-4} = \mathrm{e}^{-\mu \times h}$$

両辺の自然対数を取る．

$$4 \log_e 2 = \mu \times h$$

$$h = 4 \times 0.69/\mu \qquad ③$$

式③に式②の μ の値を代入して

$$h = 4 \times 0.69/\mu = 4 \times 0.69 \times 20/(3 \times 0.69) \fallingdotseq 27\,\mathrm{mm}$$

以上から（4）が正解．　　▶答（4）

■ 1.5.4　ろ過板，絞り等

問題1　【令和2年春A問9】 

エックス線装置を用いて透過写真撮影を行う場合のエックス線の遮へい及び散乱線の低減に関する次の記述のうち，誤っているものはどれか．

(1) 遮へい体には，原子番号が大きく，密度の高い物質を用いるのがよい．

(2) コンクリートの遮へい体は，同程度の遮へい効果を得るために鉛の約2倍の厚さが必要であるが，後方散乱線を低減する効果が鉛より大きいため広く用いられている．

(3) 照射筒は，照射口に取り付けるラッパ状の遮へい体で，エックス線束及び散乱線が外部へ漏えいしないようにするために用いる．

(4) ろ過板は，被写体からの後方散乱線の低減に効果がある．

(5) 絞りは，エックス線束の広がりを制限し，エックス線を必要な部分にだけ照射するために用いる．

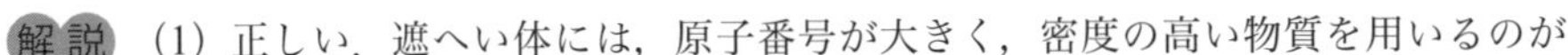

解説　(1) 正しい．遮へい体には，原子番号が大きく，密度の高い物質を用いるのが

よい．

(2) 誤り．コンクリートの遮へい体は，同程度の遮へい効果を得るために鉛の約2倍の厚さでは十分な低減効果が得られないので，広くは用いられていない．

(3) 正しい．照射筒は，照射口に取り付けるラッパ状の遮へい体で，エックス線束及び散乱線が外部へ漏えいしないようにするために用いる．

(4) 正しい．ろ過板は，照射口に取り付けて透過試験に役立たない軟エックス線を取り除き，無用な散乱光を減少させるので被写体からの後方散乱線の低減に効果がある．

(5) 正しい．絞りは，エックス線束の広がりを制限し，エックス線を必要な部分にだけ照射するために用いる．

▶答 (2)

問題2 【令和元年秋A問10】

ろ過板に関する次の文中の［　］内に入れるAからCの語句の組合せとして，正しいものは (1) ～ (5) のうちどれか．

「ろ過板は，照射口に取り付けて，透過試験に役立たない［A］エックス線（波長の［B］エックス線）を取り除き，無用な散乱線を減少させるために使用する．

しかし，［C］などで［A］エックス線を利用する場合には，ろ過板は使用しない．」

	A	B	C
(1)	硬	長い	エックス線回折装置
(2)	硬	短い	蛍光エックス線分析装置
(3)	軟	長い	蛍光エックス線分析装置
(4)	軟	長い	エックス線CT装置
(5)	軟	短い	エックス線回折装置

解説 A 「軟」である．透過能力の小さいエネルギーの低いエックス線で10 keV以下である．

B 「長い」である．軟エックス線とは，空気などに吸収されやすい波長の長いエックス線をいう．

C 「蛍光エックス線分析装置」である．蛍光エックス線分析装置は，対象物質にエックス線を照射すると光電効果で内殻軌道の電子をたたき出し，特性エックス線が発生し，物質特有の蛍光エックス線スペクトル（分光）が得られ，ピークのエネルギーと強度から試料中の元素の種類と含有量を求める分析装置である．

以上から (3) が正解．

▶答 (3)

問題3　【令和元年春A問8】

ろ過板に関する次の文中の［　　］内に入れるAからCの語句の組合せとして，正しいものは（1）～（5）のうちどれか．

「ろ過板は，照射口に取り付けて，透過試験に役立たない［ A ］エックス線（波長の［ B ］エックス線）を取り除き，無用な散乱線を減少させるために使用する．

しかし，［ C ］などで［ A ］エックス線そのものを利用する場合には，ろ過板は使用しない．」

	A	B	C
(1)	硬	長い	エックス線回折装置
(2)	硬	短い	蛍光エックス線分析装置
(3)	硬	短い	エックス線回折装置
(4)	軟	長い	蛍光エックス線分析装置
(5)	軟	短い	エックス線CT装置

解説　A 「軟」である．

B 「長い」である．

C 「蛍光エックス線分析装置」である．蛍光エックス線分析装置は，対象物質にエックス線を照射すると光電効果で内殻軌道の電子をたたき出し，特性エックス線が発生し，物質特有の蛍光エックス線スペクトル（分光）が得られ，ピークのエネルギーと強度から試料中の元素の種類と含有量を求める分析装置である．

以上から（4）が正解．　▶答（4）

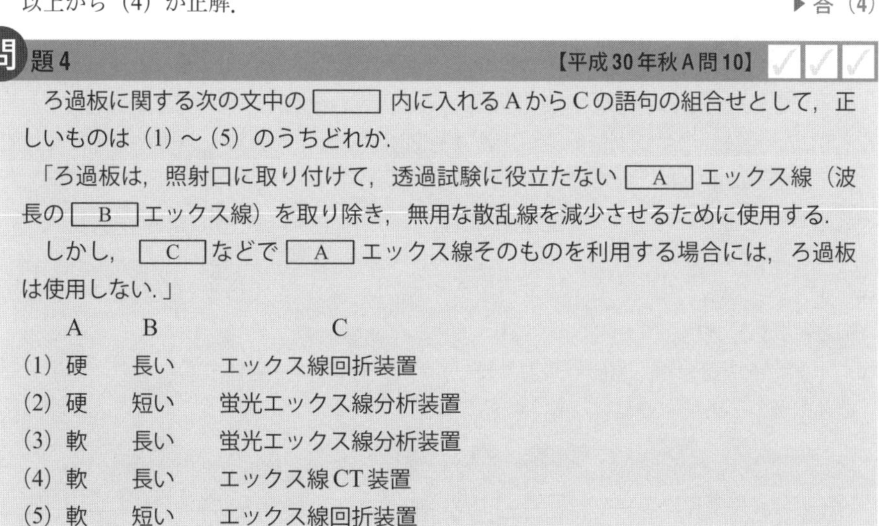

問題4　【平成30年秋A問10】

ろ過板に関する次の文中の［　　］内に入れるAからCの語句の組合せとして，正しいものは（1）～（5）のうちどれか．

「ろ過板は，照射口に取り付けて，透過試験に役立たない［ A ］エックス線（波長の［ B ］エックス線）を取り除き，無用な散乱線を減少させるために使用する．

しかし，［ C ］などで［ A ］エックス線そのものを利用する場合には，ろ過板は使用しない．」

	A	B	C
(1)	硬	長い	エックス線回折装置
(2)	硬	短い	蛍光エックス線分析装置
(3)	軟	長い	蛍光エックス線分析装置
(4)	軟	長い	エックス線CT装置
(5)	軟	短い	エックス線回折装置

解説 A 「軟」である．透過するエックス線は波長の短い硬エックス線である．

B 「長い」である．

C 「蛍光エックス線分析装置」である．蛍光エックス線分析装置は，対象物質にエックス線を照射すると光電効果で内殻軌道の電子をたたき出し，特性エックス線が発生し，物質特有の蛍光エックス線スペクトル（分光）が得られ，ピークのエネルギーと強度から試料中の元素の種類と含有量を求める分析装置で，試料にエックス線を透過させるものではない．

以上から（3）が正解．

▶答（3）

問題5 【平成30年春A問9】

エックス線の遮へい，散乱線の低減方法などに関する次の記述のうち，誤っているものはどれか．

（1）ろ過板として，管電圧120～300kVのエックス線装置にはアルミニウムが用いられるが，管電圧120kV以下のエックス線装置には銅が用いられる．

（2）絞りは，エックス線束の広がりを制限し，エックス線を必要な部分にだけ照射するために用いる．

（3）遮へい体としては，原子番号が大きく，密度の高い物質を用いるのがよい．

（4）鉛板，鋼板，コンクリートのうち，同一の厚さでの遮へい効果は，鉛板が最も大きい．

（5）照射筒は，放射口に取り付けるラッパ状の遮へい体で，エックス線束及び散乱線が外部へ漏えいしないようにするために用いる．

解説（1）誤り．ろ過板として，管電圧120kV以下に銅板を使用すると，透過エックス線が減少し過ぎるので使用しない．原子番号の大きい金属ほどエックス線を吸収する．

（2）正しい．絞りはエックス線束の広がりを制限し，エックス線を必要な部分にだけ照射するために用いる．

（3）正しい．遮へい体としては，原子番号が大きく，密度の高い物質（鉛など）を用いるのがよい．

（4）正しい．鉛板，鋼板，コンクリートのうち，同一の厚さでの遮へい効果は，鉛板が最も大きい．

（5）正しい．照射筒は，放射口に取り付けるラッパ状の遮へい体で，エックス線束及び散乱線が外部へ漏えいしないようにするために用いる．

▶答（1）

問題6 【平成29年春A問10】

ろ過板に関する次の文中の □ 内に入れるAからCの語句の組合せとして，正しいものは（1）～（5）のうちどれか.

「ろ過板は，照射口に取り付けて，透過試験に役立たない［　A　］エックス線（波長の［　B　］エックス線）を取り除き，無用な散乱線を減少させるために使用する.

しかし，［　C　］などで［　A　］エックス線そのものを利用する場合には，ろ過板は使用しない.」

	A	B	C
（1）	硬	長い	エックス線回折装置
（2）	硬	短い	蛍光エックス線分析装置
（3）	軟	長い	蛍光エックス線分析装置
（4）	軟	長い	エックス線CT装置
（5）	軟	短い	エックス線回折装置

解説 A「軟」である.

B「長い」である.

C「蛍光エックス線分析装置」である．エックス線を試料に照射するとエックス線のエネルギーによって電子がはじき飛ばされ，原子は励起される．そこに外殻電子が落ち込み，そのエネルギー差に相当する蛍光エックス線が放射されることを利用する分析方法である.

以上から（3）が正解.

▶答（3）

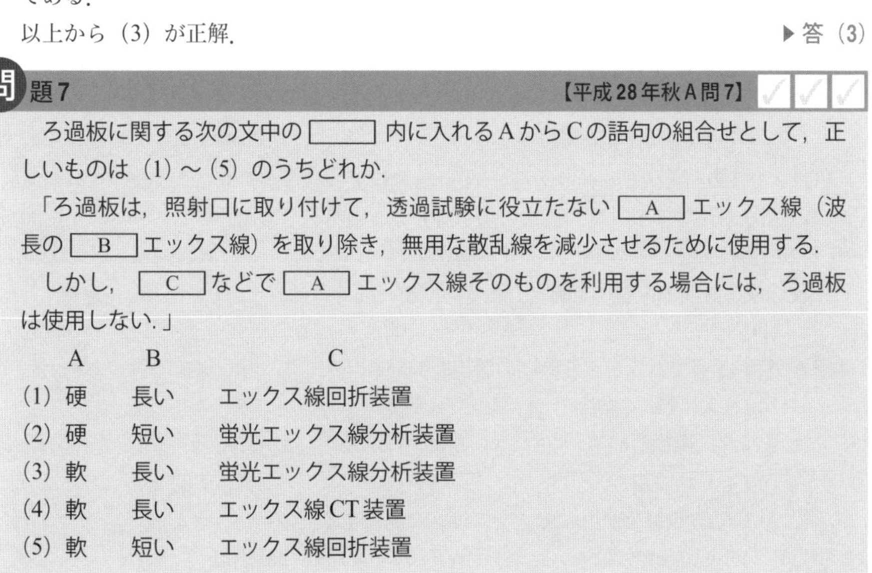

問題7　【平成28年秋A問7】

ろ過板に関する次の文中の［　　］内に入れるAからCの語句の組合せとして，正しいものは（1）～（5）のうちどれか.

「ろ過板は，照射口に取り付けて，透過試験に役立たない［　A　］エックス線（波長の［　B　］エックス線）を取り除き，無用な散乱線を減少させるために使用する.

しかし，［　C　］などで［　A　］エックス線そのものを利用する場合には，ろ過板は使用しない.」

	A	B	C
（1）	硬	長い	エックス線回折装置
（2）	硬	短い	蛍光エックス線分析装置
（3）	軟	長い	蛍光エックス線分析装置
（4）	軟	長い	エックス線CT装置
（5）	軟	短い	エックス線回折装置

解説 問題6（平成29年春A問10）と同一問題．解説は，問題6を参照.

▶答（3）

■ 1.5.5　鋼板の透過写真撮影に係る距離・撮影枚数の算出

問題 1　【平成30年秋A問9】

下図のように，エックス線装置を用いて鋼板の透過写真撮影を行うとき，エックス線管の焦点から2mの距離のP点における写真撮影中の1cm線量当量率は0.3mSv/hである.

エックス線管の焦点とP点を結ぶ直線上で，焦点からP点の方向に15mの距離にあるQ点を管理区域の境界の外側になるようにすることができる1週間当たりの撮影可能な写真の枚数として，最大のものは（1）～（5）のうちどれか.

ただし，露出時間は1枚の撮影について100秒間であり，3か月は13週とする.

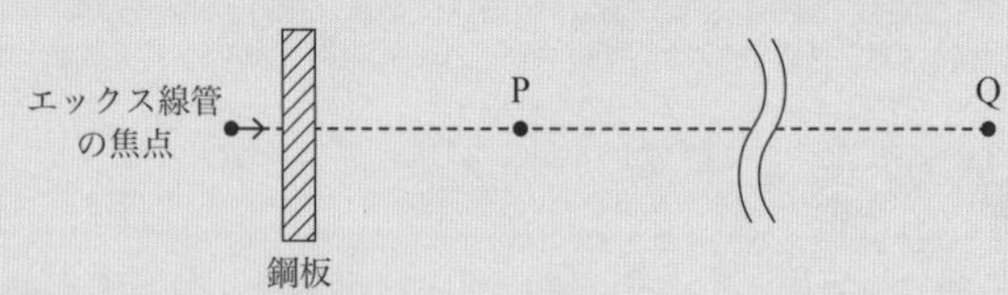

（1）290枚/週　（2）375枚/週　（3）430枚/週
（4）530枚/週　（5）675枚/週

解説　1）エックス線管の焦点の1cm線量当量率Aと点Pとの間で距離2mの二乗に線量当量率が，反比例する関係からAを求める.

$$A/(2\,\mathrm{m})^2 = 0.3\,\mathrm{mSv/h}$$

$$A = 0.3 \times 4 = 1.2\,\mathrm{mSv{\cdot}h^{-1}{\cdot}m^2} \quad ①$$

2）焦点より15m離れた境界の地点の1cm線量当量率は3か月間に1.3mSv（電離放射線障害防止規則第3条（管理区域の明示等）第1項第一号参照）であるから，1週間当たりの撮影枚数をXとすると，次式が成立する.

1枚の露出時間100秒で1週間当たりの露出時間〔s〕

$$100 \times X$$

3か月は13週であるからこの間の露出時間〔s〕

$$100 \times X \times 13$$

これを時間に換算〔h〕

$$100 \times X \times 13/3{,}600$$

以上から式①の値を使用して，次の等式が成立する.

$$1.2\,\mathrm{mSv{\cdot}h^{-1}{\cdot}m^2}/(15\,\mathrm{m})^2 = 1.3\,\mathrm{mSv}/(100 \times X \times 13/3{,}600\,\mathrm{h})$$

整理すると，

$$1.2/15^2 = 1.3/(100 \times X \times 13/3{,}600)$$

$X = 15^2 \times 1.3 \times 3{,}600/(1.2 \times 100 \times 13) = 675$ 枚/週

となる．

以上から（5）が正解． ▶答（5）

問題2 【平成30年春A問10】

下図のように，エックス線装置を用いて鋼板の透過写真撮影を行うとき，エックス線管の焦点から2 mの距離のP点における写真撮影中の1 cm線量当量率は0.3 mSv/hである．

エックス線管の焦点とP点を結ぶ直線上で，焦点からP点の方向に15 mの距離にあるQ点を管理区域の境界の外側になるようにすることができる1週間当たりの撮影可能な写真の枚数として，最大のものは（1）～（5）のうちどれか．

ただし，露出時間は1枚の撮影について100秒間であり，3か月は13週とする．

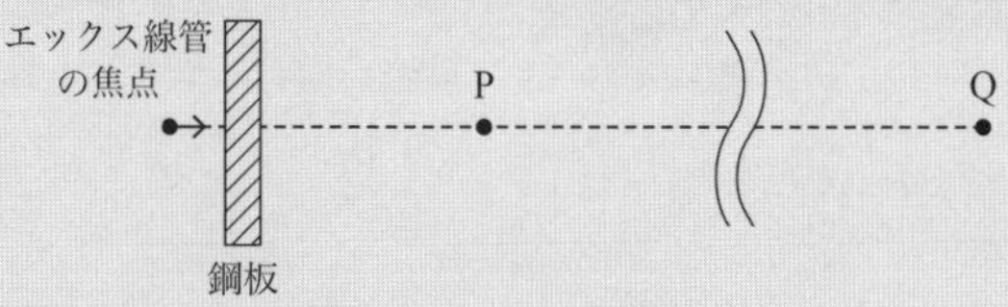

（1）290枚/週　（2）375枚/週　（3）430枚/週

（4）530枚/週　（5）675枚/週

解説 1）エックス線管の焦点の1 cm線量当量率Aと点Pとの間で距離2 mの二乗に線量当量率が，反比例する関係からAを求める．

$$A/(2\,\mathrm{m})^2 = 0.3\,\mathrm{mSv/h}$$

$$A = 0.3 \times 4 = 1.2\,\mathrm{mSv \cdot h^{-1} \cdot m^2} \quad ①$$

2）焦点より15 m離れた境界の地点の1 cm線量当量率は3か月間に1.3 mSv（電離放射線障害防止規則第3条（管理区域の明示等）第1項第一号参照）であるから，1週間当たりの撮影枚数をXとすると，次式が成立する．

1枚の露出時間100秒で1週間当たりの露出時間〔s〕

$$100 \times X$$

3か月は13週であるからこの間の露出時間〔s〕

$$100 \times X \times 13$$

これを時間に換算〔h〕

$$100 \times X \times 13/3{,}600$$

以上から式①の値を使用して，次の等式が成立する．

$$1.2\,\mathrm{mSv \cdot h^{-1} \cdot m^2}/(15\,\mathrm{m})^2 = 1.3\,\mathrm{mSv}/(100 \times X \times 13/3{,}600\,\mathrm{h})$$

整理すると，

$$1.2/15^2 = 1.3/(100 \times X \times 13/3{,}600)$$

$$X = 15^2 \times 1.3 \times 3{,}600/(1.2 \times 100 \times 13) = 675\ \text{枚/週}$$

となる．

以上から（5）が正解．　▶答（5）

題3　【平成29年秋A問10】

下図のように，エックス線装置を用いて鋼板の透過写真撮影を行うとき，エックス線管の焦点から3mの距離のP点における写真撮影中の1cm線量当量率は0.2mSv/hである．

エックス線管の焦点とP点を結ぶ直線上で，焦点からP点の方向に15mの距離にあるQ点を管理区域の境界の外側になるようにすることができる1週間当たりの撮影可能な写真の枚数として，最大のものは（1）～（5）のうちどれか．

ただし，露出時間は1枚の撮影について2分間であり，3か月は13週とする．

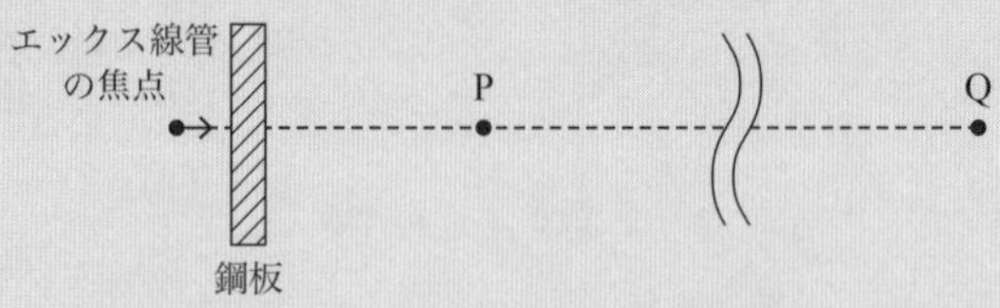

（1）75枚/週　（2）240枚/週　（3）290枚/週
（4）375枚/週　（5）430枚/週

解説　1）エックス線管の焦点の1cm線量当量率 A と点Pとの間で距離3mの二乗に線量当量率が，反比例する関係から A を求める．

$$A/(3\,\text{m})^2 = 0.2\,\text{mSv/h}$$

$$A = 0.2 \times 9 = 1.8\,\text{mSv}\cdot\text{h}^{-1}\cdot\text{m}^2 \quad ①$$

2）焦点より15m離れた境界の地点の1cm線量当量率は3か月間に1.3mSv（電離放射線障害防止規則第3条（管理区域の明示等）第1項第一号参照）であるから，1週間当たりの撮影枚数を X とすると，次式が成立する．

1枚の露出時間2分で1週間当たりの露出時間〔分〕

$$2 \times X$$

3か月は13週であるからこの間の露出時間〔分〕

$$2 \times X \times 13$$

これを時間に換算〔h〕

$$2 \times X \times 13/60$$

以上から式①の値を使用して，次の等式が成立する．

$$1.8\,\mathrm{mSv \cdot h^{-1} \cdot m^2}/(15\,\mathrm{m})^2 = 1.3\,\mathrm{mSv}/(2 \times X \times 13/60\,\mathrm{h})$$

整理すると，

$$1.8/15^2 = 1.3/(2 \times X \times 13/60)$$

$$X = 15^2 \times 1.3 \times 60/(1.8 \times 2 \times 13) = 375\text{枚}$$

となる．

以上から（4）が正解．　▶答（4）

題4　【平成29年春A問1】

下図のように，エックス線装置を用いて銅板の透過写真撮影を行うとき，エックス線管の焦点から4mの距離のP点における写真撮影中の1cm線量当量率は0.3mSv/hである．

露出時間が1枚につき120秒の写真を週300枚撮影するとき，エックス線管の焦点とP点を通る直線上で焦点からP点の方向にあるQ点が管理区域の境界線の外側にあるようにしたい．焦点からQ点までの距離として，最も短いものは（1）～（5）のうちどれか．

ただし，3か月は13週とする．

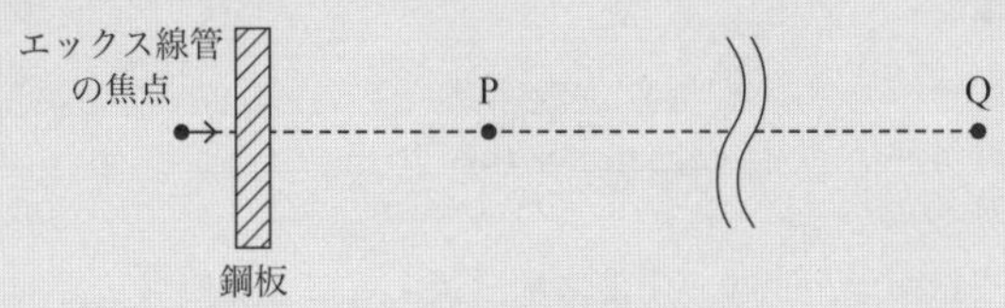

（1）12m　（2）17m　（3）22m　（4）27m　（5）32m

解説　1）エックス線管の焦点の線量率 I_0 を求める．線量率は距離の二乗に反比例する．

$$I_0/(4\,\mathrm{m})^2 = 0.3\,\mathrm{mSv/h}$$

$$I_0 = 0.3\,\mathrm{mSv/h} \times 4^2\,\mathrm{m^2} = 0.3 \times 4^2\,\mathrm{mSv/h \cdot m^2} \qquad ①$$

2）管理区域の境界線では3か月間が1.3mSv以下であり，撮影時間〔h〕は次のようになる．

$$120\,\mathrm{s}/\text{枚} \times 300\,\text{枚}/\text{週} \times 13\,\text{週}/3{,}600\,\mathrm{h/s} = 120 \times 300 \times 13/3{,}600\,\mathrm{h}$$

3）焦点からQ点までの距離は次の関係が成立する距離 x〔m〕を算出すればよい．

$$I_0/(x\,\mathrm{m})^2 = 1.3\,\mathrm{mSv}/(120 \times 300 \times 13/3{,}600\,\mathrm{h}) \qquad ②$$

式②に式①の値を代入して x を求める．

$$0.3 \times 4^2\,\mathrm{mSv/h \cdot m^2}/(x\,\mathrm{m})^2 = 1.3\,\mathrm{mSv}/(120 \times 300 \times 13/3{,}600\,\mathrm{h}) \qquad ③$$

式③を整理し，x を算出する．

$0.3 \times 4^2/x^2 = 1.3/(120 \times 300 \times 13/3{,}600)$

$x^2 = 0.3 \times 4^2 \times 120 \times 300 \times 13/3{,}600 \times 1/1.3$

$x = 22\,\mathrm{m}$

以上から（3）が正解． ▶答（3）

問題5 【平成28年春A問10】

下図のように，エックス線装置を用いて鋼板の透過写真撮影を行うとき，エックス線管の焦点から3mの距離のP点における写真撮影中の1cm線量当量率は0.2mSv/hである．

露出時間が1枚につき110秒の写真を週400枚撮影するとき，エックス線管の焦点とP点を通る直線上で焦点からP点の方向にあるQ点が管理区域の境界線の外側にあるようにしたい．焦点からQ点までの距離として，最も短いものは（1）～（5）のうちどれか．

ただし，3か月は13週とする．

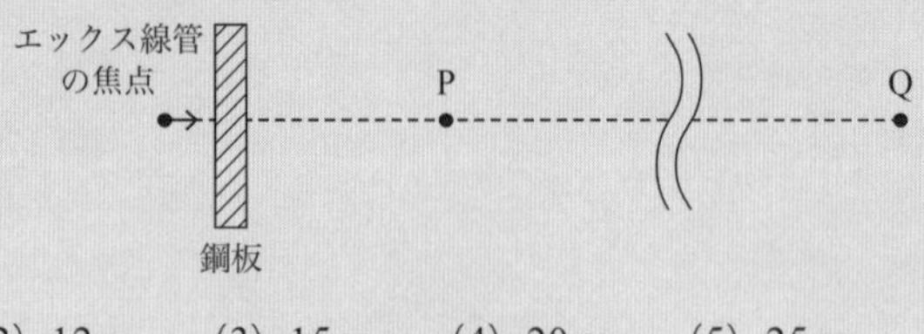

（1）10m　（2）12m　（3）15m　（4）20m　（5）25m

解説 1cm線量当量率は，距離の二乗に反比例することを使用して求める．

1）線源の強さI_0を求める．3m離れたPの1cm線量当量率：0.2mSv

$I_0/(3\,\mathrm{m})^2 = 0.2\,\mathrm{mSv/h}$

$I_0 = 0.2 \times 3^2 = 0.2 \times 9 = 1.8\,\mathrm{mSv/h{\cdot}m^2}$ ①

2）Q点までの距離を求める．管理区域の定義が3か月1.3mSv以下であるから，1.3mSvになる距離を求めればよい．

撮影時間〔h〕は110秒×400枚/週×13週÷3,600秒/時間であるから

$110 \times 400 \times 13/3{,}600\,\mathrm{h}$

となる．したがって，式①から次のようにして距離xが算出される．

$1.8/x^2 = 1.3/(110 \times 400 \times 13/3{,}600)$ ②

式②を変形して，

$x^2 = 1.8 \times 110 \times 400 \times 13/(3600 \times 1.3)$

$x = 15\,\mathrm{m}$

となる．

以上から（3）が正解.　　▶答（3）

1.6 エックス線の応用・利用

問題1　【令和2年春A問4】 

エックス線を利用した各種試験装置に関する次の記述のうち，誤っているものはどれか.

（1）蛍光エックス線分析装置は，蛍光体を塗布した板の上に，物質を透過したエックス線を当てたときにできる蛍光像を観察することによって，物質の欠陥の程度などを識別する装置である.

（2）エックス線マイクロアナライザーは，細く絞った電子線束を試料の微小部分に照射し，発生する特性エックス線を分光することによって，微小部分の元素を分析する装置である.

（3）エックス線回折装置は，結晶質の物質にエックス線を照射すると特有の回折像が得られることを利用して，物質の結晶構造を解析し，物質の性質を調べる装置である.

（4）エックス線応力測定装置は，応力による結晶の面間隔の変化をエックス線の回折を利用して調べることにより，物質内の残留応力の大きさを測定する装置である.

（5）エックス線透過試験装置は，エックス線が物質を透過する性質を利用して透過試験を行う装置で，フィルムを使って透過写真を撮影するものなどがある.

解説　（1）誤り. 蛍光エックス線分析装置は，対象物質にエックス線を照射すると光電効果で内殻軌道の電子が飛び出る結果，特性エックス線が発生し，物質特有の蛍光エックス線スペクトル（分光）が得られるので，そのピークのエネルギーと強度から試料中の元素の種類と含有量を求める分析装置である.

（2）正しい. エックス線マイクロアナライザーは，細く絞った電子線束を試料の微小部分に照射し，発生する特性エックス線を分光することによって，微小部分の元素を分析する装置である.

（3）正しい. エックス線回折装置は，結晶質の物質にエックス線を照射すると特有の回折像が得られることを利用して，物質の結晶構造を解析し，物質の性質を調べる装置である.

（4）正しい. エックス線応力測定装置は，応力による結晶の面間隔の変化をエックス線の回折を利用して調べることにより，物質内の残留応力の大きさを測定する装置である.

(5) 正しい．エックス線透過試験装置は，エックス線が物質を透過する性質を利用して透過試験を行う装置で，フィルムを使って透過写真を撮影するものなどがある．

▶答 (1)

問題2 【平成30年秋A問6】

エックス線を利用した各種試験装置に関する次の記述のうち，誤っているものはどれか．

(1) 蛍光エックス線分析装置は，蛍光体を塗布した板の上に，物質を透過したエックス線を当てたときにできる蛍光像を観察することによって，物質の欠陥の程度などを識別する装置である．

(2) エックス線マイクロアナライザーは，細く絞った電子線束を試料の微小部分に照射し，発生する特性エックス線を分光することによって，微小部分の元素を分析する装置である．

(3) エックス線回折装置は，結晶質の物質にエックス線を照射すると特有の回折像が得られることを利用して，物質の結晶構造を解析し，物質の性質を調べる装置である．

(4) エックス線応力測定装置は，応力による結晶の面間隔の変化をエックス線の回折を利用して調べることにより，物質内の残留応力の大きさを測定する装置である．

(5) エックス線透過試験装置は，被検査物体を透過したエックス線による画像を観察する装置で，画像は，フィルムの他，イメージングプレートなどに記録される．

解説 (1) 誤り．蛍光エックス線分析装置は，対象物質にエックス線を照射すると光電効果で内殻軌道の電子をたたき出し，特性エックス線が発生し，物質特有の蛍光エックス線スペクトル（分光）が得られ，ピークのエネルギーと強度から試料中の元素の種類と含有量を求める分析装置である．

(2) 正しい．エックス線マイクロアナライザーは，電子顕微鏡装置に蛍光エックス線装置を付加したものであり，微小な部分の元素の分析を行う分析装置で，発生する特性エックス線を分光することによって，微小部分の元素を分析する装置である．

(3) 正しい．エックス線回折装置は，結晶質の物質にエックス線を照射すると特有の回折像が得られることを利用して，物質の結晶構造を解析し，物質の性質を調べる装置である．

(4) 正しい．エックス線応力測定装置は，残留応力があれば物質の結晶構造にゆがみがあり，その結果，結晶格子における回折に変化が生じるが，この大きさで残留応力を測定するものである．

(5) 正しい．エックス線透過試験装置は，被検査物体を透過したエックス線による画像を観察する装置で，画像の検出にはフィルムの他，イメージングプレートなどに記録される．

▶答（1）

問題3 【平成29年秋A問6】

エックス線を利用する装置とその原理との組合せとして，誤っているものは次のうちどれか．

（1）エックス線応力測定装置……………………回折
（2）エックス線 CT 装置…………………………回折
（3）蛍光エックス線分析装置……………………分光
（4）エックス線マイクロアナライザー………分光
（5）エックス線厚さ計……………………………散乱

解説 （1）正しい．エックス線応力測定装置は，残留応力があれば物質の結晶構造のゆがみがあり，その結果結晶格子における回折に変化が生じるが，この大きさで残留応力を測定するものである．

（2）誤り．エックス線CT装置のCTはComputed Tomographyの略で，コンピュータ断層撮影のことであり，その原理は透過である．

（3）正しい．蛍光エックス線分析装置は，対象物質にエックス線を照射すると光電効果で内殻軌道の電子をたたき出し，特性エックス線が発生し，物質特有の蛍光エックス線スペクトル（分光）が得られ，ピークのエネルギーと強度から試料中の元素の種類と含有量を求める分析装置である．

（4）正しい．エックス線マイクロアナライザーは，電子顕微鏡装置に蛍光エックス線装置を付加したものであり，微小な部分の分析を行う分析装置で，蛍光エックス線を二次元的に測定し，そのエネルギーと強度から元素ごとに画像化して観察する装置である．

（5）正しい．エックス線厚さ計は，エックス線が物質によって散乱されることを利用するものである．なお，吸収されることを利用する厚さ計もある．

▶答（2）

問題4 【平成28年秋A問6】

エックス線を利用した各種試験装置に関する次の記述のうち，誤っているものはどれか．

（1）蛍光エックス線分析装置は，物質を透過したエックス線を蛍光体が塗布された板の上に当てたときにできる蛍光像を観察することによって，物質の欠陥の程度などを識別する装置である．

（2）エックス線マイクロアナライザーは，細く絞った電子線束を試料の微小部分に照射し，発生する特性エックス線を分光することによって，微小部分の元素を分析する装置である.

(3) エックス線回折装置は，結晶質の物質にエックス線を照射すると特有の回折像が得られることを利用して，物質の結晶構造を解析し，物質の性質を調べる装置である.

(4) エックス線応力測定装置は，応力による結晶の面間隔の変化をエックス線の回折を利用して調べることにより，物質内の残留応力の大きさを測定する装置である.

(5) エックス線透過試験装置は，被検査物体を透過したエックス線による画像を観察する装置で，画像の検出にはフィルムなどが用いられる.

解説 (1) 誤り．蛍光エックス線分析装置とは，特性エックス線を利用した分析装置であり，蛍光エックス線のエネルギーを実験的に求めることにより，測定試料を構成する元素の分析やその強度を測定することにより測定試料中の目的元素の濃度を求めることができる.

(2) 正しい．エックス線マイクロアナライザーは，細く絞った電子線束を試料の微小部分に照射し，発生する特性エックス線を分光することによって，微小部分の元素を分析する装置である.

(3) 正しい．エックス線回折装置は，結晶質の物質にエックス線を照射すると特有の回折像が得られることを利用して，物質の結晶構造を解析し，物質の性質を調べる装置である.

(4) 正しい．エックス線応力測定装置は，応力による結晶の面間隔の変化をエックス線の回折を利用して調べることにより，物質内の残留応力の大きさを測定する装置である.

(5) 正しい．エックス線透過試験装置は，被検査物体を透過したエックス線による画像を観察する装置で，画像の検出にはフィルムなどが用いられる.

▶答 (1)

問題5 【平成28年春A問4】

エックス線の利用に関する次のAからDまでの記述について，正しいもののすべての組合せは (1) ～ (5) のうちどれか.

A 被検査物体にエックス線を照射し，透過線の強度の違いから内部の構造を調べる手法をラジオグラフィ（透過撮影法）という.

B 空港の手荷物検査装置は，被検査物体にエックス線を照射した結果発生する特性エックス線のエネルギーを分析することにより，手荷物の検査を行う装置である.

C 後方散乱線を利用する検査方法では，エックス線フィルム（又はエックス線検出器）を，被検査物体の裏側ではなく，エックス線源と同じ側に配置して検査を行う.

D 溶接による残留応力など金属にひずみがあると格子間隔が正常値からずれるので，エックス線の回折を利用して，ひずみの度合いを測定することができる.

(1) A, B, C　(2) A, C, D　(3) A, D　(4) B, C　(5) C, D

解説 A　正しい．被検査物体にエックス線を照射し，透過線の強度の違いから内部の構造を調べる手法をラジオグラフィ（透過撮影法）という．

B　誤り．空港の手荷物検査装置は，被検査物体にエックス線を照射し，透過したエックス線をフィルムに写してその濃淡の映像から手荷物の検査を行う方法である．

C　正しい．後方散乱線を利用（コンプトン効果を利用）する検査方法では，エックス線フィルム（又はエックス線検出器）を，被検査物体の裏側ではなく，エックス線源と同じ側に配置して検査を行う．したがって，エックス線源，検出器，検査物質の順となる．

D　正しい．溶接による残留応力など金属にひずみがあると格子間隔が正常値からずれるので，エックス線の回折を利用して，ひずみの度合いを測定することができる．

以上から (2) が正解．

▶答 (2)

問題6

【平成27年秋A問7】

エックス線を利用する装置とその原理との組合せとして，誤っているものは次のうちどれか．

(1) エックス線CT装置……………………回折
(2) エックス線応力測定装置………………回折
(3) 蛍光エックス線分析装置………………分光
(4) エックス線マイクロアナライザー………分光
(5) エックス線厚さ計………………………散乱

解説 (1) 誤り．エックス線CT装置のCTはComputed Tomographyの略で，コンピュータ断層撮影のことであり，その原理は透過である．

(2) 正しい．エックス線応力測定装置は，残留応力があれば物質の結晶構造にゆがみがあり，その結果結晶格子における回折に変化が生じるが，この大きさで残留応力を測定するものである．

(3) 正しい．蛍光エックス線分析装置は，対象物質にエックス線を照射すると光電効果で内殻軌道の電子をたたき出し，特性エックス線が発生し，物質特有の蛍光エックス線スペクトル（分光）が得られ，ピークのエネルギーと強度から試料中の元素の種類と含有量を求める分析装置である．

(4) 正しい．エックス線マイクロアナライザーは，電子顕微鏡装置に蛍光エックス線装置を付加したものであり，微小な部分の分析を行う分析装置で，蛍光エックス線を二次元的に測定し，そのエネルギーと強度から各元素ごとに画像化して観察する装置である．

(5) 正しい．エックス線厚さ計は，エックス線が物質によって散乱されることを利用す

るものである．なお，吸収されることを利用する厚さ計もある． ▶答（1）

1.7 管理区域設定の測定等

問題1 【令和2年春A問8】

管理区域を設定するための外部放射線の測定に関する次の文中の［　］内に入れるAからCの数値又は語句の組合せとして，正しいものは（1）～（5）のうちどれか．

「測定点の高さは，作業床面上約［ A ］mの位置とし，あらかじめ計算により求めた［ B ］の低い箇所から逐次高い箇所へと測定していく．

測定前に，バックグラウンド値を調査しておき，これを測定値［ C ］値を測定結果とする．」

	A	B	C
(1)	1	1 cm線量当量	に加算した
(2)	1	1 cm線量当量又は70 μm線量当量	から差し引いた
(3)	1	1 cm線量当量又は1 cm線量当量率	から差し引いた
(4)	1.5	1 cm線量当量率	から差し引いた
(5)	1.5	1 cm線量当量率又は70 μm線量当量	に加算した

解説 A 「1」である．

B 「1 cm線量当量又は1 cm線量当量率」である．

C 「から差し引いた」である．

労働安全衛生規則及び電離放射線障害防止規則の一部を改正する省令の施行等について（管理区域の設定等に当たっての留意事項（別添1））基発第253号平成13年3月30日参照．

以上から（3）が正解． ▶答（3）

問題2 【令和元年秋A問8】

エックス線装置を使用する管理区域を設定するための外部放射線の測定に関する次の記述のうち，正しいものはどれか．

（1）測定器は，方向依存性が大きく，測定可能な下限線量が小さなものを用いる．

（2）測定器は，国家標準とのトレーサビリティが明確になっている基準測定器又は数量が証明されている線源を用いて測定実施日の3年以内に校正されたものを使用する．

（3）測定器は，サーベイメータのほか，積算型放射線測定器を用いることができる．

(4) 測定は，あらかじめ計算により求めた1cm線量当量又は1cm線量当量率の高い箇所から低い箇所へ逐次行っていく.
(5) 測定点の高さは，作業床面上の約1.5mの位置とする.

解説 (1) 誤り．測定器は方向依存性（放射線の入射方向による感度が異なること）が少なく，エネルギー特性が1cm線量当量等の換算係数に合致する性能を有していること．放射線測定器の感度を最も高くした場合に測定し得る限度及び最小の一目盛又は指示値の大きさが，測定しようとする1cm線量当量等が読みとれる性能を有していること．労働安全衛生規則及び電離放射線障害防止規則の一部を改正する省令の施行等について（管理区域の設定等に当たっての留意事項（別添1））基発第253号平成13年3月30日（以下「別添1」という）参照.

(2) 誤り．測定器は，国家標準とのトレーサビリティが明確になっている基準測定器又は数量が証明されている線源を用いて測定実施日の1年以内に校正されたものを使用する．「3年以内」が誤り．別添1参照.

(3) 正しい．測定器は，サーベイメータのほか，積算型放射線測定器（フィルムバッジなど）を用いることができる．別添1参照.

(4) 誤り．測定は，あらかじめ計算により求めた1cm線量当量又は1cm線量当量率の低い箇所から高い箇所へ逐次行っていく．「高い箇所から低い箇所」が誤り．別添1参照.

(5) 誤り．測定点の高さは，作業床面上の約1mの位置とする．「約1.5m」が誤り．別添1参照.

▶答 (3)

問題3 【令和元年春A問9】

エックス線装置を使用する管理区域を設定するための外部放射線の測定に関する次の記述のうち，誤っているものはどれか.

(1) 放射線測定器は，方向依存性が少ないものを使用する.
(2) 測定は，1cm線量当量及び70µm線量当量について行う.
(3) 位置によって測定値の変化が大きいと予測される場合は，測定点を密にとる.
(4) 測定者は，外部放射線の測定中には必ず放射線測定器を装着する.
(5) 測定箇所については，壁などの構造物によって区切られた境界の近辺の箇所を含むようにする.

解説 (1) 正しい．放射線測定器は，方向依存性が少ないものを使用する.

(2) 誤り．測定は，1cm線量当量又は1cm線量当量率について行う.

(3) 正しい．位置によって測定値の変化が大きいと予測される場合は，測定点を密にとる.

(4) 正しい．測定者は，外部放射線の測定中には必ず放射線測定器を装着する.

(5) 正しい．測定箇所については，壁などの構造物によって区切られた境界の近辺の箇所を含むようにする．

▶答 (2)

問題4

【平成30年秋A問8】

エックス線装置を使用する管理区域を設定するための外部放射線の測定に関する次の記述のうち，正しいものはどれか．

(1) 測定は，あらかじめ計算により求めた1cm線量当量又は1cm線量当量率の高い箇所から低い箇所へ逐次行っていく．

(2) 測定点は，壁などの構造物によって区切られた領域の中央部とエックス線装置の周囲の床上1.5mの数箇所の位置とする．

(3) 測定器は，測定中に線量率の変化に対応して指針が漂動（シフト）するものを選択して使用する．

(4) 積算型放射線測定器は，測定に用いることはできない．

(5) あらかじめバックグラウンド値を調査しておき，これを測定器の指示値から差し引いた値を測定結果とする．

解説 (1) 誤り．測定は，あらかじめ計算により求めた1cm線量当量又は1cm線量当量率の低い箇所から高い箇所へ逐次行っていく．記述が逆である．労働安全衛生規則及び電離放射線障害防止規則の一部を改正する省令の施行等について（管理区域の設定等に当たっての留意事項（別添1））基発第253号平成13年3月30日（以下「別添1」という）参照．

(2) 誤り．測定点は，壁などの構造物によって区切られた境界の近辺の個所で，作業床面上1mの高さの位置とする．別添1参照．

(3) 誤り．測定器は，方向依存性（放射線の入射方向による感度が異なること）が少なく，エネルギー特性が1cm線量当量等の換算係数に合致する性能を有していること．放射線測定器の感度を最も高くした場合に測定し得る限度及び最小の一目盛又は指示値の大きさが，測定しようとする1cm線量当量等が読みとれる性能を有していることなどである．別添1参照．

(4) 誤り．測定器は解説 (3) の条件に適合していればよく，積算型放射線測定器を測定に用いることができる．

(5) 正しい．あらかじめバックグランド値を調査しておき，これを測定値から差し引いた値を測定結果とする．別添1参照．

▶答 (5)

問題5

【平成29年秋A問8】

管理区域を設定するための外部放射線の測定に関する次の文中の［　　］内に入れ

るAからCの語句の組合せとして，正しいものは（1）～（5）のうちどれか．

「測定箇所は，壁等の構造物によって区切られた［A］を含むものとし，測定点の高さは，作業床面上約1mの位置として，事前に計算により求めた1cm線量当量率の［B］へと測定を行っていく．

なお，あらかじめバックグラウンド値を調査しておき，測定結果はバックグラウンド値を［C］値とする．」

	A	B	C
(1)	領域の中央部	高い箇所から逐次低い箇所	差し引いた
(2)	領域の中央部	低い箇所から逐次高い箇所	加えた
(3)	境界の近辺の箇所	高い箇所から逐次低い箇所	差し引いた
(4)	境界の近辺の箇所	低い箇所から逐次高い箇所	差し引いた
(5)	境界の近辺の箇所	低い箇所から逐次高い箇所	加えた

解説　A「境界の近辺の箇所」である．

B「低い箇所から逐次高い箇所」である．

C「差し引いた」である．

以上から（4）が正解．

▶答（4）

問題6　【平成28年秋A問8】

管理区域設定のための外部放射線の測定に関する次の記述のうち，正しいものはどれか．

（1）測定器は，方向依存性が大きく，測定可能な下限線量が小さなものを用いる．

（2）放射線測定器は，国家標準とのトレーサビリティが明確になっている基準測定器又は数量が証明されている線源を用いて測定実施日の1年以内に校正されたものを用いる．

（3）測定点は，壁などの構造物によって区切られた領域の中央部と境界の床面上10cmの高さの数箇所の位置とする．

（4）あらかじめ計算により求めた1cm線量当量又は1cm線量当量率の高い箇所から低い箇所へ順に測定していく．

（5）あらかじめバックグラウンド値を調査しておき，これを測定値に加算して補正した値を測定結果とする．

解説　（1）誤り．方向依存性（放射線の入射方向による感度が異なること）が少なく，エネルギー特性が1cm線量当量等の換算係数に合致する性能を有していること．放射線測定器の感度を最も高くした場合に測定し得る限度及び最小の一目盛又は指示値の大きさが，測定しようとする1 cm線量当量等が読みとれる性能を有していることである．労働安全衛生規則及び電離放射線障害防止規則の一部を改正する省令の施行等について（管理区域の設定等に当たっての留意事項（別添1））基発第253号平成13年3月30日（以下「別添1」という）参照．

(2) 正しい．放射線測定器は，国家標準とのトレーサビリティが明確になっている基準測定器又は数量が証明されている線源を用いて測定実施日の1年以内に校正されたものを用いる．別添1参照．

(3) 誤り．測定点は，壁などの構造物によって区切られた境界の近辺の箇所で，作業床面上1 mの高さの位置とする．別添1参照．

(4) 誤り．あらかじめ計算により求めた1 cm線量当量又は1 cm線量当量率の低い箇所から高い箇所へ順に測定していく．別添1参照．

(5) 誤り．あらかじめバックグラウンド値を調査しておき，これを測定値から差し引いた値を測定結果とする．別添1参照．

▶答 (2)

問題7 【平成28年春A問9】

管理区域を設定するための外部放射線の測定に関する次の文中の［　　］内に入れるAからCの語句又は数値の組合せとして，正しいものは (1)～(5) のうちどれか．

「測定点の高さは，作業床面上約［ A ］mの位置とし，あらかじめ計算により求めた［ B ］の低い箇所から逐次高い箇所へと測定していく．

測定前に，バックグラウンド値を調査しておき，これを測定値［ C ］値を測定結果とする．」

	A	B	C
(1)	1	1 cm線量当量	に加算した
(2)	1.5	1 cm線量当量率	から差し引いた
(3)	1	1 cm線量当量又は70 μm線量当量	から差し引いた
(4)	1.5	1 cm線量当量率又は70 μm線量当量	に加算した
(5)	1	1 cm線量当量又は1 cm線量当量率	から差し引いた

解説 A「1」である．

B「1 cm線量当量又は1 cm線量当量率」である．

C「から差し引いた」である．

労働安全衛生規則及び電離放射線障害防止規則の一部を改正する省令の施行等について（管理区域の設定等に当たっての留意事項（別添1））基発第253号平成13年3月30日参照．

以上から（5）が正解.　▶答（5）

問題8　【平成27年秋A問8】 

管理区域設定のための外部放射線の測定に関する次の記述のうち，正しいものはどれか.

（1）放射線測定器は，国家標準とのトレーサビリティが明確になっている基準測定器又は数量が証明されている線源を用いて測定実施日の1年以内に校正されたものを用いる.

（2）測定は，原則として電離箱式サーベイメータを用いることとし，フィルムバッジなどの積算型放射線測定器は用いてはならない.

（3）測定点は，壁等の構造物によって区切られた領域の中央部と境界の床面上10 cmの位置の数箇所とする.

（4）あらかじめ計算により求めた1 cm線量当量又は1 cm線量当量率の高い箇所から低い箇所へ順に測定していく.

（5）あらかじめバックグラウンド値を調査しておき，これを測定値に加算して補正した値を測定結果とする.

解説　（1）正しい．放射線測定器は，国家標準とのトレーサビリティが明確になっている基準測定器又は数量が証明されている線源を用いて測定実施日の1年以内に校正されたものを用いる．労働安全衛生規則及び電離放射線障害防止規則の一部を改正する省令の施行等について（管理区域の設定等に当たっての留意事項（別添1））基発第253号平成13年3月30日（以下「別添1」という）参照.

（2）誤り．測定は，原則として電離箱式サーベイメータを用いることとする規定はなく，測定器は解説（1）の条件に適合しておればよい．また，フィルムバッジなどの積算型放射線測定器を使用してもよい．別添1参照.

（3）誤り．測定点は，壁などの構造物によって区切られた境界の近辺の箇所で，作業床面上1 mの高さの位置とする．別添1参照.

（4）誤り．あらかじめ計算により求めた1 cm線量当量又は1 cm線量当量率の低い箇所から高い箇所へ順に測定していく．別添1参照.

（5）誤り．あらかじめバックグラウンド値を調査しておき，これを測定値から差し引いた値を測定結果とする．別添1参照.　▶答（1）

第 2 章

関係法令

2.1 管理区域に関する規定

題1　【令和2年春A問11】

エックス線装置を用いて放射線業務を行う場合の管理区域に関する次の記述のうち，労働安全衛生関係法令上，正しいものはどれか．

(1) 管理区域は，外部放射線による実効線量が3か月間につき3mSvを超えるおそれのある区域である．

(2) 管理区域には，放射線業務従事者以外の者が立ち入ることを禁止し，その旨を明示しなければならない．

(3) 放射線装置室内で放射線業務を行う場合，その室の入口に放射線装置室である旨の標識を掲げたときは，管理区域を標識により明示する必要はない．

(4) 管理区域内の労働者の見やすい場所に，放射線業務従事者が受けた外部被ばくによる線量の測定結果の一定期間ごとの記録を掲示しなければならない．

(5) 管理区域に一時的に立ち入る労働者についても，管理区域内において受ける外部被ばくによる線量を測定しなければならない．

解説 (1) 誤り．管理区域は，外部放射線による実効線量と空気中の放射線物質による実効線量との合計が3か月間につき1.3mSvを超えるおそれのある区域である．電離則第3条（管理区域の明示等）第1項第一号参照．

(2) 誤り．管理区域には，必要のある者以外の者が立ち入ることを禁止し，その旨を明示しなければならない．「放射線業務従事者以外」が誤り．電離則第3条（管理区域の明示等）第1項及び第4項参照．

(3) 誤り．放射線装置室内で放射線業務を行う場合，その室の入口に放射線装置室である旨の標識を掲げたときでも，管理区域を標識により明示する必要がある．電離則第3条（管理区域の明示等）第1項前文及び同第14条（標識の掲示）参照．

(4) 誤り．このような定めはない．電離則第8条（線量の測定）及び同第9条（線量の測定結果の確認，記録等）参照．

(5) 正しい．電離則第8条（線量の測定）第1項参照．　▶答 (5)

題2　【令和元年秋A問11】

エックス線装置を用いて放射線業務を行う場合の管理区域に関する次の記述のうち，労働安全衛生関係法令上，正しいものはどれか．

(1) 管理区域は，外部放射線による等価線量が3か月間につき1.3mSvを超えるおそれのある区域である．

(2) 管理区域には，放射線業務従事者以外の者が立ち入ることを禁止し，その旨を明示しなければならない.
(3) 放射線装置室内で放射線業務を行う場合，その室の入口に放射線装置室である旨の標識を掲げたときは，管理区域を標識により明示する必要はない.
(4) 管理区域内の労働者の見やすい場所に，放射線業務従事者が受けた外部被ばくによる線量の測定結果の一定期間ごとの記録を掲示しなければならない.
(5) 管理区域に一時的に立ち入る労働者についても，管理区域内において受ける外部被ばくによる線量を測定しなければならない.

解説 (1) 誤り．管理区域は，外部放射線による実効線量が3か月間につき1.3 mSvを超えるおそれのある区域である．「等価線量」が誤りである．なお，管理区域は，外部放射線による実効線量と空気中の放射線物質による実効線量との合計であるが，外部放射線による実効線量が3か月間につき1.3 mSvを既に超えていれば，空気中の実効線量の値に関係なく管理区域となる．電離則第3条（管理区域の明示等）第1項第一号参照.

(2) 誤り．誤りは，「放射線業務従事者以外の者」で，正しくは「必要のある者以外」である．電離則第3条（管理区域の明示等）第1項及び第4項参照.

(3) 誤り．放射線装置室内で放射線業務を行う場合，その室の入口に放射線装置室である旨の標識を掲げたときでも，管理区域を標識により明示する必要がある．電離則第3条（管理区域の明示等）第1項前文及び同第14項（標識の掲示）参照.

(4) 誤り．このような定めはない．電離則第8条（線量の測定）及び同第9条（線量の測定結果の確認，記録等）参照.

(5) 正しい．電離則第8条（線量の測定）第1項参照. ▶答 (5)

問題3 【令和元年春A問11】

エックス線装置を用いて放射線業務を行う場合の管理区域に関する次の記述のうち，労働安全衛生関係法令上，正しいものはどれか.
(1) 管理区域とは，実効線量が1か月間に0.3 mSvを超えるおそれのある区域をいう.
(2) 管理区域に一時的に立ち入る労働者については，管理区域内において受ける外部被ばくによる線量を測定する必要はない.
(3) 管理区域には，放射線業務従事者以外の者が立ち入ることを禁止し，その旨を明示しなければならない.
(4) 管理区域において，外部放射線による線量当量率又は線量当量を放射線測定器を用いて測定することが著しく困難なときは，計算により算出することができる.
(5) 管理区域内の労働者の見やすい場所に，放射線業務従事者が受けた外部被ばくによる線量の測定結果の一定期間ごとの記録を掲示しなければならない.

解説 (1) 誤り．管理区域とは，外部放射線による実効線量と空気中の放射性物質による実効線量との合計が3か月間に1.3 mSvを超えるおそれのある区域をいう．電離則第3条（管理区域の明示等）第1項第一号参照．

(2) 誤り．管理区域に一時的に立ち入る労働者については，管理区域内において受ける外部被ばくによる線量を測定する必要がある．電離則第8条（線量の測定）第1項参照．

(3) 誤り．管理区域には，必要のある者以外の者が立ち入ることを禁止し，その旨を明示しなければならない．誤りは「放射線業務従事者以外」である．電離則第3条（管理区域の明示等）第1項及び第4項参照．

(4) 正しい．管理区域において，外部放射線による線量当量率又は線量当量を放射線測定器を用いて測定することが著しく困難なときは，計算により算出することができる．電離則第8条（線量の測定）第3項参照．

(5) 誤り．このような定めはない．電離則第8条（線量の測定）及び同第9条（線量の調査結果の確認，記録等）参照．

▶答 (4)

問題4 【平成30年秋A問14】

エックス線装置を用いて放射線業務を行う場合の管理区域に関する次の記述のうち，労働安全衛生関係法令上，正しいものはどれか．

(1) 管理区域とは，実効線量が1か月間に3 mSvを超えるおそれのある区域をいう．

(2) 管理区域設定に当たっての外部放射線による実効線量の算定は，1 cm線量当量及び70 μm線量当量により行う．

(3) 管理区域には，放射線業務従事者以外の者が立ち入ることを禁止し，その旨を明示しなければならない．

(4) 管理区域に一時的に立ち入る労働者についても，管理区域内において受ける外部被ばくによる線量を測定しなければならない．

(5) 管理区域内の労働者の見やすい場所に，放射線業務従事者が受けた外部被ばくによる線量の測定結果の一定期間ごとの記録を掲示しなければならない．

解説 (1) 誤り．管理区域とは，外部放射線による実効線量と空気中の放射性物質による実効線量との合計が3か月間に1.3 mSvを超えるおそれのある区域をいう．電離則第3条（管理区域の明示等）第1項第一号参照．

(2) 誤り．管理区域設定に当たっての外部放射線による実効線量の算定は，1 cm線量当量により行う．電離則第3条（管理区域の明示等）第2項参照．

(3) 誤り．管理区域内には，必要のある者以外の者を立ち入らせてはならない．電離則第3条（管理区域の明示等）第1項及び第4項参照．

(4) 正しい．管理区域に一時的に立ち入る労働者についても，管理区域内において受ける外部被ばくによる線量を測定しなければならない．電離則第8条（線量の測定）第1項参照．

(5) 誤り．このような定めはない．電離則第8条（線量の測定）及び同第9条（線量測定結果の確認，記録等）参照．

▶答 (4)

問題5 【平成30年春A問11】

エックス線装置を用いて放射線業務を行う場合の管理区域に関する次の記述のうち，労働安全衛生関係法令上，正しいものはどれか．

(1) 管理区域には，放射線業務従事者以外の者が立ち入ることを禁止し，その旨を明示しなければならない．

(2) 放射線装置室内で放射線業務を行う場合，その室の入口に放射線装置室である旨の標識を掲げたときは，管理区域を標識により明示する必要はない．

(3) 管理区域設定に当たっての外部放射線による実効線量の算定は，1 cm線量当量及び70 μm線量当量によって行うものとする．

(4) 管理区域内の労働者の見やすい場所に，放射線業務従事者が受けた外部被ばくによる線量の測定結果の一定期間ごとの記録を掲示しなければならない．

(5) 管理区域内の労働者の見やすい場所に，外部被ばくによる線量を測定するための放射線測定器の装着に関する注意事項，事故が発生した場合の応急の措置等放射線による労働者の健康障害の防止に必要な事項を掲示しなければならない．

解説 (1) 誤り．誤りは「放射線業務従事者以外の者」で，正しくは「必要のある者以外の者」である．電離則第3条（管理区域の明示等）第1項及び第4項参照．

(2) 誤り．放射線装置室内で放射線業務を行う場合，その室の入口に放射線装置室である旨の標識を掲げても，管理区域を標識により明示する必要がある．電離則第3条（管理区域の明示等）第1項前文及び同第14条（標識の掲示）参照．

(3) 誤り．管理区域設定に当たっての外部放射線による実効線量の算定は，1 cm線量当量によって行うものとする．電離則第3条（管理区域の明示等）第2項参照．

(4) 誤り．このような定めはない．電離則第8条（線量の測定）及び同第9条（線量の測定結果の確認，記録等）参照．

(5) 正しい．電離則第3条（管理区域の明示等）第5項参照．

▶答 (5)

問題6 【平成29年秋A問12】

エックス線装置を用いて放射線業務を行う場合の管理区域に関する次の記述のうち，労働安全衛生関係法令上，正しいものはどれか．

(1) 管理区域には，必要のある者以外の者を立ち入らせてはならない．

(2) 管理区域とは，実効線量が1か月間に0.3 mSvを超えるおそれのある区域をいう.
(3) 放射線装置室内で放射線業務を行う場合，その室の入口に放射線装置室である旨の標識を掲げたときは，管理区域を標識により明示する必要はない.
(4) 管理区域内に一時的に立ち入る労働者については，管理区域内において受ける外部被ばくによる線量を測定する必要はない.
(5) 管理区域内の労働者の見やすい場所に，放射線業務従事者が受けた外部被ばくによる線量の測定結果の一定期間ごとの記録を掲示しなければならない.

解説 (1) 正しい. 電離則第3条（管理区域等の明示）第1項及び第4項参照.
(2) 誤り. 管理区域とは，外部放射線による実効線量と空気中の放射性物質による実効線量との合計が3か月につき1.3ミリシーベルトを超えるおそれのある区域をいう. 電離則第3条（管理区域等の明示）第1項第一号参照.
(3) 誤り. 放射線装置室内で放射線業務を行う場合，その室の入口に放射線装置室である旨の標識を掲げても，管理区域を標識により明示する必要がある. 電離則第3条（管理区域の明示等）第1項前文及び同第14条（標識の掲示）参照.
(4) 誤り. 管理区域内に一時的に立ち入る労働者についても，管理区域内において受ける外部被ばくによる線量を測定する必要がある. 電離則第8条（線量の測定）第1項参照.
(5) 誤り. 管理区域内の労働者の見やすい場所に，外部被ばくによる線量を測定するための放射線測定器の装着に関する注意事項，事故が発生した場合の応急の措置等放射線による労働者の健康障害の防止に必要な事項を掲示しなければならない. 測定結果ではない. 電離則第3条（管理区域の明示等）第5項参照. ▶答 (1)

問題7 【平成29年春A問11】

エックス線装置を用いて放射線業務を行う場合の管理区域に関する次の記述のうち，労働安全衛生関係法令上，正しいものはどれか.
(1) 管理区域は，外部放射線による実効線量が3か月間につき3 mSvを超えるおそれのある区域である.
(2) 管理区域には，放射線業務従事者以外の者が立ち入ることを禁止し，その旨を明示しなければならない.
(3) 放射線装置室内で放射線業務を行う場合，その室の入口に放射線装置室である旨の標識を掲げたときは，管理区域を標識により明示する必要はない.
(4) 管理区域内の労働者の見やすい場所に，放射線業務従事者が受けた外部被ばくによる線量の測定結果の一定期間ごとの記録を掲示しなければならない.
(5) 管理区域に一時的に立ち入る労働者についても，管理区域内において受ける外部被ばくによる線量を測定しなければならない.

解説 (1) 誤り．管理区域は，外部放射線による実効線量が3か月間につき1.3 mSvを超えるおそれがある区域である．電離則第3条（管理区域の明示等）第1項第一号参照．

(2) 誤り．誤りは「放射線業務従事者以外の者」で，正しくは「必要のある者以外の者」である．電離則第3条（管理区域の明示等）第1項及び第4項参照．

(3) 誤り．放射線装置室内で放射線業務を行う場合，その室の入口に放射線装置室である旨の標識を掲げても，管理区域を標識により明示する必要がある．電離則第3条（管理区域の明示等）第1項前文及び同第14条（標識の掲示）参照．

(4) 誤り．このような定めはない．電離則第8条（線量の測定）及び同第9条（線量の測定結果の確認，記録等）参照．

(5) 正しい．電離則第8条（線量の測定）第1項参照．　▶答 (5)

問題8　【平成28年秋A問11】

エックス線装置を用いて放射線業務を行う場合の管理区域に関する次の記述のうち，労働安全衛生関係法令上，誤っているものはどれか．

(1) 外部放射線による実効線量が3か月間につき1.3 mSvを超えるおそれのある区域は，管理区域である．

(2) 管理区域内に一時的に立ち入る労働者については，管理区域内において受ける外部被ばくによる線量を測定する必要はない．

(3) 管理区域は，標識によって明示しなければならない．

(4) 管理区域には，必要のある者以外の者を立ち入らせてはならない．

(5) 管理区域内の労働者の見やすい場所に，外部被ばくによる線量を測定するための放射線測定器の装着に関する注意事項，事故が発生した場合の応急の措置等放射線による労働者の健康障害の防止に必要な事項を掲示しなければならない．

解説 (1) 正しい．電離則第3条（管理区域の明示等）第1項第一号参照．

(2) 誤り．管理区域内に一時的に立ち入る労働者についても管理区域内において受ける外部被ばくによる線量を測定する必要がある．電離則第8条（線量の測定）第1項参照．

(3) 正しい．電離則第3条（管理区域の明示等）第1項本文参照．

(4) 正しい．電離則第3条（管理区域の明示等）第4項参照．

(5) 正しい．電離則第3条（管理区域の明示等）第5項参照．　▶答 (2)

問題9　【平成28年春A問11】

エックス線装置を用いて放射線業務を行う場合の管理区域に関する次の記述のうち，法令上，誤っているものはどれか．

(1) 外部放射線による実効線量が3か月間につき1.3 mSvを超えるおそれのある区域

は，管理区域である．
(2) 管理区域設定に当たっての外部放射線による実効線量の算定は，1 cm 線量当量及び 70 μm 線量当量によって行うものとする．
(3) 管理区域は，標識によって明示しなければならない．
(4) 管理区域には，必要のある者以外の者を立ち入らせてはならない．
(5) 管理区域内の労働者の見やすい場所に，外部被ばくによる線量を測定するための放射線測定器の装着に関する注意事項，事故が発生した場合の応急の措置等放射線による労働者の健康被害の防止に必要な事項を掲示しなければならない．

解説 (1) 正しい．電離則第 3 条（管理区域の明示等）第 1 項第一号参照．
(2) 誤り．管理区域設定に当たっての外部放射線による実効線量の算定は，1 cm 線量当量によって行うものとする．電離則第 3 条第 2 項参照．
(3) 正しい．電離則第 3 条第 1 項本文参照．
(4) 正しい．電離則第 3 条第 4 項参照．
(5) 正しい．電離則第 3 条第 5 項参照．

▶答 (2)

問題 10

【平成 27 年秋 A 問 11】 

エックス線装置を用いて放射線業務を行う場合の管理区域に関する次の記述のうち，法令上，正しいものはどれか．
(1) 管理区域とは，実効線量が 1 か月間に 3 mSv を超えるおそれのある区域をいう．
(2) 管理区域設定に当たっての外部放射線による実効線量の算定は，1 cm 線量当量及び 70 μm 線量当量により行う．
(3) 管理区域には，必要のある者以外の者を立ち入らせてはならない．
(4) 管理区域に一時的に立ち入る労働者については，外部被ばくによる線量を測定する必要はない．
(5) 管理区域内の労働者の見やすい場所に，放射線業務従事者が受けた一定期間ごとの外部被ばくによる線量の測定結果を掲示しなければならない．

解説 (1) 誤り．管理区域とは，外部放射線による実効線量と空気中の放射性物質による実効線量との合計が 3 か月間に 1.3 mSv を超えるおそれのある区域をいう．電離則第 3 条（管理区域の明示等）第 1 項第一号参照．
(2) 誤り．管理区域設定に当たっての外部放射線による実効線量の算定は，1 cm 線量当量により行う．電離則第 3 条（管理区域の明示等）第 2 項参照．
(3) 正しい．電離則第 3 条（管理区域の明示等）第 4 項参照．
(4) 誤り．管理区域に一時的に立ち入る労働者についても，外部被ばくによる線量及び内部被ばくによる線量を測定する必要がある．電離則第8条（線量の測定）第1項参照．
(5) 誤り．このような定めはない．電離則第8条（線量の測定）及び同第9条（線量の測定結果の確認，記録等）参照．

▶答 (3)

2.2 エックス線装置構造規格

問題1 【令和2年春A問14】

エックス線装置構造規格に基づき，特定エックス線装置の見やすい箇所に表示しなければならない事項に該当しないものは次のうちどれか．

(1) 型式
(2) 定格出力
(3) 製造者名
(4) 製造番号
(5) 製造年月

解説 表示が定められているのは，型式，定格出力，製造者名，製造年月で「製造番号」は，表示の規定に定められていない．

エックス線装置構造規格第4条（表示）参照．

以上から（4）が正解．

▶答 (4)

問題2 【令和元年秋A問17】

エックス線装置構造規格において，工業用等のエックス線装置のエックス線管について，次の文中の［　　］内に入れるAからCの語句又は数値の組合せとして，正しいものは（1）～（5）のうちどれか．

「工業用等のエックス線装置のエックス線管は，その焦点から［A］の距離における利用線錐以外の部分のエックス線の空気カーマ率が，波高値による定格管電圧が200 kV未満のエックス線装置では，［B］mGy/h以下，波高値による定格管電圧が200 kV以上のエックス線装置では，［C］mGy/h以下になるように遮へいされているものでなければならない．」

	A	B	C
(1)	5 cm	77	115
(2)	5 cm	155	232
(3)	1 m	1.3	2.1
(4)	1 m	2.6	4.3

(5) 1 m　　6.5　　10

解説 A 「1 m」である.

B 「2.6」である.

C 「4.3」である.

エックス線装置構造規格第 1 条（構造）第 2 項及び表参照.

以上から (4) が正解.　　▶答 (4)

問題 3　【令和元年春 A 問 16】

エックス線装置構造規格に基づき特定エックス線装置の見やすい箇所に表示しなければならない事項に該当しないものは，次のうちどれか.

(1) 型式

(2) 定格出力

(3) 製造番号

(4) 製造年月

(5) 製造者名

解説 (1) ～ (2) 正しい.

(3) 誤り. 製造番号は表示事項に該当しない.

(4) ～ (5) 正しい.

エックス線装置構造規格第 4 条（表示）参照. 昭和 47 年 12 月 4 日労働省告示第 149 号 最終改正　平成 13 年 3 月 27 日　厚生労働省告示第 92 号　　▶答 (3)

問題 4　【平成 30 年秋 A 問 20】 

エックス線装置構造規格において，工業用等のエックス線装置に取り付ける照射筒又はしぼりについて，次の文中の［　　］内に入れる A から C の数値の組合せとして，正しいものは (1) ～ (5) のうちどれか.

「工業用等のエックス線装置に取り付ける照射筒又はしぼりは，照射筒壁又はしぼりを透過したエックス線の空気カーマ率が，エックス線管の焦点から［ A ］m の距離において，波高値による定格管電圧が 200 kV 未満のエックス線装置にあっては［ B ］mGy/h 以下，波高値による定格管電圧が 200 kV 以上のエックス線装置にあっては［ C ］mGy/h 以下になるものでなければならない.」

	A	B	C
(1)	0.5	77	115
(2)	0.5	155	232
(3)	1	1.3	2.1

(4)	1	2.6	4.3
(5)	1	6.5	10

解説 A 「1」である.
B 「2.6」である.
C 「4.3」である.
エックス線装置構造規格第3条（照射筒等）第2項参照.
以上から（4）が正解.

▶答（4）

問題5

【平成30年春A問18】

エックス線装置構造規格において，工業用等のエックス線装置に取り付ける照射筒又はしぼりについて，次の文中の［　］内に入れるAからCの語句又は数値の組合せとして，正しいものは（1）～（5）のうちどれか.

「工業用等のエックス線装置に取り付ける照射筒又はしぼりは，照射筒壁又はしぼりを透過したエックス線の空気カーマ率が，エックス線管の焦点から［A］の距離において，波高値による定格管電圧が200 kV未満のエックス線装置では，［B］mGy/h以下，波高値による定格管電圧が200 kV以上のエックス線装置では，［C］mGy/h以下になるものでなければならない.」

	A	B	C
(1)	5 cm	77	115
(2)	5 cm	155	232
(3)	1 m	1.3	2.1
(4)	1 m	2.6	4.3
(5)	1 m	6.5	10

解説 A 「1 m」である.
B 「2.6」である.
C 「4.3」である.
エックス線装置構造規格第3条（照射筒等）第2項参照.
以上から（4）が正解.

▶答（4）

問題6

【平成29年秋A問20】

エックス線装置構造規格において，工業用等のエックス線装置に取り付ける照射筒又はしぼりについて，次の文中の［　］内に入れるAからCの数値の組合せとして，正しいものは（1）～（5）のうちどれか.

「工業用等のエックス線装置に取り付ける照射筒又はしぼりは，照射筒壁又はしぼりを透過したエックス線の空気カーマ率が，エックス線管の焦点から［　A　］mの距離において，波高値による定格管電圧が200kV未満のエックス線装置では，［　B　］mGy/h以下，波高値による定格管電圧が200kV以上のエックス線装置では，［　C　］mGy/h以下になるものでなければならない.」

	A	B	C
(1)	0.5	77	115
(2)	0.5	155	232
(3)	1	1.3	2.1
(4)	1	2.6	4.3
(5)	1	6.5	10

解説　A「1」である.

B「2.6」である.

C「4.3」である.

エックス線装置構造規格第3条（照射筒等）第2項参照.

以上から（4）が正解.　▶答（4）

問題7　【平成29年春A問19】

エックス線装置構造規格において，工業用等のエックス線装置のエックス線管について，次の文中の［　　］内に入れるAからCの語句又は数値の組合せとして，正しいものは（1）～（5）のうちどれか.

「工業用等のエックス線装置のエックス線管は，その焦点から［　A　］の距離における利用線錐（すい）以外の部分のエックス線の空気カーマ率が，波高値による定格管電圧が200kV未満のエックス線装置では，［　B　］mGy/h以下，波高値による定格管電圧が200kV以上のエックス線装置では，［　C　］mGy/h以下になるように遮へいされているものでなければならない.」

	A	B	C
(1)	5cm	77	115
(2)	5cm	155	232
(3)	1m	1.3	2.1
(4)	1m	2.6	4.3
(5)	1m	6.5	10

解説　A「1m」である.

B「2.6」である.

C 「4.3」である.

エックス線装置構造規格第1条（構造）第2項及び表参照.

以上から（4）が正解. ▶答（4）

問題8 【平成28年春A問15】

エックス線装置構造規格に基づき，特定エックス線装置の見やすい箇所に表示しなければならない事項に該当しないものは次のうちどれか.

(1) 型式

(2) 定格出力

(3) 製造者名

(4) 製造番号

(5) 製造年月

解説 (1) 正しい. 型式は，表示しなければならない事項である.

(2) 正しい. 定格出力は，表示しなければならない事項である.

(3) 正しい. 製造者名は，表示しなければならない事項である.

(4) 誤り. 製造番号は，表示しなければならない事項ではない.

(5) 正しい. 製造年月は，表示しなければならない事項である.

エックス線装置構造規格第4条（表示）参照. 昭和47年12月4日労働省告示第149号
最終改正　平成13年3月27日　厚生労働省告示第92号 ▶答（4）

問題9 【平成27年秋A問18】

エックス線装置構造規格に基づき特定エックス線装置の見やすい箇所に表示しなければならない事項に該当するものは次のうちどれか.

(1) 製造者名

(2) 製造番号

(3) 設置年月

(4) エックス線管の遮へい能力

(5) エックス線作業主任者の氏名

解説 エックス線装置は，見やすい箇所に，定格出力，型式，(1) 製造者名及び製造年月が表示されているものでなければならない.

(2) 製造番号，(3) 設置年月，(4) エックス線管の遮へい能力，(5) エックス線作業主任者の氏名などは，表示しなければならない事項ではない.

エックス線装置構造規格第4条（表示）参照. 昭和47年12月4日労働省告示第149号

最終改正　平成13年3月27日　厚生労働省告示第92号　▶答（1）

2.3 自動警報器の警報

問題1　【平成30年春A問15】

エックス線装置に電力が供給されている場合，労働安全衛生関係法令上，自動警報装置を用いて警報しなければならないものは次のうちどれか．

(1) 管電圧150 kVの工業用のエックス線装置を放射線装置室以外の屋内で使用する場合
(2) 管電圧150 kVの医療用のエックス線装置を放射線装置室に設置して使用する場合
(3) 管電圧250 kVの医療用のエックス線装置を放射線装置室以外の屋内で使用する場合
(4) 管電圧200 kVの工業用のエックス線装置を放射線装置室に設置して使用する場合
(5) 管電圧250 kVの工業用のエックス線装置を屋外で使用する場合

解説　(1) 自動警報装置は不必要．管電圧が150 kV以下では自動警報装置は不要である．また放射線装置室以外では，管電圧に無関係に自動警報装置を用いて警報する必要はない．電離則第17条（警報装置等）第1項本文参照．

(2) 自動警報装置は不必要．放射線装置室内では，管電圧が150 kV以下では自動警報装置を用いて警報する必要はない．電離則第17条（警報装置等）第1項本文参照．

(3) 自動警報装置は不必要．放射線装置室以外では，管電圧に無関係に自動警報装置を用いて警報する必要はない．電離則第17条（警報装置等）第1項本文参照．

(4) 自動警報装置は必要．放射線装置室内では，管電圧が150 kVを超えるエックス線装置では，自動警報装置を用いて警報する必要がある．電離則第17条（警報装置等）第1項本文参照．

(5) 自動警報装置は不必要．放射線装置室以外では，管電圧に無関係に自動警報装置を用いて警報する必要はない．電離則第17条（警報装置等）第1項本文参照．　▶答（4）

問題2　【平成28年春A問17】

エックス線装置に電力が供給されている場合，法令上，自動警報装置を用いて警報しなければならないものは次のうちどれか．

(1) 管電圧150 kVの工業用のエックス線装置を放射線装置室以外の屋内で使用する場合
(2) 管電圧150 kVの医療用のエックス線装置を放射線装置室に設置して使用する場合

(3) 管電圧 250 kV の医療用のエックス線装置を放射線装置室以外の屋内で使用する場合

(4) 管電圧 200 kV の工業用のエックス線装置を放射線装置室に設置して使用する場合

(5) 管電圧 250 kV の工業用のエックス線装置を屋外で使用する場合

解説 (1) 不必要．管電圧 150 kV 以下のエックス線装置を放射線装置室以外の場所で使用する場合は，自動警報装置を用いて警報する必要はない．電離則第 17 条（警報装置等）第 1 項本文参照．

(2) 不必要．管電圧 150 kV 以下のエックス線装置を放射線装置室で使用する場合は，自動警報装置を用いて警報する必要はない．管電圧 150 kV を超えれば，必要である．電離則第 17 条（警報装置等）第 1 項本文参照．

(3) 不必要．放射線装置室以外の場所で使用する場合は，管電圧がいくらでも自動警報装置を用いて警報する必要はない．電離則第 17 条（警報装置等）第 1 項本文参照．

(4) 必要．管電圧 150 kV を超えるエックス線装置を放射線装置室に設置する場合は，自動警報装置を用いて警報する必要がある．電離則第 17 条（警報装置等）第 1 項本文参照．

(5) 不必要．放射線装置室以外の場所で使用する場合は，管電圧がいくらでも自動警報装置を用いて警報する必要はない．電離則第 17 条（警報装置等）第 1 項本文参照．

▶答 (4)

2.4 放射線業務従事者の被ばく限度

問題 1 【令和 2 年春 A 問 17】

放射線業務従事者の被ばく限度とその値の組合せとして，労働安全衛生関係法令上，誤っているものは次のうちどれか．

(1) 男性の放射線業務従事者が受ける実効線量の限度
……………………………………………5 年間に 100 mSv，かつ，1 年間に 50 mSv

(2) 女性の放射線業務従事者（妊娠する可能性がないと診断されたもの及び妊娠と診断されたものを除く．）が受ける実効線量の限度……………………3 か月間に 5 mSv

(3) 妊娠と診断された女性の放射線業務従事者が腹部表面に受ける等価線量の限度
………………………………… 妊娠と診断されたときから出産までの間に 2 mSv

(4) 男性の放射線業務従事者が皮膚に受ける等価線量の限度………1 年間に 500 mSv

(5) 男性の放射線業務従事者が眼の水晶体に受ける等価線量の限度
……………………………………………………………………1 年間に 300 mSv

解説 (1) 正しい．電離則第4条（放射線業務従業者の被ばく限度）第1項参照．

(2) 正しい．電離則第4条（放射線業務従業者の被ばく限度）第2項参照．

(3) 正しい．電離則第6条第二号参照．

(4) 正しい．電離則第5条参照．

(5) 誤り．男性の放射線業務従事者が眼の水晶体に受ける等価線量の限度は，1年間に150 mSvである．電離則第5条参照．

▶答（5）

問題2

【令和元年秋A問13】 

放射線業務従事者の被ばく限度として，労働安全衛生関係法令上，誤っているものは次のうちどれか．

ただし，いずれの場合においても，放射線業務従事者は，緊急作業に従事しないものとする．

(1) 男性の放射線業務従事者が受ける実効線量の限度
……5年間に100 mSv，かつ，1年間に50 mSv

(2) 女性の放射線業務従事者（妊娠する可能性がないと診断されたもの及び妊娠と診断されたものを除く．）が受ける実効線量の限度……1か月間に3 mSv

(3) 放射線業務従事者が皮膚に受ける等価線量の限度……1年間に500 mSv

(4) 放射線業務従事者が眼の水晶体に受ける等価線量の限度……1年間に150 mSv

(5) 妊娠と診断された女性の放射線業務従事者が腹部表面に受ける等価線量の限度
……妊娠中に2 mSv

解説 (1) 正しい．男性の放射線業務従事者が受ける実効線量の限度は，5年間に100 mSv，かつ，1年間に50 mSvである．電離則第4条（放射線業務従事者の被ばく限度）第1項参照．

(2) 誤り．女性の放射線業務従事者（妊娠する可能性がないと診断されたもの及び妊娠と診断されたものを除く）が受ける実効線量の限度は，3か月間に5 mSvである．電離則第4条（放射線業務従事者の被ばく限度）第2項参照．

(3) 正しい．放射線業務従事者が皮膚に受ける等価線量の限度は，1年間に500 mSvである．電離則第5条参照．

(4) 正しい．放射線業務従事者が眼の水晶体に受ける等価線量の限度は，1年間に150 mSvである．電離則第5条参照．

(5) 正しい．妊娠と診断された女性の放射線業務従事者が腹部表面に受ける等価線量の限度は，妊娠中に2 mSvである．電離則第6条第二号参照．

▶答（2）

題 3 【令和元年春A問12】 

放射線業務従事者の被ばく限度として，労働安全衛生関係法令上，誤っているものは次のうちどれか．

ただし，いずれの場合においても，放射線業務従事者は，緊急作業に従事しないものとする．

(1) 男性の放射線業務従事者が受ける実効線量の限度
……………………………………5年間に100 mSv，かつ，1年間に50 mSv

(2) 男性の放射線業務従事者が眼の水晶体に受ける等価線量の限度
……………………………………………………1年間に300 mSv

(3) 男性の放射線業務従事者が皮膚に受ける等価線量の限度………1年間に500 mSv

(4) 女性の放射線業務従事者（妊娠する可能性がないと診断されたもの及び妊娠と診断されたものを除く.）が受ける実効線量の限度…………………3か月間に5 mSv

(5) 妊娠と診断された女性の放射線業務従事者が腹部表面に受ける等価線量の限度
……………………………………………………妊娠中に2 mSv

解説 (1) 正しい．電離則第4条（放射線業務従事者の被ばく限度）第1項参照.

(2) 誤り．男性の放射線業務従事者が眼の水晶体に受ける等価線量の限度は，1年間に150 mSvである．電離則第5条参照.

(3) 正しい．電離則第5条参照.

(4) 正しい．電離則第4条（放射線業務従事者の被ばく限度）第2項参照.

(5) 正しい．電離則第6条第二号参照. ▶答 (2)

題 4 【平成29年秋A問13】 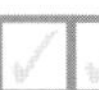

放射線業務従事者の被ばく限度として，労働安全衛生関係法令上，誤っているものは次のうちどれか．

ただし，いずれの場合においても，放射線業務従事者は，緊急作業に従事しないものとする．

(1) 男性の放射線業務従事者が受ける実効線量の限度
……………………………………5年間に100 mSv，かつ，1年間に50 mSv

(2) 女性の放射線業務従事者（妊娠する可能性がないと診断されたもの及び妊娠と診断されたものを除く.）が受ける実効線量の限度…………………1か月間に3 mSv

(3) 男性の放射線業務従事者が皮膚に受ける等価線量の限度………1年間に500 mSv

(4) 男性の放射線業務従事者が眼の水晶体に受ける等価線量の限度
……………………………………………………1年間に150 mSv

(5) 妊娠と診断された女性の放射線業務従事者が腹部表面に受ける等価線量の限度
……………………………………………………………………………妊娠中に 2 mSv

解説 (1) 正しい．電離則第 4 条（放射線業務従事者の被ばく限度）第 1 項参照．

(2) 誤り．正しくは，「3 か月間に 5 mSv」である．電離則第 4 条（放射線業務従事者の被ばく限度）第 2 項参照．

(3) 正しい．女性も同様である．電離則第 5 条参照．

(4) 正しい．女性も同様である．電離則第 5 条参照．

(5) 正しい．電離則第 6 条第二号参照．　▶答 (2)

問題 5 【平成 29 年春 A 問 15】

放射線業務従事者の被ばく限度として，労働安全衛生関係法令上，誤っているものは次のうちどれか．ただし，いずれの場合においても，放射線業務従事者は，緊急作業に従事しないものとする．

(1) 男性の放射線業務従事者が受ける実効線量の限度
………………………………………5 年間に 100 mSv，かつ，1 年間に 50 mSv

(2) 男性の放射線業務従事者が眼の水晶体に受ける等価線量の限度
……………………………………………………………………1 年間に 300 mSv

(3) 男性の放射線業務従事者が皮膚に受ける等価線量の限度………1 年間に 500 mSv

(4) 女性の放射線業務従事者（妊娠する可能性がないと診断されたもの及び妊娠と診断されたものを除く.）が受ける実効線量の限度…………………3 か月間に 5 mSv

(5) 妊娠と診断された女性の放射線業務従事者が腹部表面に受ける等価線量の限度
……………………………………………………………………………妊娠中に 2 mSv

解説 (1) 正しい．電離則第 4 条（放射線業務従事者の被ばく限度）第 1 項参照．

(2) 誤り．男性（又は女性）の放射線業務従事者が眼の水晶体に受ける等価線量の限度は，1 年間に 150 mSv である．電離則第 5 条参照．

(3) 正しい．女性も同様である．電離則第 5 条参照．

(4) 正しい．電離則第 4 条（放射線業務従事者の被ばく限度）第 2 項参照．

(5) 正しい．電離則第 6 条第二号参照．　▶答 (2)

問題 6 【平成 28 年秋 A 問 12】

放射線業務従事者の被ばく限度と，その値との組合せとして，労働安全衛生関係法令上，正しいものは次のうちどれか．

ただし，いずれの場合においても，放射線業務従事者は，緊急作業には従事しないものとする.

(1) 男性の放射線業務従事者が受ける実効線量の限度
……………………………………………5年間に100 mSv，かつ，1年間に30 mSv

(2) 女性の放射線業務従事者（妊娠する可能性がないと診断されたもの及び妊娠と診断されたものを除く.）が受ける実効線量の限度…………………1か月間に2 mSv

(3) 男性の放射線業務従事者が皮膚に受ける等価線量の限度………1年間に500 mSv

(4) 男性の放射線業務従事者が眼の水晶体に受ける等価線量の限度
……………………………………………………………………1年間に300 mSv

(5) 妊娠と診断された女性の放射線業務従事者が腹部表面に受ける等価線量の限度
……………………………………………………………………妊娠中に3 mSv

解説 (1) 誤り．男性の放射線業務従事者が受ける実効線量の限度は，5年間に100 mSv，かつ，1年間に50 mSvである．電離則第4条（放射線業務従事者の被ばく限度）第1項参照.

(2) 誤り．女性の放射線業務従事者（妊娠する可能性がないと診断されたもの及び妊娠と診断されたものを除く）が受ける実効線量の限度は，3か月間に5 mSvである．電離則第4条（放射線業務従事者の被ばく限度）第2項参照.

(3) 正しい．男性（又は女性）の放射線業務従事者が皮膚に受ける等価線量の限度は，1年間に500 mSvである．電離則第5条参照.

(4) 誤り．男性（又は女性）の放射線業務従事者が眼の水晶体に受ける等価線量の限度は，1年間に150 mSvである．電離則第5条参照.

(5) 誤り．妊娠と診断された女性の放射線業務従事者が腹部表面に受ける等価線量の限度は，妊娠中に2 mSvである．電離則第6条第二号参照.　▶答 (3)

問題7　【平成28年春A問12】

放射線業務従事者の被ばく限度に関する次の記述のうち，法令上，正しいものはどれか.

ただし，放射線業務従事者は，緊急作業には従事しないものとする.

(1) 男性の放射線業務従事者が受ける実効線量の限度は，5年間に150 mSv，かつ，1年間に50 mSvである.

(2) 女性の放射線業務従事者（妊娠する可能性がないと診断されたもの及び妊娠と診断されたものを除く.）が受ける実効線量の限度は，6か月間に15 mSvである.

(3) 妊娠と診断された女性の放射線業務従事者が腹部表面に受ける等価線量の限度は，妊娠中に5 mSvである.

(4) 男性の放射線業務従事者が皮膚に受ける等価線量の限度は，1年間に300 mSvである.
(5) 男性の放射線業務従事者が眼の水晶体に受ける等価線量の限度は，1年間に150 mSvである.

解説 (1) 誤り．男性の放射線業務従事者が受ける実効線量の限度は，5年間に100 mSvを超えず，かつ，1年間に50 mSvを超えないことである．電離則第4条（放射線業務従事者の被ばく限度）第1項参照.

(2) 誤り．女性の放射線業務従事者（妊娠する可能性がないと診断されたもの及び妊娠と診断されたものを除く）が受ける実効線量の限度は，3か月間に5 mSvを超えないようにしなければならない．電離則第4条（放射線業務従事者の被ばく限度）第2項参照.

(3) 誤り．妊娠と診断された女性の放射線業務従事者が腹部表面に受ける等価線量の限度は，2 mSvである．電離則第6条第二号参照.

(4) 誤り．男性（又は女性）の放射線業務従事者が皮膚に受ける等価線量の限度は，1年間に500 mSvを超えないようにしなければならない．電離則第5条参照.

(5) 正しい．女性も同様である．電離則第5条参照. ▶答 (5)

問題8 【平成27年秋A問12】

次のAからDまでの放射線業務従事者の被ばく限度について，法令上，正しいものの組合せは (1)～(5) のうちどれか.

A 女性の放射線業務従事者（妊娠する可能性がないと診断されたもの及び妊娠と診断されたものを除く.）が受ける実効線量の限度……………………6か月間に15 mSv

B 妊娠と診断された女性の放射線業務従事者が腹部表面に受ける等価線量の限度……………………妊娠中に2 mSv

C 緊急作業に従事する男性の放射線業務従事者が皮膚に受ける等価線量の限度……………………当該緊急作業中に500 mSv

D 緊急作業に従事する男性の放射線業務従事者が眼の水晶体に受ける等価線量の限度……………………当該緊急作業中に300 mSv

(1) A, B　(2) A, C　(3) B, C　(4) B, D　(5) C, D

解説 A 誤り．女性の放射線業務従事者（妊娠する可能性がないと診断されたもの及び妊娠と診断されたものを除く）が受ける実効線量の限度は，3か月間に5 mSvである．電離則第4条（放射線業務従事者の被ばく限度）第2項参照.

B 正しい．妊娠と診断された女性の放射線業務従事者が腹部表面に受ける等価線量の限度は，妊娠中に2 mSvである．電離則第6条第二号参照.

C 誤り．緊急作業に従事する男性の放射線業務従事者が皮膚に受ける等価線量の限度は，当該緊急作業中に1 Svである．なお，妊娠する可能性がないと診断された女性も同様である．電離則第7条（緊急作業時における被ばく限度）第2項第三号参照．

D　正しい．緊急作業に従事する男性の放射線業務従事者が眼の水晶体に受ける等価線量の限度は，当該緊急作業中に300 mSvである．なお，妊娠する可能性がないと診断された女性も同様である．電離則第7条（緊急作業時における被ばく限度）第2項第二号参照．

以上から（4）が正解．　▶答（4）

2.5 放射線測定器の装着部位

問題1　【令和2年春A問16】 

エックス線装置を取り扱う次のAからDの放射線業務従事者のうち，管理区域内で受ける外部被ばくによる線量を測定するとき，労働安全衛生関係法令に基づく放射線測定器の装着部位を，胸部及び腹・大腿（たい）部の計2箇所としなければならないものの組合せは（1）～（5）のうちどれか．

A　最も多く放射線にさらされるおそれのある部位が胸・上腕部であり，次に多い部位が腹・大腿部である男性

B　最も多く放射線にさらされるおそれのある部位が腹・大腿部であり，次に多い部位が頭・頸（けい）部である男性

C　最も多く放射線にさらされるおそれのある部位が腹・大腿部であり，次に多い部位が手指である男性

D　最も多く放射線にさらされるおそれのある部位が腹・大腿部であり，次に多い部位が胸・上腕部である女性（妊娠する可能性がないと診断されたものを除く．）

（1）A，B　（2）A，C　（3）B，C　（4）B，D　（5）C，D

解説　A　1か所である．最も多く放射線にさらされるおそれのある部位が胸・上腕部であり，次に多い部位が腹・大腿部である男性は，**表2.1**から胸部の1か所である．

B　2か所である．最も多く放射線にさらされるおそれのある部位が腹・大腿部であり，次に多い部位が頭・頸部である男性は，表2.1から腹部と胸部の2か所である．

C　2か所である．最も多く放射線にさらされるおそれのある部位が腹・大腿部であり，次に多い部位が手指である男性は，表2.1から腹部と胸部の2か所である．

D　1か所である．最も多く放射線にさらされるおそれのある部位が腹・大腿部であり，次に多い部位が胸・上腕部である女性（妊娠する可能性がないと診断されたものを除

く）は，表2.1から腹部の1か所である．

表2.1　放射線測定器の装着箇所[1)]

	最も被ばくする部位	2番目に被ばくする部位	装着箇所
男性及び妊娠する可能性のない女性	胸部か均等	どこでも	胸部
	頭部	どこでも	頭部，胸部
	腹部	どこでも	腹部，胸部
	手指	胸部	手指，胸部
	手指	頭部	手指，頭部，胸部
	手指	腹部	手指，腹部，胸部
妊娠可能な女性	腹部か均等	どこでも	腹部
	頭部	どこでも	頭部，腹部
	胸部	どこでも	胸部，腹部
	手指	腹部	手指，腹部
	手指	頭部	手指，頭部，腹部
	手指	胸部	手指，胸部，腹部

以上から（3）が正解．　▶答（3）

問題2　【令和元年秋A問12】

エックス線装置を取り扱う次のAからDの放射線業務従事者について，管理区域内で受ける外部被ばくによる線量を測定するとき，労働安全衛生関係法令に基づく放射線測定器の装着部位が，胸部及び腹・大腿(たい)部の計2箇所であるものの組合せは(1)～(5)のうちどれか．

A　最も多く放射線にさらされるおそれのある部位が腹・大腿部であり，次に多い部位が手指である男性

B　最も多く放射線にさらされるおそれのある部位が胸・上腕部であり，次に多い部位が腹・大腿部である男性

C　最も多く放射線にさらされるおそれのある部位が腹・大腿部であり，次に多い部位が頭・頸(けい)部である男性

D　最も多く放射線にさらされるおそれのある部位が腹・大腿部であり，次に多い部位が胸・上腕部である女性（妊娠する可能性がないと診断されたものを除く．）

(1) A，B　(2) A，C　(3) B，C　(4) B，D　(5) C，D

解説　A　2か所である．最も多く放射線にさらされるおそれのある部位が腹・大腿部であり，次に多い部位が手指である男性について，表2.1から腹部と胸部の計2か所で

ある.

B　1か所である．最も多く放射線にさらされるおそれのある部位が胸・上腕部であり，次に多い部位が腹・大腿部である男性について，表2.1から胸部の1か所である．

C　2か所である．最も多く放射線にさらされるおそれのある部位が腹・大腿部であり，次に多い部位が頭・頸部である男性について，表2.1から腹部と胸部の計2か所である．

D　1か所である．最も多く放射線にさらされるおそれのある部位が腹・大腿部であり，次に多い部位が胸・上腕部である女性（妊娠する可能性がないと診断されたものを除く）について，表2.1から腹部の1か所である．

以上から（2）が正解．

▶答（2）

題3

【令和元年春A問15】

エックス線装置を取り扱う次のAからEの放射線業務従事者について，管理区域内で受ける外部被ばくによる線量を測定するとき，放射線測定器の装着部位が，労働安全衛生関係法令上，胸部及び腹・大腿部の計2箇所でよいものの組合せは（1）～（5）のうちどれか．

ただし，女性については，妊娠する可能性がないと診断されたものを除くものとする．

A　最も多く放射線にさらされるおそれのある部位が腹・大腿部であり，次に多い部位が頭・頸部である男性

B　最も多く放射線にさらされるおそれのある部位が胸部であり，次に多い部位が腹・大腿部である男性

C　最も多く放射線にさらされるおそれのある部位が手指であり，次に多い部位が腹・大腿部である男性

D　最も多く放射線にさらされるおそれのある部位が胸・上腕部であり，次に多い部位が手指である女性

E　最も多く放射線にさらされるおそれのある部位が腹・大腿部であり，次に多い部位が胸・上腕部である女性

（1）A，D　（2）A，E　（3）B，C　（4）B，D　（5）C，E

解説　A　正しい．最も多く放射線にさらされるおそれのある部位が腹・大腿部であり，次に多い部位が頭・頸部である男性は，表2.1から腹部と胸部に装着する．電離則第8条（線量の測定）第3項第一号および第二号参照．

B　誤り．最も多く放射線にさらされるおそれのある部位が胸部であり，次に多い部位が腹・大腿部である男性は，表2.1から胸部だけ装着する．同上第一号および第二号参照．

C　誤り．最も多く放射線にさらされるおそれのある部位が手指であり，次に多い部位が腹・大腿部である男性は，表2.1から手指，腹部と胸部に装着する．同上第一号～第三

号参照.

D　正しい．最も多く放射線にさらされるおそれのある部位が胸・上腕部であり，次に多い部位が手指である女性は，表 2.1 から胸部と腹部に装着する．同上第一号および第二号参照.

E　誤り．最も多く放射線にさらされるおそれのある部位が腹・大腿部であり，次に多い部位が胸・上腕部である女性は，表 2.1 から腹部だけに装着する．同上第一号および第二号参照.

以上から（1）が正解.

▶答（1）

問題 4

【平成 30 年秋 A 問 12】

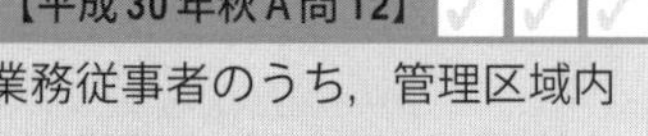

エックス線装置を取り扱う次の A から E の放射線業務従事者のうち，管理区域内で受ける外部被ばくによる線量を測定するとき，放射線測定器の装着部位が，労働安全衛生関係法令上，胸部及び腹部の計 2 箇所でよいものの組合せは（1）～（5）のうちどれか.

ただし，女性については，妊娠する可能性がないと診断されたものを除くものとする.

A　最も多く放射線にさらされるおそれのある部位が胸部であり，次に多い部位が腹・大腿(たい)部である男性

B　最も多く放射線にさらされるおそれのある部位が腹・大腿部であり，次に多い部位が頭・頸(けい)部である男性

C　最も多く放射線にさらされるおそれのある部位が手指であり，次に多い部位が腹・大腿部である男性

D　最も多く放射線にさらされるおそれのある部位が腹・大腿部であり，次に多い部位が胸・上腕部である女性

E　最も多く放射線にさらされるおそれのある部位が胸・上腕部であり，次に多い部位が手指である女性

（1）A，C　（2）A，D　（3）B，D　（4）B，E　（5）C，E

解説　A　1 か所である．最も多く放射線にさらされるおそれのある部位が胸部であり，次に多い部位が腹・大腿部である男性は，表 2.1 から胸部の 1 か所である.

B　2 か所である．最も多く放射線にさらされるおそれのある部位が腹・大腿部であり，次に多い部位が頭・頸部である男性は，表 2.1 から腹部と胸部の 2 か所である.

C　3 か所である．最も多く放射線にさらされるおそれのある部位が手指であり，次に多い部位が腹・大腿部である男性は，手指，腹部および胸部の 3 か所である.

D　1 か所である．最も多く放射線にさらされるおそれのある部位が腹・大腿部であり，

次に多い部位が胸・上腕部である女性は，腹部の1か所である．

E　2か所である．最も多く放射線にさらされるおそれのある部位が胸・上腕部であり，次に多い部位が手指である女性は，胸部と腹部の2か所である．

以上から（4）が正解．

▶答（4）

問題5　【平成30年春A問13】

エックス線装置を取り扱う放射線業務従事者が管理区域内で受ける外部被ばくによる線量の測定に関する次の文中の［　　］内に入れるAからCの語句の組合せとして，労働安全衛生関係法令上，正しいものは（1）～（5）のうちどれか．

「最も多く放射線にさらされるおそれのある部位が［A］であり，次に多い部位が［B］である作業を行う場合，男性又は妊娠する可能性がないと診断された女性の放射線業務従事者については頭・頸（けい）部及び胸部に，女性の放射線業務従事者（妊娠する可能性がないと診断されたものを除く．）については［C］に，放射線測定器を装着させて線量の測定を行わなければならない．」

	A	B	C
（1）	頭・頸部	手指	頭・頸部，腹部及び手指
（2）	胸部	頭・頸部	胸部及び腹部
（3）	手指	頭・頸部	胸部及び腹部
（4）	胸部	頭・頸部	胸部，頭・頸部及び腹部
（5）	頭・頸部	手指	頭・頸部及び腹部

解説　最も多く放射線にさらされるおそれのある部位が，頭・頸部であれば，その部位を測定し（電離則第8条第3項第二号），かつ胸部を測定（同第一号：この場合，妊娠する可能性がないと診断された女性）する．次に多い部位の測定は行わない．また，妊娠する可能性がある女性では胸部ではなく，腹部を測定（同第一号）する．以上から次のようになる．（表2.1参照）

A　「頭・頸部」である．装着箇所が頭・頸部及び胸部であるから表より頭部となる．したがって，頭・頸部となる．

B　「手指」である．2番目は問題から手指となるが，装着はしない．

C　「頭・頸部及び腹部」である．妊娠可能な女性では，頭部・頸部に被ばくする場合，表から頭部・頸部及び腹部となる．

電離則第8条（線量の測定）第3項第一号及び第二号参照．

▶答（5）

問題6　【平成29年秋A問14】

エックス線装置を取り扱う次のAからDまでの放射線業務従事者について，管理区域内で受ける外部被ばくによる線量を測定するとき，労働安全衛生関係法令に基づく放射線測定器の装着部位が，胸部及び腹・大腿(たい)部の計2箇所であるものの組合せは(1)～(5)のうちどれか．

A　最も多く放射線にさらされるおそれのある部位が腹・大腿部であり，次に多い部位が手指である男性

B　最も多く放射線にさらされるおそれのある部位が胸・上腕部であり，次に多い部位が腹・大腿部である男性

C　最も多く放射線にさらされるおそれのある部位が腹・大腿部であり，次に多い部位が頭・頸(けい)部である男性

D　最も多く放射線にさらされるおそれのある部位が腹・大腿部であり，次に多い部位が胸・上腕部である女性（妊娠する可能性がないと診断されたものを除く．）

(1) A，B　(2) A，C　(3) B，C　(4) B，D　(5) C，D

解説　A　正しい．男性の場合（妊娠の可能性のない女性を含む）は，胸部はいかなる場合も装着箇所である．次に最も多く放射線にさらされるおそれのある部位が腹・大腿部である場合は，腹部が装着箇所となり，次に多い部位は装着に関係しない（表2.1参照）．電離則第8条（線量の測定）第3項第一号及び第二号参照．

B　誤り．男性の場合（妊娠の可能性のない女性を含む）は，胸部はいかなる場合も装着箇所である．次に多い部位は同上第3項第二号のかっこ内により適用にならず，第一号のみの適用となるため，胸部だけが装着部位となる．

C　正しい．男性の場合（妊娠の可能性のない女性を含む）は，胸部はいかなる場合も装着箇所である．最も多く放射線にさらされるおそれがある部位が腹・大腿部であるならば，第二号によって，胸部と腹・大腿部が装着箇所となり，次に多い部位の頭・頸部は装着箇所とならない．

D　誤り．妊娠する可能性のある女性は，いかなる場合でも腹部が第一号によって装着箇所となる．第二号のかっこ内によって第二号の適用はないので，腹部だけが装着箇所となる．

以上から（2）が正解．　▶答（2）

問題7　【平成29年春A問16】

エックス線装置を取り扱う次のAからDまでの放射線業務従事者について，管理区域内で受ける外部被ばくによる線量を測定するとき，労働安全衛生関係法令に基づく放射線測定器の装着部位が，胸部及び腹・大腿(たい)部の計2箇所であるものの組合せは(1)～(5)のうちどれか．

A　最も多く放射線にさらされるおそれのある部位が胸・上腕部であり，次に多い部位が腹・大腿部である男性

B　最も多く放射線にさらされるおそれのある部位が腹・大腿部であり，次に多い部位が手指である男性

C　最も多く放射線にさらされるおそれのある部位が腹・大腿部であり，次に多い部位が頭・頸(けい)部である男性

D　最も多く放射線にさらされるおそれのある部位が手指であり，次に多い部位が腹・大腿部である女性（妊娠する可能性がないと診断されたものを除く.）

(1) A, B　(2) A, C　(3) B, C　(4) B, D　(5) C, D

解説　A　誤り．男性で最も多く放射線にさらされるおそれのある部位が胸・上腕部であれば，電離則第8条（線量の測定）第3項第二号はかっこ内により適用にならず，第一号のみの適用となるため，胸部だけが装着部位となる．

B　正しい．男性で最も多く放射線にさらされるおそれのある部位が腹・大腿部であれば，同第二号と第一号の適用があるため，胸部及び腹・大腿部の計2箇所が装着部位となる．

C　正しい．男性で最も多く放射線にさらされるおそれのある部位が腹・大腿部であれば，同第二号と第一号の適用があるため，胸部及び腹・大腿部の計2箇所が装着部位となる．なお，次に多い部位の装着はない．

D　誤り．女性（妊娠する可能性がないと診断されたものを除く.）で最も多く放射線にさらされるおそれのある部位が手指の場合，同第三号で手指と第一号で腹部が装着部位となる．（表2.1参照）

以上から（3）が正解．

▶答（3）

問題8　【平成28年秋A問13】

エックス線装置を取り扱う放射線業務従事者が管理区域内で受ける外部被ばくによる線量を測定するために放射線測定器を装着するすべての部位として，労働安全衛生関係法令上，誤っているものは次のうちどれか．

(1) 最も多く放射線にさらされるおそれのある部位が頭・頸(けい)部であり，次に多い部位が腹・大腿(たい)部である男性の放射線業務従事者……………………胸部及び頭・頸部

(2) 最も多く放射線にさらされるおそれのある部位が胸・上腕部であり，次に多い部位が手指である男性の放射線業務従事者………………………………胸部のみ

(3) 最も多く放射線にさらされるおそれのある部位が手指であり，次に多い部位が頭・頸部である男性の放射線業務従事者……………………………胸部及び手指

(4) 最も多く放射線にさらされるおそれのある部位が手指であり，次に多い部位が腹・大腿部である女性の放射線業務従事者（妊娠する可能性がないと診断されたものを除く.）……………………………………………………………………腹部及び手指

(5) 最も多く放射線にさらされるおそれのある部位が頭・頸部であり，次に多い部位が手指である女性の放射線業務従事者（妊娠する可能性がないと診断されたものを除く.）……………………………………………………………腹部及び頭・頸部

解説 (1) 正しい．胸部は，電離則第8条（線量の測定）第3項第一号によって放射線測定器の装着部位となる．次に最も多く放射線にさらされるおそれがある部位が頭・頸部ならば，同第二号によって測定する必要がある．したがって，装着部位は胸部及び頭・頸部となる．(表2.1参照)

(2) 正しい．最も多く放射線にさらされるおそれのある部位が胸・上腕部であれば，第二号かっこ内によって除かれ同第一号によって装着部位は胸部となり，同第三号によって次に多い部位の場合は装着部位とはならない．したがって，装着部位は胸部のみとなる．

(3) 誤り．最も多く放射線にさらされるおそれのある部位が手指であるときは，同第三号により手指，同第一号により胸部，及び同第二号により頭・頸部が装着部位となる．したがって，装着部位は，胸部，手指及び頭頸部となる．

(4) 正しい．最も多く放射線にさらされるおそれのある部位が手指であるときは，同第三号により手指，同第一号によって腹部，同第二号はかっこ内のため適用されない．したがって，装着部位は腹部及び手指となる．

(5) 正しい．最も多く放射線にさらされるおそれのある部位が頭・頸部であるときは，同第二号によって頭・頸部，同第一号によって腹部，次に多い部位が手指の場合については同第三号によって装着する必要がないので，装着部位は腹部及び頭・頸部となる．

▶答 (3)

問題9 【平成28年春A問13】

エックス線装置を取り扱う次のAからDまでの放射線業務従事者について，管理区域内で受ける外部被ばくによる線量を測定するとき，法令に基づく放射線測定器の装着部位が，胸部及び腹・大腿（たい）部の計2箇所であるものの組合せは (1)～(5) のうちどれか．

A 最も多く放射線にさらされるおそれのある部位が胸・上腕部であり，次に多い部位が腹・大腿部である男性

B 最も多く放射線にさらされるおそれのある部位が腹・大腿部であり，次に多い部位が手指である男性

C　最も多く放射線にさらされるおそれのある部位が腹・大腿部であり，次に多い部位が頭・頸部である男性

D　最も多く放射線にさらされるおそれのある部位が手指であり，次に多い部位が腹・大腿部である女性（妊娠する可能性がないと診断されたものを除く.）

(1) A, B　(2) A, C　(3) B, C　(4) B, D　(5) C, D

解説　問題7（平成29年春A問16）と同一問題．解説は，問題7を参照．　▶答（3）

問題10　【平成27年秋A問13】

エックス線装置を取り扱う放射線業務従事者が管理区域内で受ける外部被ばくによる線量を測定するために放射線測定器を装着するすべての部位として，法令上，誤っているものは次のうちどれか.

(1) 最も多く放射線にさらされるおそれのある部位が頭・頸部であり，次に多い部位が腹・大腿部である男性の放射線業務従事者……………………胸部及び頭・頸部

(2) 最も多く放射線にさらされるおそれのある部位が胸・上腕部であり，次に多い部位が手指である男性の放射線業務従事者……………………………………胸部のみ

(3) 最も多く放射線にさらされるおそれのある部位が手指であり，次に多い部位が頭・頸部である男性の放射線業務従事者……………………………………胸部及び手指

(4) 最も多く放射線にさらされるおそれのある部位が手指であり，次に多い部位が腹・大腿部である女性の放射線業務従事者（妊娠する可能性がないと診断されたものを除く.）……………………………………………………………………腹部及び手指

(5) 最も多く放射線にさらされるおそれのある部位が頭・頸部であり，次に多い部位が手指である女性の放射線業務従事者（妊娠する可能性がないと診断されたものを除く.）…………………………………………………………腹部及び頭・頸部

解説　問題8（平成28年秋A問13）と同一問題．解説は，問題8を参照．　▶答（3）

2.6 電離放射線健康診断

問題1　【令和2年春A問18】

エックス線装置を用いる放射線業務に常時従事する労働者で管理区域に立ち入るものに対して行う電離放射線健康診断（以下「健康診断」という.）について，電離放射線障害防止規則に違反していないものは次のうちどれか.

(1) 放射線業務に配置替えの際に行う健康診断において，被ばく歴のない労働者に

対し,「皮膚の検査」を省略している.

(2) 定期の健康診断において,その実施日の前6か月間に受けた実効線量が5 mSvを超えず,かつ,その後6か月間に受ける実効線量が5 mSvを超えるおそれのない労働者に対し,「白内障に関する眼の検査」を除く他の全ての項目を省略している.

(3) 事業場において行った健康診断の項目に異常の所見があると診断された労働者について,その結果に基づき,健康を保持するために必要な措置について,健康診断実施日から6か月後に,医師の意見を聴いている.

(4) 定期の健康診断を行ったときは,遅滞なく,電離放射線健康診断結果報告書を所轄労働基準監督署長に提出しているが,雇入れ又は放射線業務に配置替えの際に行った健康診断については提出していない.

(5) 健康診断の結果に基づき,電離放射線健康診断個人票を作成し,3年間保存した後,厚生労働大臣が指定する機関に引き渡している.

解説 (1) 違反.「皮膚の検査」を省略できない.電離則第56条(健康診断)第2項参照.

(2) 違反.定期の健康診断において,その実施日の前1年間に受けた実効線量が5 mSvを超えず,かつ,その後1年間に受ける実効線量が5 mSvを超えるおそれのない労働者に対し,「被ばく歴の有無」を除く他のすべての項目を医師が必要と認めないときは省略することができる.電離則第56条(健康診断)第4項参照.

(3) 違反.「3か月後」が正しい.電離則第57条の2(健康診断の結果についての医師からの意見聴取)第一号参照.

(4) 違反しない.電離則第58条参照.

(5) 違反.健康診断の結果に基づき,電離放射線健康診断個人票を作成し,30年間保存するか,又は5年間保存した後,厚生労働大臣が指定する機関に引き渡さなければならない.電離則第57条(健康診断の結果の記録)参照.

▶答 (4)

問題2 【令和元年秋A問18】

エックス線装置を用いる放射線業務に常時従事する労働者で管理区域に立ち入るものに対して行う電離放射線健康診断(以下「健康診断」という.)の実施について,電離放射線障害防止規則に違反しているものは次のうちどれか.

(1) 健康診断は,雇入れ又は放射線業務に配置替えの際及びその後6か月以内ごとに1回,定期に実施している.

(2) 放射線業務に配置替えの際に行う健康診断において,被ばく歴のない労働者に対し,医師が必要と認めなかったので,「皮膚の検査」を省略した.

(3) 定期の健康診断において,健康診断実施日の属する年の前年1年間に受けた実効線量が5 mSvを超えず，かつ，健康診断実施日の属する1年間に受ける実効線量が5 mSvを超えるおそれのない労働者に対し，医師が必要と認めなかったので，「被ばく歴の有無（被ばく歴を有する者については，作業の場所，内容及び期間，放射線障害の有無，自覚症状の有無その他放射線による被ばくに関する事項）の調査及びその評価」を除く他の項目を省略した．

(4) 事業場において実施した健康診断の項目に異常の所見があると診断された労働者について，その結果に基づき，健康を保持するために必要な措置について，健康診断実施日から3か月以内に，医師の意見を聴き，その意見を電離放射線健康診断個人票に記載した．

(5) 健康診断の結果に基づき，電離放射線健康診断個人票を作成し，5年間保存した後，厚生労働大臣が指定する機関に引き渡している．

第2章 関係法令

解説 (1) 違反せず．電離則第56条（健康診断）第1項本文参照．

(2) 違反する．放射線業務に配置替えの際に行う健康診断において，被ばく歴のない労働者に対しても，「皮膚の検査」を省略してはならない．なお，定期に行わなければならないものについては医師が必要でないと認めるときは，省略できる．電離則第56条（健康診断）第2項及び第3項参照．

(3) 違反せず．電離則第56条（健康診断）第4項参照．

(4) 違反せず．電離則第57条の2（健康診断の結果についての医師からの意見聴取）第1項第一号及び第二号参照．

(5) 違反せず．電離則第57条（健康診断の結果の記録）参照． ▶答 (2)

問題3 【平成30年秋A問17】

電離放射線障害防止規則に基づく特別の項目についての健康診断（以下「健康診断」という．）に関する次の記述について，誤っているものはどれか．

(1) 管理区域に一時的に立ち入るが，放射線業務に常時従事していない労働者に対しては，健康診断を行う必要はない．

(2) 放射線業務歴のない者を雇い入れて放射線業務に就かせるときに行う健康診断において，医師が必要でないと認めるときは，「白血球数及び白血球百分率の検査」を除く他の検査項目の全部又は一部について省略することができる．

(3) 定期の健康診断において，医師が必要でないと認めるときは，「被ばく歴の有無の調査及びその評価」を除く他の検査項目の全部又は一部について省略することができる．

(4) 健康診断の項目に異常の所見があると診断された労働者については，その結果に基づき，健康を保持するため必要な措置について，原則として，健康診断が行われた日から3か月以内に，医師の意見を聴かなければならない．
（5）定期の健康診断を行ったときは，遅滞なく，電離放射線健康診断結果報告書を所轄労働基準監督署長に提出しなければならない．

解説（1）正しい．電離則第56条（健康診断）第1項本文参照．

（2）誤り．放射線業務歴のない者を雇い入れて放射線業務に就かせるときに行う健康診断において，使用する線源の種類等に応じて「白内障に関する眼の調査」を省略することができる．電離則第56条（健康診断）第2項参照．

（3）正しい．電離則第56条（健康診断）第3項参照．

（4）正しい．電離則第57条の2（健康診断の結果についての医師からの意見聴取）第1項第一号参照．

（5）正しい．電離則第58条（健康診断結果報告）参照．

▶答（2）

問題4 【平成28年秋A問14】

電離放射線健康診断の検査項目として，労働安全衛生関係法令上，規定されていないものは次のうちどれか．

（1）神経内科学的検査
（2）皮膚の検査
（3）白内障に関する眼の検査
（4）白血球数及び白血球百分率の検査
（5）赤血球数の検査及び血色素量又はヘマトクリット値の検査

解説（1）規定なし．神経内科学的検査の項目はない．被ばく歴の有無が正しい．電離則第56条（健康診断）第1項第一号参照．

（2）規定あり．同第五号参照．

（3）規定あり．同第四号参照．

（4）規定あり．同第二号参照．

（5）規定あり．同第三号参照．

▶答（1）

問題5 【平成27年秋A問17】

電離放射線障害防止規則に基づく健康診断に関する次の記述のうち，誤っているものはどれか．

（1）管理区域に一時的に立ち入るが放射線業務に常時従事していない労働者に対しては，健康診断の実施は義務付けられていない．
（2）定期の健康診断において，当該健康診断を行う日の前6か月間に受けた実効線量が5 mSvを超えず，かつ，その後6か月間に受ける実効線量が5 mSvを超えるおそれのない労働者については，被ばく歴の有無の調査及びその評価を除く他の項目については省略することができる．

(3) 健康診断の項目に異常の所見があると診断された労働者については，その結果に基づき，健康を保持するため必要な措置について，健康診断実施日から3か月以内に，医師の意見を聴かなければならない．

(4) 電離放射線健康診断結果報告書の所轄労働基準監督署長への提出は，定期に行った健康診断については義務付けられているが，雇入れ又は放射線業務への配置替えの際に行った健康診断については義務付けられていない．

(5) 健康診断の結果に基づき，電離放射線健康診断個人票を作成し，原則として30年間保存しなければならない．

第2章 関係法令

解説 (1) 正しい．健康診断は，常時従事する労働者に限定されている．電離則第56条（健康診断）第1項本文参照．

(2) 誤り．定期健康診断において，当該健康診断を行う日の属する年の前年1年間に受けた実効線量が5 mSvを超えず，かつ，当該健康診断を行おうとする日の属する1年間に受ける実効線量が5 mSvを超えるおそれのない労働者については，被ばく歴の有無の調査及びその評価を除く他の項目については省略することができる．いずれも「6か月間」が誤り．電離則第56条（健康診断）第4項参照．

(3) 正しい．電離則第57条の2（健康診断の結果についての医師からの意見聴取）第1項本文及び第一号参照．

(4) 正しい．電離則第58条（健康診断結果報告）参照．

(5) 正しい．電離則第57条（健康診断の結果の記録）参照． ▶答 (2)

2.7 外部放射線の防護

問題1 【令和2年春A問13】

エックス線装置を用いて放射線業務を行う場合の外部放射線の防護に関する次の措置のうち，電離放射線障害防止規則に違反していないものはどれか．

(1) エックス線装置は，その外側における外部放射線による1 cm線量当量率が30 μSv/hを超えないように遮へいされた構造のものを除き，放射線装置室に設置している．

(2) 工業用のエックス線装置を設置した放射線装置室内で，磁気探傷法や超音波探傷法による非破壊検査も行っている.

(3) 工業用のエックス線装置を放射線装置室以外の場所で使用するとき，そのエックス線管の焦点及び被照射体から5m以内の場所で，外部放射線による実効線量が1週間につき1mSvを超える場所に，必要な作業を行うときを除き労働者が立ち入ることを禁止しているが，その場所を標識により明示していない.

(4) エックス線装置を放射線装置室に設置して使用するとき，エックス線装置に電力が供給されている旨を関係者に周知させる方法として，管電圧が150kV以下である場合を除き，自動警報装置によるものとしている.

(5) 照射中に労働者の身体の一部がその内部に入るおそれのある工業用の特定エックス線装置を用いて透視を行うときは，エックス線管に流れる電流が定格管電流の2.5倍に達したときに，直ちに，エックス線回路を開放位にする自動装置を設けている.

2.7 外部放射線の防護

解説 (1) 違反する.「30μSv/h」が誤りで，正しくは「20μSv/h」である．電離則第15条（放射線装置室）第1項本文ただし書き参照.

(2) 違反する．放射線装置室には，業務に必要な者以外を立ち入らせてはならないので，工業用のエックス線装置を設置した放射線装置室内で，磁気探傷法や超音波探傷法による非破壊検査を行ってはならない．電離則第15条（放射線装置内）第3項で準用する第3条（管理区域の明示等）第4項参照.

(3) 違反する.「・・明示していない.」が誤りで，正しくは「・・明示しなければならない.」である．電離則第18条（立入禁止）第1項及び第4項参照.

(4) 違反しない．電離則第17条（警報装置等）第1項前文参照.

(5) 違反する.「2.5倍」が誤りで，正しくは「2倍」である．電離則第13条（透視時の措置）第1項前文及び第二号参照.

▶答 (4)

問題2 【令和元年秋A問19】

エックス線装置を使用する場合の外部放射線の防護に関する次の措置のうち，電離放射線障害防止規則に違反しているものはどれか.

(1) 装置の外側における外部放射線による1cm線量当量率が20μSv/hを超えないように遮へいされた構造のエックス線装置を，放射線装置室以外の室に設置している.

(2) 工業用のエックス線装置を設置した放射線装置室内で，磁気探傷法や超音波探傷法による非破壊検査も行っている.

(3) 管電圧130kVのエックス線装置を放射線装置室に設置して使用するとき，装置に電力が供給されている旨を関係者に周知させる措置として，手動の表示灯を用いている.

(4) 特定エックス線装置を使用して作業を行うとき，照射筒又はしぼりを用いると装置の使用の目的が妨げられるので，どちらも用いていない.

(5) 工業用の特定エックス線装置について，エックス線管に流れる電流が定格管電流の2倍に達したとき，直ちに，エックス線管回路が開放位になるように自動装置を設定して，透視の作業を行っている.

解説 (1) 違反しない．電離則第15条（放射線装置室）第1項本文ただし書参照.

(2) 違反する．放射線装置室内では，業務に必要な者以外の者を立ち入らせてはならないので，エックス線装置を設置した放射線装置室内で，磁気探傷法や超音波探傷法による非破壊検査を行ってはらない．電離則第15条（放射線装置室）第3項で準用する同第3条（管理区域の明示等）第4項参照.

(3) 違反しない．管電圧が150 kVを超えるときは，自動警報装置によらなければならないが，150 kV未満の130 kVのエックス線装置を放射線室に設置して使用するとき，装置に電力が供給されている旨を関係者に周知させる措置として，手動の表示灯を用いてもよい．電離則第17条（警報装置等）第1項本文及び第一号参照.

(4) 違反しない．電離則第10条（照射筒等）第1項ただし書参照.

(5) 違反しない．電離則第13条（透視時の措置）第1項第二号参照. ▶答 (2)

第2章 関係法令

問題3 【令和元年春A問13】

工業用の特定エックス線装置を用いて放射線装置室で透視を行うときに講ずべき措置について述べた次の文中の［　　］内に入れるAからCの数値の組合せとして，労働安全衛生関係法令上，正しいものは (1) ～ (5) のうちどれか.

ただし，エックス線の照射中に透視作業従事労働者の身体の一部が当該装置の内部に入るおそれがあるものとする.

「定格管電流の［ A ］倍以上の電流がエックス線管に通じたときに，直ちに，エックス線管回路を開放位にする自動装置を設けること.

また，利用線錐（すい）中の受像器を通過したエックス線の空気中の空気カーマ率が，エックス線管の焦点から［ B ］mの距離において，［ C ］μGy/h以下になるようにすること.」

	A	B	C
(1)	1.5	1	30
(2)	1.5	5	17.4
(3)	2	1	30
(4)	2	1	17.4
(5)	2	5	30

解説 A 「2」である．電離則第13条（透視時の措置）第1項第二号参照．
B 「1」である．同上第1項第四号参照．
C 「17.4」である．同上第1項第四号参照．
以上から（4）が正解． ▶答（4）

問題4 【令和元年春A問17】

エックス線装置を使用する場合の外部放射線の防護に関する次の措置のうち，電離放射線障害防止規則に違反しているものはどれか．

（1）装置の外側における外部放射線による1cm線量当量率が20μSv/hを超えないように遮へいされた構造のエックス線装置を，放射線装置室以外の室に設置している．
（2）工業用のエックス線装置を設置した放射線装置室内で，磁気探傷法や超音波探傷法による非破壊検査も行っている．
（3）管電圧130kVのエックス線装置を放射線装置室に設置して使用するとき，装置に電力が供給されている旨を関係者に周知させる措置として，手動の表示灯を用いている．
（4）特定エックス線装置を用いて作業を行うとき，照射筒又はしぼりを用いると装置の使用の目的が妨げられるので，どちらも使用していない．
（5）エックス線装置を設置した放射線装置室について，遮へい壁を設け，労働者が常時立ち入る場所における外部放射線による実効線量を，1週間につき1mSv以下にするよう管理しており，平均して0.2～0.3mSvになっている．

解説 （1）違反しない．電離則第15条（放射線装置室）第1項本文ただし書き参照．
（2）違反する．放射線装置室内には，業務に必要のある者以外の者を立ち入らせてはならないので，磁気探傷法や超音波探傷法による非破壊検査を行ってはならない．電離則第15条（放射線装置室）第3項で準用する同第3条（管理区域の明示等）第4項参照．
（3）違反しない．管電圧が150kVを超えるときは，自動警報装置によらなければならないが，150kV未満の130kVのエックス線装置を放射線装置室に設置して使用するとき，装置に電力が供給されている旨を関係者に周知させる措置として，手動の表示灯を用いてもよい．電離則第17条（警報装置等）第1項本文および第一号参照．
（4）違反しない．電離則第10条（照射筒等）第1項ただし書き参照．
（5）違反しない．電離則第3条の2（施設等における線量の限度）第1項参照． ▶答（2）

問題5 【平成30年秋A問13】

工業用の特定エックス線装置を用いて放射線装置室で透視を行うときに講ずべき措置について述べた次の文中の［　　］内に入れるAからCの語句又は数値の組合せと

して，労働安全衛生関係法令上，正しいものは（1）～（5）のうちどれか．

ただし，エックス線の照射中に透視作業従事労働者の身体の一部が当該装置の内部に入るおそれがあるものとする．

「利用線錐（すい）中の受像器を通過したエックス線の空気中の［A］が，エックス線管の焦点から［B］mの距離において，［C］μGy/h以下になるようにすること．」

	A	B	C
(1)	吸収線量	1	17.4
(2)	吸収線量	1	30
(3)	吸収線量	5	30
(4)	空気カーマ率	1	17.4
(5)	空気カーマ率	5	17.4

解説 A「空気カーマ率」である．なお，空気カーマ率とは，エックス線，γ線，及び中性子線などの非電離放射線を空気に照射して電離させ，発生した時間当たりの電荷量〔$C \cdot kg^{-1}$〕で，放射線の照射線量率〔$C \cdot kg^{-1} \cdot h^{-1}$〕をいう．

B「1」である．

C「17.4」である．

電離則第13条（透視時の措置）第1項第四号参照．

以上から（4）が正解．

▶答（4）

問題6 【平成30年春A問12】

工業用の特定エックス線装置を用いて放射線装置室で透視を行うときに講ずべき措置について述べた次の文中の［　］内に入れるAからCの数値又は語句の組合せとして，労働安全衛生関係法令上，正しいものは（1）～（5）のうちどれか．

ただし，エックス線の照射中に透視作業従事労働者の身体の一部が当該装置の内部に入るおそれがあるものとする．

「利用線錐（すい）中の受像器を通過したエックス線の空気中の［A］が，エックス線管の焦点から［B］mの距離において，［C］μGy/h以下になるようにすること．」

	A	B	C
(1)	吸収線量	1	30
(2)	空気カーマ率	5	17.4
(3)	吸収線量	1	17.4
(4)	空気カーマ率	1	17.4
(5)	吸収線量	5	30

第2章　関係法令

解説 A 「空気カーマ率」で電離則第13条（透視時の措置）第1項第四号参照.

B 「1」である．同上.

C 「17.4」である．同上.

以上から（4）が正解. ▶答（4）

題7 【平成29年春A問12】

エックス線装置を用いて放射線業務を行う場合の外部放射線の防護に関する次の措置のうち，電離放射線障害防止規則に違反していないものはどれか.

(1) エックス線装置は，その外側における外部放射線による1cm線量当量率が30μSv/hを超えないように遮へいされた構造のものを除き，放射線装置室に設置している.

(2) 工業用のエックス線装置を設置した放射線装置室内で，磁気探傷法や超音波探傷法による非破壊検査も行っている.

(3) 放射線装置室には，放射線業務従事者以外の者が立ち入ることを禁止し，その旨を明示している.

(4) エックス線装置を放射線装置室に設置して使用するとき，エックス線装置に電力が供給されている旨を関係者に周知させる方法として，管電圧が150kV以下である場合を除き，自動警報装置によるものとしている.

(5) 照射中に労働者の身体の一部がその内部に入るおそれのある工業用の特定エックス線装置を用いて透視を行うときは，エックス線管に流れる電流が定格管電流の2.5倍に達したときに，直ちに，エックス線回路を開放位にする自動装置を設けている.

解説 (1) 違反する．誤りは「30μSv/h」で，正しくは「20μSv/h」である．電離則第15条（放射線装置室）第1項本文ただし書き参照.

(2) 違反する．放射線装置室には，業務に必要な者以外を立ち入らせてはならないので，磁気探傷法や超音波探傷法などによる非破壊検査を行ってはならない．電離則第15条（放射線装置室）第3項で準用する第3条（管理区域の明示等）第4項参照.

(3) 違反する．誤りは「放射線業務従事者以外の者」で，正しくは「必要のある者以外の者」である．なお，その旨の明示は定められていない．電離則第15条（放射線装置室）第3項で準用する第3条（管理区域の明示等）第4項参照.

(4) 違反しない．電離則第17条（警報装置等）第1項前文及び第一号参照.

(5) 違反する．誤りは「2.5倍」で，正しくは「2倍」である．電離則第13条（透視時の措置）第1項前文及び第二号参照. ▶答（4）

題8 【平成28年秋A問15】 

エックス線装置を使用する場合の外部放射線の防護に関する次の措置のうち，労働安全衛生関係法令に違反しているものはどれか．

(1) 装置の外側における外部放射線による1cm線量当量率が20μSv/hを超えないように遮へいされた構造のエックス線装置を，放射線装置室以外の室に設置している．

(2) 工業用のエックス線装置を設置した放射線装置室内で，磁気探傷法や超音波探傷法による非破壊検査も行っている．

(3) 管電圧130kVのエックス線装置を放射線装置室に設置して使用するとき，装置に電力が供給されている旨を関係者に周知させる措置として，手動の表示灯を用いている．

(4) 特定エックス線装置を用いて作業を行うとき，照射筒又はしぼりを用いると装置の使用の目的が妨げられるので，どちらも使用していない．

(5) 工業用の特定エックス線装置について，エックス線管に流れる電流が定格管電流の2倍に達したとき，直ちに，エックス線管回路が開放位になるように自動装置を設置して，透視の作業を行っている．

解説 (1) 違反しない．電離則第15条（放射線装置室）第1項本文ただし書き参照．

(2) 違反する．放射線装置室には，業務に必要のある者以外の者を立ち入らせてはならない．電離則第15条（放射線装置室）第3項で準用する第3条（管理区域の明示等）第4項参照．

(3) 違反しない．管電圧が150kVを超えるときは，自動警報装置によらなければならないが，150kV以下では，手動の表示灯でよい．電離則第17条（警報装置等）第1項本文及び第一号参照．

(4) 違反しない．電離則第10条（照射筒等）第1項ただし書き参照．

(5) 違反しない．電離則第13条（透視時の措置）第1項第二号参照． ▶答 (2)

問題9 【平成28年春A問14】 

エックス線装置を使用する場合の外部放射線の防護に関する次の措置のうち，電離放射線障害防止規則に違反しているものはどれか．

(1) 装置の外側における外部放射線による1cm線量当量率が20μSv/hを超えないように遮へいされた構造のエックス線装置を，放射線装置室以外の室に設置している．

(2) 工業用のエックス線装置を設置した放射線装置室内で，磁気探傷法や超音波探傷法による非破壊検査も行っている．

(3) 管電圧130kVのエックス線装置を放射線装置室に設置して使用するとき，装置に電力が供給されている旨を関係者に周知させる措置として，手動の表示灯を用いている.
(4) 分析用の特定エックス線装置を使用して作業を行うとき，作業の性質上軟線を利用しなければならないため，ろ過板を使用していない.
(5) 工業用の特定エックス線装置について，エックス線管に流れる電流が定格管電流の2倍に達したとき，直ちに，エックス線管回路が開放位になるように自動装置を設定して，透視の作業を行っている.

解説 (1) 違反しない．電離則第15条（放射線装置室）第1項本文ただし書き参照.
(2) 違反する．放射線装置室には，業務に必要な者以外を立ち入らせてはならない．電離則第15条（放射線装置室）第3項で準用する第3条（管理区域の明示等）第4項参照.
(3) 違反しない．管電圧が150 kVを超えるときは，自動警報装置によらなければならないが，150 kV以下では，手動の表示灯でよい．電離則第17条（警報装置等）第1項本文及び第一号参照.
(4) 違反しない．電離則第11条（ろ過板）ただし書き参照.
(5) 違反しない．電離則第13条（透視時の措置）第1項第二号参照. ▶答 (2)

問題10 【平成27年秋A問15】

エックス線装置を使用する場合の外部放射線の防護に関する次の措置のうち，電離放射線障害防止規則に違反しているものはどれか.
(1) 装置の外側における外部放射線による1 cm線量当量率が20 μSv/hを超えないように遮へいされた構造のエックス線装置を，放射線装置室以外の室に設置している.
(2) 工業用のエックス線装置を設置した放射線装置室内で，磁気探傷法や超音波探傷法による非破壊検査も行っている.
(3) 管電圧130 kVのエックス線装置を放射線装置室に設置して使用するとき，装置に電力が供給されている旨を関係者に周知させる措置として，手動の表示灯を用いている.
(4) 分析用の特定エックス線装置を使用して作業を行うとき，作業の性質上軟線を利用しなければならないため，ろ過板を使用していない.
(5) エックス線装置を設置した放射線装置室について遮へい壁を設け，労働者が常時立ち入る場所における外部放射線による実効線量を，1週間につき1 mSv以下にするよう管理している.

解説 (1) 違反しない．電離則第15条（放射線装置室）第1項本文ただし書き参照.
(2) 違反する．放射線装置室には，業務に必要な者以外を立ち入らせてはならない．電離則第15条（放射線装置室）第3項で準用する第3条（管理区域の明示等）第4項参照.

(3) 違反しない．管電圧が150kVを超えていないので，手動の表示灯でよい．電離則第17条（警報装置等）第1項本文参照．
(4) 違反しない．電離則第11条（ろ過板）ただし書き参照．
(5) 違反しない．電離則第3条の2（施設等における線量の限度）第1項参照．　▶答（2）

2.8 線量測定結果の確認・記録・保存期間

問題1　【平成29年秋A問15】 

エックス線の外部被ばくによる線量の測定結果の確認，記録等に関する次の記述のうち，労働安全衛生関係法令上，誤っているものはどれか．

(1) 5年間において，実効線量が1年間につき20mSvを超えたことのある男性の放射線業務従事者の実効線量については，3か月ごと，1年ごと及び5年ごとの合計を算定し，記録しなければならない．
(2) 1か月間に受ける実効線量が1.7mSvを超えるおそれのある女性の放射線業務従事者（妊娠する可能性がないと診断されたものを除く．）の実効線量については，1か月ごと，3か月ごと及び1年ごとの合計を算定し，記録しなければならない．
(3) 放射線業務従事者の人体の組織別の等価線量については，6か月ごと及び1年ごとの合計を算定し，記録しなければならない．
(4) 測定結果に基づいて算定し，記録した線量は，遅滞なく，放射線業務従事者に知らせなければならない．
(5) 放射線業務従事者に係る線量の算定結果の記録は，原則として，30年間保存しなければならない．

解説 (1) 正しい．電離則第9条（線量の測定結果の確認，記録等）第2項第一号参照．
(2) 正しい．電離則第9条（線量の測定結果の確認，記録等）第2項第二号参照．
(3) 誤り．放射線業務従事者の人体の組織別の等価線量については，3か月ごと及び1年ごとの合計を算定し，記録しなければならない．電離則第9条（線量の測定結果の確認，記録等）第2項第三号参照．
(4) 正しい．電離則第9条（線量の測定結果の確認，記録等）第3項参照．
(5) 正しい．電離則第9条（線量の測定結果の確認，記録等）第2項本文参照．　▶答（3）

問題2　【平成28年秋A問16】 

次のAからDまでの記録等について，労働安全衛生関係法令上，原則として30年間保存しなければならないもののすべての組合せは(1)～(5)のうちどれか．

A　電離放射線健康診断個人票

B　管理区域に係る作業環境測定結果の記録

C　外部被ばくによる線量の測定結果に基づき，法定の期間ごとに算定した放射線業務従事者の線量の記録

D　エックス線装置を用いて行う透過写真撮影の業務に係る特別教育の記録

(1) A, B, D　(2) A, C　(3) A, C, D　(4) B, C　(5) B, D

解説　A　正しい．電離則第57条（健康診断の結果の記録）参照．

B　誤り．5年間保存しなければならない．電離則第54条（線量当量率等の測定等）第1項参照．

C　正しい．電離則第9条（線量の測定結果の確認，記録等）第2項参照．

D　誤り．保存の定めはない．電離則第52条の5（透過写真撮影業務に係る特別の教育）参照．

以上から（2）が正解．　▶答（2）

問題3

【平成27年秋A問14】

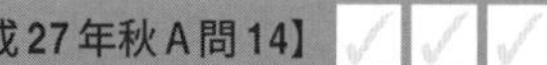

エックス線の外部被ばくによる線量の測定結果の確認，記録等に関する次の記述のうち，法令上，誤っているものはどれか．

(1) 5年間において，実効線量が1年間につき20 mSvを超えたことのある男性の放射線業務従事者の実効線量については，3か月ごと，1年ごと及び5年ごとの合計を算定し，記録しなければならない．

(2) 1か月間に受ける実効線量が1.7 mSvを超えるおそれのある女性の放射線業務従事者（妊娠する可能性がないと診断されたものを除く．）の実効線量については，1か月ごと，3か月ごと及び1年ごとの合計を算定し，記録しなければならない．

(3) 放射線業務従事者の人体の組織別の等価線量については，6か月ごと及び1年ごとの合計を算定し，記録しなければならない．

(4) 測定結果に基づいて算定し，記録した線量は，遅滞なく，放射線業務従事者に知らせなければならない．

(5) 放射線業務従事者に係る線量の算定結果の記録は，原則として，30年間保存しなければならない．

解説　問題1（平成29年秋A問15）と同一問題．解説は，問題1を参照．　▶答（3）

2.9 エックス線作業主任者

■ 2.9.1 エックス線作業主任者の免許・選任等

問題1 【令和元年春A問14】

エックス線作業主任者に関する次の記述のうち，労働安全衛生関係法令上，正しいものはどれか．

(1) エックス線作業主任者は，エックス線装置を用いて放射線業務を行う事業場ごとに1人選任しなければならない．

(2) 満20歳未満の者は，エックス線作業主任者免許を受けることができない．

(3) 診療放射線技師免許を受けた者又は原子炉主任技術者免状若しくは第一種放射線取扱主任者免状の交付を受けた者は，エックス線作業主任者免許を受けていなくても，エックス線作業主任者として選任することができる．

(4) エックス線作業主任者を選任したときは，作業主任者の氏名及びその者に行わせる事項について，作業場の見やすい箇所に掲示する等により，関係労働者に周知させなければならない．

(5) エックス線作業主任者は，その職務の一つとして，作業場のうち管理区域に該当する部分について，作業環境測定を行わなければならない．

解説 (1) 誤り．エックス線作業主任者は，エックス線装置を用いて放射線業務を行う管理区域ごとに1人選任しなければならない．「事業場」ではない．電離則第46条（エックス線作業主任者の選任）参照．

(2) 誤り．満18歳未満の者は，エックス線作業主任者免許を受けることができない．電離則第49条（エックス線作業主任者免許の欠格事項）参照．

(3) 誤り．診療放射線技師免許を受けた者又は原子炉主任技術者免状若しくは第一種放射線取扱主任者免状の交付を受けた者であっても，エックス線作業主任者免許を受けていなければ，エックス線作業主任者として選任することができない．電離則第48条（エックス線作業主任者免許）参照．

(4) 正しい．エックス線作業主任者を選任したときは，作業主任者の氏名及びその者に行わせる事項について，作業場の見やすい箇所に掲示する等により，関係労働者に周知させなければならない．労働安全衛生規則第18条（作業主任者の氏名等の周知）参照．

(5) 誤り．作業環境測定について指定作業場は，作業環境測定士が行うことと定められているが，管理区域は指定作業場となっていないので，誰が測定してもよいが，エックス線作業主任者が測定を行うべき定めはない．電離則第47条（エックス線作業主任者の職務），作業環境測定法第2条（定義）第5号及び同法施行規則第1条（令第1条第二号の厚生労働省令で定める作業場）参照.

▶答（4）

問題2

【平成30年秋A問18】 

労働安全衛生関係法令に基づきエックス線作業主任者免許が与えられる者に該当しないものは，次のうちどれか.

（1）エックス線作業主任者免許試験に合格した満18歳の者
（2）第二種放射線取扱主任者免状の交付を受けた満25歳の者
（3）第一種放射線取扱主任者免状の交付を受けた満30歳の者
（4）診療放射線技師の免許を受けた満35歳の者
（5）原子炉主任技術者免状の交付を受けた満40歳の者

解説 （1）該当．満18歳以上にエックス線作業主任者免許が与えられる．電離則第49条（エックス線作業主任者免許の欠格事由）参照.

（2）該当しない．第二種放射線取扱主任者免状の交付を受けた者は，エックス線作業主任者免許を与えられる者に該当しない．第一種放射線取扱主任者免状の交付を受けた者が該当する．電離則第48条（エックス線作業主任者免許）第三号参照.

（3）該当．第一種放射線取扱主任者免状の交付を受けた者で，満18歳以上のものであるから，満30歳は該当する．電離則第48条（エックス線作業主任者免許）第三号及び同第49条（エックス線作業主任者免許の欠格事由）参照.

（4）該当．18歳以上であるから該当する．電離則第48条（エックス線作業主任者免許）第一号及び同第49条（エックス線作業主任者免許の欠格事由）参照.

（5）該当．18歳以上であるから該当する．電離則第48条（エックス線作業主任者免許）第二号及び同第49条（エックス線作業主任者免許の欠格事由）参照.

▶答（2）

問題3

【平成30年春A問19】 

労働安全衛生関係法令に基づきエックス線作業主任者免許が与えられる者に該当しないものは，次のうちどれか.

（1）エックス線作業主任者免許試験に合格した満18歳の者
（2）第二種放射線取扱主任者免状の交付を受けた満25歳の者
（3）第一種放射線取扱主任者免状の交付を受けた満30歳の者
（4）診療放射線技師の免許を受けた満35歳の者
（5）原子炉主任技術者免状の交付を受けた満40歳の者

解説 （1）該当．満18歳以上にエックス線作業主任者免許が与えられる．電離則第49

条（エックス線作業主任者免許の欠格事由）参照.

(2) 該当しない．第二種放射線取扱主任者免状の交付を受けた者は，エックス線作業主任者免許を与えられる者に該当しない．第一種放射線取扱主任者免状の交付を受けた者が該当する．電離則第48条（エックス線作業主任者免許）第三号参照.

(3) 該当．第一種放射線取扱主任者免状の交付を受けた者で，満18歳以上のものであるから，満30歳は該当する．電離則第48条（エックス線作業主任者免許）第三号及び同第49条（エックス線作業主任者免許の欠格事由）参照.

(4) 該当．18歳以上であるから該当する．電離則第48条（エックス線作業主任者免許）第一号及び同第49条（エックス線作業主任者免許の欠格事由）参照.

(5) 該当．18歳以上であるから該当する．電離則第48条（エックス線作業主任者免許）第二号及び同第49条（エックス線作業主任者免許の欠格事由）参照. ▶答 (2)

問題4

【平成29年秋A問18】 

労働安全衛生関係法令に基づきエックス線作業主任者免許が与えられる者に該当しないものは，次のうちどれか.

(1) エックス線作業主任者免許試験に合格した満18歳の者
(2) 第二種放射線取扱主任者免状の交付を受けた満25歳の者
(3) 第一種放射線取扱主任者免状の交付を受けた満30歳の者
(4) 診療放射線技師の免許を受けた満35歳の者
(5) 原子炉主任技術者免状の交付を受けた満40歳の者

解説 (1) 該当．満18歳以上にエックス線作業主任者免許が与えられる．電離則第49条（エックス線作業主任者免許の欠格事由）参照.

(2) 該当しない．第二種放射線取扱主任者免状の交付を受けた者は，エックス線作業主任者免許を与えられる者に該当しない．第一種放射線取扱主任者免状の交付を受けた者が該当する．電離則第48条（エックス線作業主任者免許）第三号参照.

(3) 該当．第一種放射線取扱主任者免状の交付を受けた者で，満18歳以上のものであるから，満30歳は該当する．電離則第48条（エックス線作業主任者免許）第三号及び同第49条（エックス線作業主任者免許の欠格事由）参照.

(4) 該当．18歳以上であるから該当する．電離則第48条（エックス線作業主任者免許）第一号及び同第49条（エックス線作業主任者免許の欠格事由）参照.

(5) 該当．18歳以上であるから該当する．電離則第48条（エックス線作業主任者免許）第二号及び同第49条（エックス線作業主任者免許の欠格事由）参照. ▶答 (2)

問題 5 【平成 29 年春 A 問 17】

労働安全衛生関係法令に基づきエックス線作業主任者免許が与えられる者に該当しないものは，次のうちどれか．

(1) エックス線作業主任者免許試験に合格した満 18 歳の者
(2) 第二種放射線取扱主任者免状の交付を受けた満 25 歳の者
(3) 第一種放射線取扱主任者免状の交付を受けた満 30 歳の者
(4) 診療放射線技師の免許を受けた満 35 歳の者
(5) 原子炉主任技術者免状の交付を受けた満 40 歳の者

解説 問題 4（平成 29 年秋 A 問 18）と同一問題．解説は，問題 4 を参照． ▶答（2）

問題 6 【平成 28 年秋 A 問 17】

労働安全衛生関係法令に基づきエックス線作業主任者免許が与えられる者に該当しないものは，次のうちどれか．

(1) エックス線作業主任者免許試験に合格した満 18 歳の者
(2) 第二種放射線取扱主任者免状の交付を受けた満 25 歳の者
(3) 第一種放射線取扱主任者免状の交付を受けた満 30 歳の者
(4) 診療放射線技師の免許を受けた満 35 歳の者
(5) 原子炉主任技術者免状の交付を受けた満 40 歳の者

解説 問題 4（平成 29 年秋 A 問 18）と同一問題．解説は，問題 4 を参照． ▶答（2）

問題 7 【平成 28 年春 A 問 16】

エックス線作業主任者に関する次の記述のうち，法令上，正しいものはどれか．

(1) エックス線作業主任者は，エックス線装置を用いて放射線業務を行う事業場ごとに 1 人選任しなければならない．
(2) 満 20 歳未満の者は，エックス線作業主任者免許を受けることができない．
(3) エックス線作業主任者を選任したときは，所轄労働基準監督署長に，遅滞なく報告しなければならない．
(4) エックス線作業主任者を選任したときは，作業主任者の氏名及びその者に行わせる事項について，作業場の見やすい箇所に掲示する等により，関係労働者に周知させなければならない．
(5) エックス線作業主任者は，その職務の一つとして，作業場のうち管理区域に該当する部分について，作業環境測定を行わなければならない．

解説 (1) 誤り．エックス線作業主任者は，管理区域ごとに選任しなければならない．

電離則第46条（エックス線作業主任者の選任）参照.

(2) 誤り．満18歳以上に作業主任者免許が与えられる．電離則第49条（エックス線作業主任者免許の欠格事由）参照.

(3) 誤り．エックス線作業主任者を選任しても，所轄労働基準監督署長に，報告しなければならない定めはない．電離則第6章　エックス線作業主任者及びガンマ線透過写真撮影作業主任者参照.

(4) 正しい．労働安全衛生規則第18条（作業主任者の氏名等の周知）参照.

(5) 誤り．作業環境測定について指定作業場は，作業環境測定士が行うことと定められているが，管理区域は指定作業場となっていないので，誰が測定してもよいが，エックス線作業主任者が測定を行うべき定めはない．電離則第47条（エックス線作業主任者の職務），作業環境測定法第2条（定義）第5号及び同法施行規則第1条（令第1条第二号の厚生労働省令で定める作業場）参照.

▶答（4）

問題8　【平成28年春A問20】

法令に基づきエックス線作業主任者免許が与えられる者に該当しないものは，次のうちどれか.

(1) エックス線作業主任者免許試験に合格した満18歳の者
(2) 第二種放射線取扱主任者免状の交付を受けた満25歳の者
(3) 第一種放射線取扱主任者免状の交付を受けた満30歳の者
(4) 診療放射線技師の免許を受けた満35歳の者
(5) 原子炉主任技術者免状の交付を受けた満40歳の者

解説　問題4（平成29年秋A問18）と同一問題．解説は，問題4を参照.

▶答（2）

■ 2.9.2　エックス線作業主任者の職務

問題1　【令和2年春A問15】

次のAからEの事項について，電離放射線障害防止規則において，エックス線作業主任者の職務として規定されているものの全ての組合せは（1）～（5）のうちどれか.

A　管理区域における外部放射線による線量当量について，作業環境測定を行うこと.

B　外部放射線を測定するための放射線測定器について，1年以内ごとに校正すること.

C　照射開始前及び照射中に，労働者が立入禁止区域に立ち入っていないことを確認すること.

D　作業環境測定の結果を，見やすい場所に掲示する等の方法によって，管理区域に立ち入る労働者に周知させること．

E　管理区域の標識が法令の規定に適合して設けられるように措置すること．

(1) A，B　(2) A，D　(3) B，C，E　(4) C，D，E　(5) C，E

解説　A　規定なし．作業環境測定について指定作業場は，作業環境測定士が行うことと定められているが，管理区域は指定作業場となっていないので，誰が測定してもいいが，エックス線作業主任者が測定を行うべき定めはない．電離則第47条（エックス線作業主任者の職務），作業環境測定法第2条（定義）第五号及び同法施行規則第1条（令第1条第二号の厚生労働省令で定める作業場）参照．

B　規定なし．外部放射線を測定するための放射線測定器について，1年以内ごとに校正することは規定されていない．同第47条（エックス線作業主任者の職務）参照．

C　規定あり．電離則第47条（エックス線作業主任者の職務）第六号及び準用する同第18条（立入禁止）第1項参照．

D　規定なし．事業者が行わなければならない．電離則第54条（線量当量等の測定等）第4項参照．

E　規定あり．同第47条（エックス線作業主任者の職務）第一号参照．

以上から（5）が正解．　▶答（5）

問題2　【令和元年秋A問16】

次のAからDの事項について，労働安全衛生関係法令上，エックス線作業主任者の職務とされているものの全ての組合せは (1)～(5) のうちどれか．

A　透過写真撮影の業務に従事する労働者に対し，特別の教育を行うこと．

B　管理区域の標識が規定に適合して設けられるように措置すること．

C　放射線業務従事者の受ける線量ができるだけ少なくなるように照射条件等を調整すること．

D　外部放射線を測定するための放射線測定器について，校正を行うこと．

(1) A，B　(2) A，B，D　(3) A，C，D　(4) B，C　(5) B，C，D

解説　A　規定なし．透過写真撮影の業務に従事する労働者に対し，特別の教育を行うことは，エックス線作業主任者の職務と規定されていない．電離則第47条（エックス線作業主任者の職務）第一号～第七号参照．

B　規定あり．同第47条（エックス線作業主任者の職務）第一号参照．

C　規定あり．同第47条（エックス線作業主任者の職務）第四号参照．

D　規定なし．外部放射線を測定するための放射線測定器について，校正を行うことは，規定されていない．同第47条（エックス線作業主任者の職務）第一号～第七号参照．
以上から（4）が正解．

▶答（4）

問題3　【令和元年春A問20】

次のAからEの事項について，電離放射線障害防止規則において，エックス線作業主任者の職務として規定されているものの組合せは（1）～（5）のうちどれか．

A　エックス線装置を用いて行う透過写真撮影の業務に従事する労働者に対し，特別の教育を行うこと．

B　外部放射線を測定するための放射線測定器について，1年以内ごとに校正すること．

C　放射線業務従事者の受ける線量ができるだけ少なくなるように照射条件等を調整すること．

D　作業環境測定の結果を，見やすい場所に掲示する等の方法によって，管理区域に立ち入る労働者に周知させること．

E　外部被ばく線量を測定するための放射線測定器が法令の規定に適合して装着されているかどうかについて点検すること．

（1）A，B　（2）A，D　（3）B，E　（4）C，D　（5）C，E

解説　A　規定なし．エックス線装置を用いて行う透過写真撮影の業務に従事する労働者に対し，特別の教育を行うことはエックス線作業主任者の職務として規定されていない．電離則第47条（エックス線作業主任者の職務）参照．

B　規定なし．外部放射線を測定するための放射線測定器について，1年以内ごとに校正することは規定されていない．同第47条（エックス線作業主任者の職務）参照．

C　規定あり．同第47条（エックス線作業主任者の職務）第四号参照．

D　規定なし．作業環境測定の結果を，見やすい場所に掲示する等の方法によって，管理区域に立ち入る労働者に周知させることは，規定されていない．同第47条（エックス線作業主任者の職務）参照．

E　規定あり．同第47条（エックス線作業主任者の職務）第七号参照．

以上から（5）が正解．

▶答（5）

問題4　【平成30年秋A問15】

次のAからEの事項について，電離放射線障害防止規則において，エックス線作業主任者の職務として規定されているものの組合せは（1）～（5）のうちどれか．

A　エックス線装置を用いて行う透過写真撮影の業務に従事する労働者に対し，特別の教育を行うこと．

B　外部放射線を測定するための放射線測定器について，1年以内ごとに校正すること.

C　放射線業務従事者の受ける線量ができるだけ少なくなるように照射条件等を調整すること.

D　作業環境測定の結果を，見やすい場所に掲示する等の方法によって，管理区域に立ち入る労働者に周知させること.

E　外部被ばく線量を測定するための放射線測定器が法令の規定に適合して装着されているかどうかについて点検すること.

(1) A, B　(2) A, D　(3) B, E　(4) C, D　(5) C, E

解説　A　規定なし．このような規定はない．特別教育は事業者が行う．電離則第47条（エックス線作業主任者の職務）及び同第52条の5（透過写真撮影業務に係る特別の教育）参照.

B　規定なし．このような規定はない．電離則第47条（エックス線作業主任者の職務）参照.

C　規定あり．電離則第47条（エックス線作業主任者の職務）第四号参照.

D　規定なし．このような規定はない．電離則第47条（エックス線作業主任者の職務）参照.

E　規定あり．電離則第47条（エックス線作業主任者の職務）第七号参照.

以上から（5）が正解.　▶答（5）

問題5　【平成30年春A問16】

次のAからEの事項について，電離放射線障害防止規則において，エックス線作業主任者の職務として規定されているものの組合せは（1）～（5）のうちどれか.

A　エックス線装置を用いて行う透過写真撮影の業務に従事する労働者に対し，特別の教育を行うこと.

B　外部放射線を測定するための放射線測定器について，1年以内ごとに校正すること.

C　放射線業務従事者の受ける線量ができるだけ少なくなるように照射条件等を調整すること.

D　作業環境測定の結果を，見やすい場所に掲示する等の方法によって，管理区域に立ち入る労働者に周知させること.

E　外部被ばく線量を測定するための放射線測定器が法令の規定に適合して装着されているかどうかについて点検すること.

(1) A, B　(2) A, D　(3) B, E　(4) C, D　(5) C, E

解説 A　規定なし．このような規定はない．電離則第47条（エックス線作業主任者の職務）及び同第52条の5（透過写真撮影業務に係る特別の教育）参照．

B　規定なし．このような規定はない．電離則第47条（エックス線作業主任者の職務）参照．

C　規定あり．電離則第47条（エックス線作業主任者の職務）第四号参照．

D　規定なし．このような規定はない．電離則第47条（エックス線作業主任者の職務）参照．

E　規定あり．電離則第47条（エックス線作業主任者の職務）第七号参照．

以上から（5）が正解．

▶答（5）

問題6

【平成29年秋A問16】 

次のAからDまでの事項について，労働安全衛生関係法令上，エックス線作業主任者の職務とされているもののすべての組合せは（1）～（5）のうちどれか．

A　透過写真撮影の業務に従事する労働者に対し，特別の教育を行うこと．

B　管理区域の標識が規定に適合して設けられるように措置すること．

C　放射線業務従事者の受ける線量ができるだけ少なくなるように照射条件等を調整すること．

D　外部放射線を測定するための放射線測定器について，校正を行うこと．

（1）A，B　（2）A，C，D　（3）A，D　（4）B，C　（5）B，C，D

解説 A　職務ではない．特別教育は事業者が行う．電離則第47条（エックス線作業主任者の職務）及び同第52条の5（透過写真撮影業務に係る特別教育）第1項本文参照．

B　職務である．電離則第47条（エックス線作業主任者の職務）第一号参照．

C　職務である．電離則第47条（エックス線作業主任者の職務）第四号参照．

D　職務ではない．このような定めはない．電離則第47条（エックス線作業主任者の職務）参照．

以上から（4）が正解．

▶答（4）

問題7

【平成29年春A問13】 

次のAからDまでの事項について，労働安全衛生関係法令上，エックス線作業主任者の職務とされているものの組合せは（1）～（5）のうちどれか．

A　管理区域の標識が法令の規定に適合して設けられるように措置すること．

B　放射線業務従事者の受ける線量ができるだけ少なくなるように照射条件等を調整すること．

C　管理区域に該当する部分について，作業環境測定を行うこと．

第2章 関係法令

D　外部放射線を測定するための放射線測定器について，1年以内ごとに校正すること．

(1) A，B　(2) A，C　(3) B，C　(4) B，D　(5) C，D

解説　A　職務である．電離則第47条（エックス線作業主任者の職務）第一号参照．

B　職務である．電離則第47条（エックス線作業主任者の職務）第四号参照．

C　職務ではない．このような定めはない．電離則第47条参照．

D　職務ではない．このような定めはない．電離則第47条参照．

以上から（1）が正解．　▶答（1）

問題8　【平成28年秋A問18】

次のAからEまでの事項について，労働安全衛生関係法令上，エックス線作業主任者の職務として規定されているものの組合せは（1）～（5）のうちどれか．

A　管理区域に該当する部分について，作業環境測定を行うこと

B　外部放射線を測定するための放射線測定器について，1年以内ごとに校正すること．

C　放射線業務従事者の受ける線量ができるだけ少なくなるように照射条件等を調整すること．

D　作業環境測定の結果を，見やすい場所に掲示する等の方法によって，管理区域に立ち入る労働者に周知させること．

E　管理区域の標識が法令の規定に適合して設けられるように措置すること．

(1) A，B　(2) A，D　(3) B，E　(4) C，D　(5) C，E

解説　A　規定なし．このような定めはない．電離則第47条（エックス線作業主任者の職務）参照．

B　規定なし．このような定めはない．電離則第47条（エックス線作業主任者の職務）参照．

C　規定あり．電離則第47条（エックス線作業主任者の職務）第四号参照．

D　規定なし．事業者が行わなければならない．電離則第54条（線量当量率等の測定等）第4項参照．

E　規定あり．電離則第47条（エックス線作業主任者の職務）第一号参照．

以上から（5）が正解．　▶答（5）

問題9　【平成27年秋A問16】

電離放射線障害防止規則において，エックス線作業主任者の職務として規定されて

いないものは，次のうちどれか．

(1) 管理区域の標識が法令の規定に適合して設けられるように措置すること．

(2) 特定エックス線装置を使用するとき，照射筒又はしぼりが適切に使用されるように措置すること．

(3) 特定エックス線装置を放射線装置室以外の場所で使用するとき，放射線を労働者が立ち入らない方向に照射し，又は遮へいする措置を講じること．

(4) 工業用エックス線装置を放射線装置室以外の場所で使用するとき，照射開始前及び照射中に，立入禁止区域に労働者が立ち入っていないことを確認すること．

(5) 外部放射線を測定するための放射線測定器について，校正を行うこと．

解説 (1) 規定あり．電離則第47条（エックス線作業主任者の職務）第一号参照．

(2) 規定あり．電離則第47条（エックス線作業主任者の職務）第二号参照．

(3) 規定あり．電離則第47条（エックス線作業主任者の職務）第三号で準用する同第18条の2（透過写真の撮影時の措置等）参照．

(4) 規定あり．電離則第47条（エックス線作業主任者の職務）第六号で準用する同第18条（立入禁止）第1項参照．

(5) 規定なし．このような定めはない．電離則第47条（エックス線作業主任者の職務）参照．

▶答 (5)

2.10 作業環境測定

問題1 【令和2年春A問12】

エックス線装置を用いて放射線業務を行う作業場の管理区域に該当する部分の作業環境測定に関する次の文中の［　　］内に入れるAからCの語句の組合せとして，労働安全衛生関係法令上，正しいものは (1) ～ (5) のうちどれか．

「作業場のうち管理区域に該当する部分について，［ A ］以内（エックス線装置を固定して使用する場合において使用の方法及び遮へい物の位置が一定しているときは，［ B ］以内）ごとに1回，定期に，作業環境測定を行い，その都度，測定日時，測定箇所，測定結果，［ C ］等一定の事項を記録し，5年間保存しなければならない．」

	A	B	C
(1)	6か月	1年	エックス線装置の種類及び型式
(2)	1か月	6か月	エックス線装置の種類及び型式

(3) 6か月　1年　放射線測定器の種類，型式及び性能
(4) 1か月　6か月　放射線測定器の種類，型式及び性能
(5) 6か月　1年　測定結果に基づき実施した措置の概要

解説 A「1か月」である．
B「6か月」である．
C「放射線測定器の種類，型式及び性能」である．
電離則第54条（線量当量率等の測定等）第1項参照．
以上から（4）が正解．

▶答（4）

問題2 【令和元年秋A問15】 

エックス線装置を用いて放射線業務を行う作業場の管理区域に該当する部分の作業環境測定に関する次の記述のうち，労働安全衛生関係法令上，正しいものはどれか．

(1) 測定は，原則として6か月以内ごとに1回，定期に行わなければならない．
(2) 測定は，1 cm線量当量率又は1 cm線量当量について行うものとするが，70 μm線量当量率が1 cm線量当量率を超えるおそれのある場所又は70 μm線量当量が1 cm線量当量を超えるおそれのある場所においては，それぞれ70 μm線量当量率又は70 μm線量当量について行わなければならない．
(3) 測定を行ったときは，測定日時，測定方法及び測定結果のほか，測定を実施した者の氏名及びその有する資格について，記録しなければならない．
(4) 測定を行ったときは，遅滞なく，電離放射線作業環境測定結果報告書を所轄労働基準監督署長に提出しなければならない．
(5) 測定の結果は，見やすい場所に掲示する等の方法により，管理区域に立ち入る労働者に周知させなければならない．

解説 (1) 誤り．測定は，原則として1か月以内ごとに1回，定期に行わなければならない．なお，エックス線装置を固定して使用している場合において使用の方法及び遮へい物の位置が一定しているときは6か月以内に1回，定期に行わなければならない．電離則第54条（線量当量率等の測定等）第1項本文参照．

(2) 誤り．「超える」が誤りで，正しくは「10倍超える」である．測定は，1 cm線量当量率又は1 cm線量当量について行うものとするが，70 μm線量当量率が1 cm線量当量率を10倍超えるおそれのある場所又は70 μm線量当量が1 cm線量当量を10倍超えるおそれのある場所においては，それぞれ70 μm線量当量率又は70 μm線量当量について行わなければならない．電離則第54条（線量当量率等の測定等）第3項参照．

(3) 誤り．「その有する資格」が誤りで，そのような定めはない．測定を行ったときは，測定日時，測定方法及び測定結果のほか，測定を実施した者の氏名及びその他について，記録しなければならない．電離則第54条（線量当量率等の測定等）第1項参照．

(4) 誤り．測定結果を所轄労働基準監督署長へ提出しなければならない定めはない．なお，測定結果は，これを5年間保存しなければならない定めがある．電離則第55条（放射線物質の濃度の測定）参照．

(5) 正しい．測定の結果は，見やすい場所に掲示する等の方法により，管理区域に立ち入る労働者に周知させなければならない．電離則第54条（線量当量率等の測定等）第4項参照．

▶答 (5)

問題3 【令和元年春A問18】

エックス線装置を用いて放射線業務を行う作業場の管理区域に該当する部分の作業環境測定に関する次の文中の［　　］内に入れるAからCの語句の組合せとして，労働安全衛生関係法令上，正しいものは（1）～（5）のうちどれか．

「作業場のうち管理区域に該当する部分について，［ A ］以内（エックス線装置を固定して使用する場合において使用の方法及び遮へい物の位置が一定しているときは，［ B ］以内）ごとに1回，定期に，作業環境測定を行い，その都度，測定日時，測定箇所，測定結果，［ C ］等一定の事項を記録し，これを5年間保存しなければならない．」

	A	B	C
(1)	1か月	6か月	放射線測定器の種類，型式及び性能
(2)	1か月	6か月	エックス線装置の種類及び型式
(3)	1か月	1年	エックス線装置の種類及び型式
(4)	6か月	1年	放射線測定器の種類，型式及び性能
(5)	6か月	1年	測定結果に基づき実施した措置の概要

解説 A 「1か月」である．

B 「6か月」である．

C 「放射線測定器の種類，型式及び性能」である．

電離則第54条（線量当量率等の測定等）第1項参照．

以上から（1）が正解．

▶答 (1)

問題4 【平成30年秋A問16】

エックス線装置を用いて放射線業務を行う作業場の管理区域に該当する部分の作業環境測定に関する次の文中の［　　］内に入れるAからCの語句の組合せとして，労働安全衛生関係法令上，正しいものは（1）～（5）のうちどれか．

「作業場のうち管理区域に該当する部分について，［A］以内（エックス線装置を固定して使用する場合において使用の方法及び遮へい物の位置が一定しているときは，［B］以内）ごとに1回，定期に，作業環境測定を行い，その都度，測定日時，測定箇所，測定結果，［C］その他の一定の事項を記録し，5年間保存しなければならない．」

	A	B	C
（1）	1か月	6か月	エックス線装置の種類及び型式
（2）	1か月	6か月	放射線測定器の種類，型式及び性能
（3）	6か月	1年	エックス線装置の種類及び型式
（4）	6か月	1年	放射線測定器の種類，型式及び性能
（5）	6か月	1年	測定結果に基づき実施した措置の概要

解説 A「1か月」である．

B「6か月」である．

C「放射線測定器の種類，型式及び性能」である．

電離則第54条（線量当量率等の測定等）第1項参照．

以上から（2）が正解．

▶答（2）

問題5　【平成30年春A問14】

エックス線装置を用いて放射線業務を行う作業場の管理区域に該当する部分の作業環境測定に関する次の文中の［　］内に入れるAからCの語句の組合せとして，労働安全衛生関係法令上，正しいものは（1）～（5）のうちどれか．

「作業場のうち管理区域に該当する部分について，［A］以内（エックス線装置を固定して使用する場合において使用の方法及び遮へい物の位置が一定しているときは，［B］以内）ごとに1回，定期に，作業環境測定を行い，その都度，測定日時，測定箇所，測定結果，［C］等一定の事項を記録し，5年間保存しなければならない．」

	A	B	C
（1）	1か月	6か月	放射線測定器の種類，型式及び性能
（2）	1か月	6か月	エックス線装置の種類及び型式
（3）	6か月	1年	放射線測定器の種類，型式及び性能
（4）	6か月	1か月	エックス線装置の種類及び型式
（5）	6か月	1年	測定結果に基づき実施した措置の概要

解説 A 「1か月」である.

B 「6か月」である.

C 「放射線測定器の種類，型式及び性能」である.

電離則第54条（線量当量率等の測定等）第1項参照.

以上から（1）が正解.

▶答（1）

問題6

【平成29年秋A問17】

エックス線装置を用いて放射線業務を行う作業場の作業環境測定に関する次の記述のうち，労働安全衛生関係法令上，正しいものはどれか.

（1）測定は，1 cm線量当量率若しくは1 cm線量当量及び70 μm線量当量率若しくは70 μm線量当量について，行わなければならない.

（2）線量当量率又は線量当量は，いかなる場合も，放射線測定器を用いて測定することが必要であり，計算によって算出してはならない.

（3）測定を行ったときは，測定日時，測定方法及び測定結果のほか，測定を実施した者の氏名及びその有する資格について，記録しなければならない.

（4）測定結果等の記録は，5年間保存しなければならない.

（5）測定を行ったときは，その結果を所轄労働基準監督署長に報告しなければならない.

解説 （1）誤り. 測定は，1 cm線量当量率又は1 cm線量当量について測定を行う. ただし，70 μm線量当量率が1 cm線量当量率の10倍を超えるおそれがある場所，又は70 μm線量当量が1 cm線量当量の10倍を超えるおそれがある場所においては，それぞれ70 μm線量当量率又は70 μm線量当量の測定を行う. 電離則第54条（線量当量率等の測定等）第3項参照.

（2）誤り. 放射線測定器を用いて測定することが著しく困難なときは，計算により算出することができる. 電離則第54条（線量当量率等の測定等）第2項参照.

（3）誤り.「その有する資格」が誤りで，そのような定めはない. 測定を行ったときは，測定日時，測定方法及び測定結果のほか，測定を実施した者の氏名及びその他について，記録しなければならない. 電離則第54条（線量当量率等の測定等）第1項参照.

（4）正しい. 電離則第55条（放射性物質の濃度の測定）参照.

（5）誤り. このような定めはない. 電離則第7章　作業環境測定　参照.

▶答（4）

問題7

【平成29年春A問14】

エックス線装置を用いて放射線業務を行う作業場の管理区域に該当する部分の作業環境測定に関する次の文中の［　　］内に入れるAからCの語句の組合せとして，労

第2章 関係法令

働安全衛生関係法令上，正しいものは（1）～（5）のうちどれか．

「作業場のうち管理区域に該当する部分について，［ A ］以内（エックス線装置を固定して使用する場合において使用の方法及び遮へい物の位置が一定しているときは，［ B ］以内）ごとに1回，定期に，作業環境測定を行い，その都度，測定日時，測定箇所，測定結果，［ C ］等一定の事項を記録し，5年間保存しなければならない．」

	A	B	C
（1）	1か月	6か月	放射線測定器の種類，型式及び性能
（2）	1か月	6か月	エックス線装置の種類及び型式
（3）	6か月	1年	放射線測定器の種類，型式及び性能
（4）	6か月	1か月	エックス線装置の種類及び型式
（5）	6か月	1年	測定結果に基づき実施した措置の概要

解説 A「1か月」である．

B「6か月」である．

C「放射線測定器の種類，型式及び性能」である．

電離則第54条（線量当量率等の測定等）第1項参照．

以上から（1）が正解．

▶答（1）

問題8　【平成28年春A問18】

エックス線装置を用いて放射線業務を行う作業場の作業環境測定に関する次の記述のうち，法令上，正しいものはどれか．

（1）管理区域内でエックス線装置を固定して使用する場合において，被照射体の位置が一定しているときは，6か月以内ごとに1回，定期に，測定を行わなければならない．

（2）測定は，1 cm線量当量率又は1 cm線量当量について行うが，70 μm線量当量率が1 cm線量当量率を超えるおそれのある場所又は70 μm線量当量が1 cm線量当量を超えるおそれのある場所においては，それぞれ70 μm線量当量率又は70 μm線量当量について行わなければならない．

（3）測定の結果は，見やすい場所に掲示する等の方法により，管理区域に立ち入る労働者に周知させなければならない．

（4）測定を行ったときは，遅滞なく，その結果を所轄労働基準監督署長に提出しなければならない．

（5）測定を行ったときは，測定日時，測定方法，測定結果等法定の事項を記録し，30年間保存しなければならない．

解説 (1) 誤り．誤りは「被照射体の位置が一定しているときは」で，正しくは「使用の方法及び遮へい物の位置が一定しているとき」である．電離則第54条（線量当量率等の測定等）第1項本文かっこ内参照．

(2) 誤り．誤りはいずれも「超える」で，正しくはいずれも「10倍を超える」である．電離則第54条（線量当量率等の測定等）第3項参照．

(3) 正しい．電離則第54条（線量当量率等の測定等）第4項参照．

(4) 誤り．測定を行ったとき，その結果を所轄労働基準監督署長に提出する定めはない．電離則第7章　作業環境測定参照．

(5) 誤り．誤りは「30年間」で，正しくは「5年間」である．電離則第55条（放射性物質の濃度の測定）参照．

▶答 (3)

問題9

【平成27年秋A問19】 

エックス線装置を用いて放射線業務を行う作業場の作業環境測定に関する次のAからDまでの記述について，法令上，正しいものの組合せは (1) ～ (5) のうちどれか．

A　測定は，原則として，6か月以内（エックス線装置を固定して使用している場合において使用の方法及び遮へい物の位置が一定しているときは1年以内）ごとに1回，定期に行わなければならない．

B　測定は，1 cm線量当量率又は1 cm線量当量について行うものとするが，70 μm線量当量率が1 cm線量当量率を超えるおそれのある場所又は70 μm線量当量が1 cm線量当量を超えるおそれのある場所においては，それぞれ70 μm線量当量率又は70 μm線量当量について行わなければならない．

C　測定を行ったときは，その都度，測定日時，測定結果等所定の事項を記録し，これを5年間保存しなければならない．

D　測定の結果は，見やすい場所に掲示する等の方法により，管理区域に立ち入る労働者に周知させなければならない．

(1) A，B　(2) A，C　(3) B，C　(4) B，D　(5) C，D

解説 A　誤り．誤りは「6か月」及び「1年以内」で，正しくは「1か月」及び「6か月」である．測定は，原則として1か月以内（エックス線装置を固定して使用している場合において使用の方法及び遮へい物の位置が一定しているときは6か月以内）ごとに1回，定期に行わなければならない．電離則第54条（線量当量率等の測定等）第1項本文参照．

B　誤り．誤りは「超える」で，正しくは「10倍を超える」である．測定は，1 cm線量当量率又は1 cm線量当量について行うものであるが，70 μm線量当量率が1 cm線量当量率の10倍を超えるおそれのある場所，又は70 μm線量当量が1 cm線量当量の10倍を超えるおそれのある場所においては，それぞれ 70 μm 線量当量率又は 70 μm 線量当量について行わなければならない．電離則第 54 条（線量当量率等の測定等）第 3 項参照．

C　正しい．電離則第 54 条（線量当量率等の測定等）第 1 項本文及び第一号～第八号参照．

D　正しい．電離則第 54 条（線量当量率等の測定等）第 4 項参照．

以上から（5）が正解．

▶答（5）

2.11 労働基準監督署長に報告すべきもの

問題 1　【令和 2 年春 A 問 19】

次の A から D の場合について，所轄労働基準監督署長にその旨又はその結果を報告しなければならないものの全ての組合せは，(1) ～ (5) のうちどれか．

A　エックス線作業主任者を選任したとき．

B　放射線装置室に設けた遮へい物が放射線の照射中に破損し，かつ，その照射を直ちに停止することが困難な事故が発生したとき．

C　放射線装置室を設置しようとするとき．

D　常時 50 人以上の労働者を使用する事業場で，労働安全衛生規則に基づく定期健康診断を行ったとき．

(1) A，B　(2) A，C　(3) A，C，D　(4) B，C，D　(5) B，D

解説　A　報告の定めなし．エックス線作業主任者を選任したとき，所轄労働基準監督署長にその旨又はその結果を報告しなければならない定めはない．電離則第 6 章エックス線作業主任者及びガンマ線透過写真撮影作業主任者参照．

B　報告の定めあり．電離則第 43 条（事故に関する報告）参照．

C　報告の定めなし．放射線装置室を設置しようとするとき，所轄労働基準監督署長にその旨又はその結果を報告しなければならない定めはない．電離則第 15 条（放射線装置室）第 1 項～第 3 項参照．

D　報告の定めあり．電離則第 58 条（健康診断結果報告）及び労働安全衛生規則第 52 条（健康診断結果報告）参照．

以上から（5）が正解．

▶答（5）

問題 2　【令和元年秋 A 問 14】

次の A から E の場合について，所轄労働基準監督署長にその旨又はその結果を報告しなければならないものの全ての組合せは，(1) ～ (5) のうちどれか．

A　エックス線作業主任者を選任した場合

B　放射線装置室を設置し，又はその使用を廃止した場合
C　常時使用する労働者数が 50 人以上の事業場で，労働安全衛生規則に基づく定期健康診断を行った場合
D　エックス線による非破壊検査業務に従事する労働者 5 人を含めて 25 人の労働者を常時使用する事業場において，法令に基づく定期の電離放射線健康診断を行った場合
E　常時使用する労働者数が 50 人以上の事業場で，法令に基づく雇入れ時の電離放射線健康診断を行った場合

(1) A, C　(2) A, D, E　(3) B, D, E　(4) B, C　(5) C, D

解説　A　報告の定めなし．エックス線作業主任者を選任した場合，所轄労働基準監督署長にその旨を報告しなければならない定めはない．電離則第 6 章　エックス線作業主任者及びガンマ線透過写真撮影作業主任者参照．

B　報告の定めなし．放射線装置室を設置し，又はその使用を廃止した場合，所轄労働基準監督署長にその旨又はその結果を報告しなければならない定めはない．電離則第 15 条（放射線装置室）第 1 項～第 3 項参照．

C　報告の定めあり．常時使用する労働者数が 50 人以上の事業場で，労働安全衛生規則に基づく定期健康診断を行った場合，所轄労働基準監督署長にその結果を報告しなければならない．労働安全衛生規則第 52 条（健康診断結果報告）参照．

D　報告の定めあり．エックス線による非破壊検査業務に従事する労働者 5 人を含めて 25 人の労働者を常時使用する事業場において，法令に基づく定期の電離放射線健康診断を行った場合は，所轄労働基準監督署長にその結果を報告しなければならない．電離則第 58 条（健康診断結果報告）参照．

E　報告の定めなし．常時使用する労働者数が 50 人以上の事業場であっても，法令に基づく雇入れ時の電離放射線健康診断を行った場合は，定期健康診断でないため所轄労働基準監督署長にその結果を報告する定めはない．電離則第 58 条（健康診断結果報告）かっこ書参照．

以上から（5）が正解．　▶答（5）

問題 3　【平成 30 年秋 A 問 19】

次の A から D までの場合について，所轄労働基準監督署長にその旨又はその結果を報告しなければならないものの全ての組合せは，(1) ～ (5) のうちどれか．

A　エックス線作業主任者を選任したとき．
B　男性の放射線業務従事者が 1 日の緊急作業中に 70 mSv の実効線量を受けたとき．
C　管理区域について，電離放射線防止規則に定める作業環境測定を行ったとき．

D　常時50人以上の労働者を使用する事業場で，労働安全衛生規則に基づく定期健康診断を行ったとき．

(1)　A，B　　(2)　A，C　　(3)　A，C，D　　(4)　B，C，D　　(5)　B，D

解説　A　報告の定めなし．エックス線作業主任者を選任したとき，所轄労働基準監督署長に届け出る定めはない．電離則第6章　エックス線作業主任者及びガンマ線透過写真撮影作業主任者参照．

B　報告の定めあり．実効線量が15 mSvを超えているので報告しなければならない．電離則第42条（退避）第1項本文及び同第43条（事故に関する報告）参照．

C　報告の定めなし．電離則第7章　作業環境測定参照．

D　報告の定めあり．電離則第58条（健康診断結果報告）参照．

以上から（5）が正解．

▶答（5）

問題4　【平成30年春A問17】

次のAからDの場合について，所轄労働基準監督署長にその旨又はその結果を報告しなければならないものの全ての組合せは，（1）～（5）のうちどれか．

A　エックス線作業主任者を選任した場合

B　放射線装置室を設置し，又はその使用を廃止した場合

C　放射線装置室内の遮へい物がエックス線の照射中に破損し，かつ，その照射を直ちに停止することが困難な事故が発生したが，その事故によって受ける実効線量が15 mSvを超えるおそれのある区域は生じていない場合

D　エックス線による非破壊検査業務に従事する労働者5人を含めて40人の労働者を常時使用する事業場において，法令に基づく定期の電離放射線健康診断を行った場合

(1)　A，B　　(2)　A，B，D　　(3)　A，C，D　　(4)　B，C　　(5)　C，D

解説　A　報告の定めなし．エックス線作業主任者を選任したとき，所轄労働基準監督署長に届出る定めはない．電離則第6章　エックス線作業主任者及びガンマ線透過写真撮影作業主任者参照．

B　報告の定めなし．放射線装置室を設置し，又はその使用を廃止しても所轄労働基準監督署長にその旨を届け出る定めはない．電離則第15条（放射線装置室）第1項～第3項参照．

C　報告の定めあり．なお，実効線量が15 mSvを超えるおそれがない場合は，直ちに労働者を退避させる必要はない．電離則第42条（退避）第1項本文及び同第43条（事故に関する報告）参照．

D　報告の定めあり．電離則第58条（健康診断結果報告）参照．

以上から（5）が正解．　▶答（5）

問題5　【平成29年秋A問19】

次のAからDまでの場合について，所轄労働基準監督署長にその旨又はその結果を報告しなければならないもののすべての組合せは，(1)～(5)のうちどれか．

A　エックス線作業主任者を選任した場合

B　放射線装置室を設置し，又はその使用を廃止した場合

C　放射線装置室内の遮へい物がエックス線の照射中に破損し，かつ，その照射を直ちに停止することが困難な事故が発生したが，その事故によって受ける実効線量が15 mSvを超えるおそれのある区域は生じていない場合

D　エックス線による非破壊検査業務に従事する労働者5人を含めて40人の労働者を常時使用する事業場において，労働安全衛生関係法令に基づく定期の電離放射線健康診断を行った場合

(1) A，B　(2) A，B，D　(3) A，C，D　(4) B，C　(5) C，D

解説　A　報告の定めなし．エックス線作業主任者を選任したとき，所轄労働基準監督署長に届け出る定めはない．電離則第6章　エックス線作業主任者及びガンマ線透過写真撮影作業主任者参照．

B　報告の定めなし．放射線装置室を設置し，又はその使用を廃止しても所轄労働基準監督署長にその旨を届け出る定めはない．電離則第15条（放射線装置室）第1項～第3項参照．

C　報告の定めあり．なお，実効線量が15 mSvを超えるおそれがない場合は，直ちに労働者を退避させる必要はない．電離則第42条（退避）第1項本文及び同第43条（事故に関する報告）参照．

D　報告の定めあり．電離則第58条（健康診断結果報告）参照．

以上から（5）が正解．　▶答（5）

問題6　【平成29年春A問18】

次のAからEの場合について，所轄労働基準監督署長にその旨又はその結果を報告しなければならないものすべての組合せは，(1)～(5)のうちどれか．

A　エックス線作業主任者を選任したとき．

B　管理区域について，法令に基づく定期の作業環境測定を行ったとき．

C　放射線業務に常時従事する労働者で管理区域に立ち入るものに対して，電離放射線障害防止規則に基づく定期の電離放射線健康診断を行ったとき．

D　放射線装置室内の遮へい物がエックス線の照射中に破損し，それによって受ける実効線量が15 mSvを超えるおそれのある区域は生じていないが，照射を直ちに停止することが困難な事故が発生したとき．

E　放射線装置室の使用を廃止したとき．

(1) A, B, D　(2) A, C, D　(3) B, C　(4) B, C, E　(5) C, D

解説　A　報告の定めなし．エックス線作業主任者を選任したとき，所轄労働基準監督署長に届け出る定めはない．電離則第6章　エックス線作業主任者及びガンマ線透過写真撮影作業主任者参照．

B　報告の定めなし．電離則第7章　作業環境測定　参照．

C　報告の定めあり．電離則第58条（健康診断結果報告）参照．

D　報告の定めあり．電離則第43条（事故に関する報告）参照．

E　報告の定めなし．放射線装置室を設置し，又はその使用を廃止しても所轄労働基準監督署長に届け出る定めはない．電離則第15条（放射線装置室）第1項～第3項参照．

以上から（5）が正解．

▶答（5）

問題7　【平成28年秋A問19】

次のAからDまでの場合について，所轄労働基準監督署長にその旨又はその結果を報告しなければならないものすべての組合せは，(1)～(5) のうちどれか．

A　放射線装置室を設置し，又はその使用を廃止した場合

B　放射線装置室内の遮へい物がエックス線の照射中に破損し，かつ，その照射を直ちに停止することが困難な事故が発生した場合

C　管理区域に係る作業環境測定の測定結果に基づいて記録を作成した場合

D　エックス線による非破壊検査業務に従事する労働者5人を含めて40人の労働者を常時使用する事業場において，法令に基づく定期の電離放射線健康診断を行った場合

(1) A, B　(2) A, B, D　(3) A, C, D　(4) B, D　(5) C, D

解説　A　報告の定めなし．放射線装置室を設置し，又はその使用を廃止しても所轄労働基準監督署長に届け出る定めはない．電離則第15条（放射線装置室）第1項～第3項参照．

B　報告の定めあり．電離則第43条（事故に関する報告）参照．

C　報告の定めなし．このような定めはない．電離則第53条（作業環境測定を行うべき作業場）第一号，同第54条（線量当量率等の測定等）及び同第55条（放射線物質の濃度の測定）参照．

D　報告の定めあり．電離則第58条（健康診断結果報告）参照．

以上から（4）が正解．　▶答（4）

問題8　【平成28年春A問19】

次の文中の［　　］内に入れるAからCの語句又は数字の組合せとして，法令上，正しいものは（1）～（5）のうちどれか．

「事業者は，エックス線装置を設置し，若しくは移転し，又はその主要構造部分を変更しようとするときは，所定の届書に，エックス線装置を用いる業務の概要等を記載した書面，［A］を示す図面及び放射線装置摘要書を添えて，当該工事の開始の日の［B］日前までに，所轄［C］に提出しなければならない．」

	A	B	C
(1)	エックス線装置の構造	14	都道府県労働局長
(2)	管理区域	14	労働基準監督署長
(3)	エックス線装置の構造	14	労働基準監督署長
(4)	管理区域	30	労働基準監督署長
(5)	エックス線装置の構造	30	都道府県労働局長

解説　A「管理区域」である．労働安全衛生法第88条（計画の届出等）第1項，労働安全衛生規則第85条（計画の届出をすべき機械等）別表第7表第二十一号及び同規則第86条（計画の届出等）第1項参照．

B「30」である．労働安全衛生法第88条（計画の届出等）第1項参照．

C「労働基準監督署長」である．労働安全衛生法第88条（計画の届出等）第1項参照．

以上から（4）が正解．　▶答（4）

2.12　安全衛生管理体制（衛生管理者，産業医等）

問題1　【令和2年春A問20】

常時600人の労働者を使用する製造業の事業場における衛生管理体制に関する（1）～（5）の記述のうち，労働安全衛生関係法令上，誤っているものはどれか．

ただし，600人中には，屋内作業場の製造工程において次の業務に常時従事する者が含まれているが，その他の有害業務はなく，衛生管理者及び産業医の選任の特例はないものとする．

深夜業を含む業務……………………………………………………500人

エックス線照射装置を用いて行う透過写真撮影の業務……………40人

(1) 衛生管理者は，3人以上選任しなければならない．
(2) 衛生管理者のうち少なくとも1人を専任の衛生管理者として選任しなければならない．
(3) 衛生管理者のうち1人を衛生工学衛生管理者免許を受けた者のうちから選任しなければならない．
(4) 産業医は，この事業場に専属でない者を選任することができる．
(5) 総括安全衛生管理者を選任しなければならない．

解説 (1) 正しい．常時使用する労働者の数が500人を超え，1,000人以下であるから3人以上の衛生管理者を選任する必要がある．規則第7条（衛生管理者の選任）第1項第四号参照．

(2) 正しい．常時500人を超える労働者を使用し，エックス線照射装置の有害放射線にさらされる業務に30人以上従事しているから衛生管理者のうち少なくとも1人は専任として選任しなければならない．規則第7条（衛生管理者の選任）第1項第五号ロ参照．

(3) 正しい．常時500人を超える労働者を使用し，エックス線照射装置の有害放射線にさらされる業務に30人以上従事しているから衛生管理者のうち1人は衛生工学衛生管理者免状を受けた者のうちから選任しなければならない．規則第7条（衛生管理者の選任）第1項第五号ハ参照．

(4) 誤り．常時500人以上の労働者を深夜業務に従事させる事業場では，専属の産業医を選任しなければならない．規則第13条（産業医の選任）第1項第二号ヌ参照．

(5) 正しい．総括安全衛生管理者は製造業では常時300人以上の労働者を使用する事業場であるから選任しなければならない．令第2条（総括安全衛生管理者を選任するべき事業場）第二号参照．

▶答 (4)

問題2 【令和元年秋A問20】

250人の労働者を常時使用する製造業の事業場の安全衛生管理体制として，法令上，選任しなければならないものは次のうちどれか．

(1) 総括安全衛生管理者
(2) 安全衛生推進者
(3) 2人以上の衛生管理者
(4) 専任の衛生管理者
(5) 専属の産業医

解説 (1) 選任不必要．総括安全衛生管理者の選任は，製造業では常時使用する労働者の数が300人以上の場合である．令第2条（総括安全衛生管理者を選任すべき事業場）

第二号参照．

(2) 選任不必要．安全衛生推進者の選任は，常時使用する労働者の数が50人未満の事業場に関するものであるから当該事業場では選任する必要はない．規則第12条の2（安全衛生推進者等を選任すべき事業場）参照．

(3) 選任必要．常時使用する労働者数が250人であれば，200人を超え500人未満であるから2人以上の衛生管理者を選任しなければならない．規則第7条（衛生管理者の選任）第1項第四号参照．

(4) 選任不必要．常時使用する労働者数が1,000人又は常時使用する労働者数が500人で有害放射線にさらされる労働者数が30人以上の場合に該当しないので，専任の衛生管理者を選任する必要はない．規則第7条（衛生管理者の選任）第1項第五号イおよびロ参照．

(5) 選任不必要．常時使用する労働者数が1,000人以上又は有害放射線にさらされる労働者数が500人以上の場合に該当しないので，専属の産業医を選任する必要はない．規則第13条（産業医の選任）第1項第二号参照．

▶答 (3)

問題3 【令和元年春A問19】

エックス線照射装置を用いて行う透過写真撮影の業務に従事する労働者30人を含めて1,200人の労働者を常時使用する製造業の事業場の安全衛生管理体制について，労働安全衛生関係法令に違反しているものはどれか．

ただし，衛生管理者及び産業医の選任の特例はないものとする．

(1) 衛生管理者は，4人選任している．

(2) 産業医は，事業場に専属の者であって，産業医としての法定の要件を満たしている医師を選任している．

(3) 選任している衛生管理者のうちの1人は，事業場に専属でない労働衛生コンサルタントである．

(4) 事業場に専属の衛生管理者のうちの1人は，衛生工学衛生管理者免許を受けた者のうちから選任している．

(5) 事業場に専属の全ての衛生管理者は衛生管理者としての業務以外の業務を兼務している．

解説 (1) 違反しない．常時使用する労働者数が1,000人を超え，2,000人以下であるから，衛生管理者は，4人選任しなければならない．規則第7条（衛生管理者の選任）第1項参照．

(2) 違反しない．常時1,000人以上の労働者を使用する事業場においては，産業医は，事業場に専属の者であって，産業医としての法定の要件を満たしている医師を選任しなければならない．規則第 13 条（産業医の選任等）第 1 項第三号参照．

(3) 違反しない．規則第 7 条（衛生管理者の選任）第 1 項第二号ただし書き参照．

(4) 違反しない．常時 500 人以上を超える労働者を使用する事業場で放射線にさらされる業務に 30 人以上が従事している場合，事業場に専属の衛生管理者のうちの 1 人は，衛生工学衛生管理者免許を受けた者のうちから選任しなければならない．規則第 7 条（衛生管理者の選任）第 1 項第六号参照．

(5) 違反する．常時 1,000 人を超える労働者を使用する事業場又は常時 500 人以上を超える労働者を使用する事業場で放射線にさらされる業務に 30 人以上が従事している場合，衛生管理者のうち少なくとも一人は専属の衛生管理者としなければならない．規則第 7 条（衛生管理者の選任）第 1 項第五号参照．

▶ 答（5）

問題 4 【平成 30 年秋 A 問 11】

エックス線照射装置を用いて行う透過写真撮影の業務に従事する労働者 30 人を含めて 600 人の労働者を常時使用する製造業の事業場の安全衛生管理体制について，労働安全衛生関係法令に違反しているものはどれか．

ただし，衛生管理者及び産業医の選任の特例はないものとする．

(1) 衛生管理者は，3 人選任している．

(2) 産業医は，事業場に専属の者ではないが，産業医としての法定の要件を満たしている医師を選任している．

(3) 選任している衛生管理者のうち，1 人は，この事業場に専属でない労働衛生コンサルタントである．

(4) 選任している衛生管理者のうち，この事業場に専属の者は，全て衛生管理者としての業務以外の業務を兼任している．

(5) この事業場に専属の衛生管理者のうち，1 人は，衛生工学衛生管理者の免許を有している．

解説 (1) 違反しない．常時使用する労働者の数が 500 人を超え，1,000 人以下であるから 3 人以上の衛生管理者を選任する必要がある．規則第 7 条（衛生管理者の選任）第 1 項第四号参照．

(2) 違反しない．常時 1,000 人未満の労働者を使用する事業場で，有害業務の従事者が 500 人未満であるから，事業場に専属の医師でなくてもよい．規則第 13 条（産業医の選任等）第 1 項第二号前文及びハ参照．

(3) 違反しない．規則第 7 条（衛生管理者の選任）第 1 項第二号参照．

(4) 違反する．常時 500 人以上を超える労働者を使用する事業場で，有害業務については 30 人以上の労働者が常時従事する場合，衛生管理者のうち少なくとも一人は専任としなければならないので，衛生管理者としての業務以外の業務を兼任してはならない．規則第7条（衛生管理者の選任）第1項第五号前文及びロ並びに労働基準法施行規則第18条（労働時間延長の制限）第三号参照．

(5) 違反しない．常時500人以上を超える労働者を使用する事業場で，有害業務に常時30人以上の労働者を使用する事業場である場合，衛生管理者のうち少なくとも一人は衛生工学衛生管理者の免許を有していなければならない．規則第7条（衛生管理者の選任）第1項第六号及び労働基準法施行規則第18条（労働時間延長の制限）第三号参照．

▶答（4）

問題5 【平成30年春A問20】

常時600人の労働者を使用する製造業の事業場における衛生管理体制に関する(1)～(5)の記述のうち，労働安全衛生関係法令上，誤っているものはどれか．

ただし，600人中には，屋内作業場の製造工程において次の業務に常時従事する者が含まれているが，その他の有害業務はなく，衛生管理者及び産業医の選任の特例はないものとする．

深夜業を含む業務……………………………………………………500人

エックス線照射装置を用いて行う透過写真撮影の業務…………………40人

(1) 衛生管理者は，3人以上選任しなければならない．

(2) 衛生管理者のうち少なくとも1人を専任の衛生管理者として選任しなければならない．

(3) 衛生管理者のうち少なくとも1人を衛生工学衛生管理者免許を受けた者のうちから選任しなければならない．

(4) 産業医は，この事業場に専属でない者を選任することができる．

(5) 総括安全衛生管理者を選任しなければならない．

解説 (1) 正しい．常時使用する労働者の数が500人を超え，1,000人以下であるから3人以上の衛生管理者を選任する必要がある．規則第7条（衛生管理者の選任）第1項第四号参照．

(2) 正しい．常時500人を超える労働者を使用し，エックス線照射装置の有害放射線にさらされる業務に30人以上従事しているから，衛生管理者のうち少なくとも1人は専任として選任しなければならない．規則第7条（衛生管理者の選任）第1項第五号ロ参照．

(3) 正しい．常時500人を超える労働者を使用し，エックス線照射装置の有害放射線にさらされる業務に30人以上従事しているから，衛生管理者のうち1人は衛生工学衛生管理者免状を受けた者のうちから選任しなければならない．規則第7条（衛生管理者の選任）第1項第五号ハ参照．

(4) 誤り．常時 500 人以上の労働者を深夜業務に従事させる事業場では，専属の産業医を選任しなければならない．規則第 13 条（産業医の選任）第 1 項第二号ヌ参照．

(5) 正しい．総括安全衛生管理者は製造業では常時 300 人以上の労働者を使用する事業場であるから選任しなければならない．令第 2 条（総括安全衛生管理者を選任するべき事業場）第二号参照．

▶答（4）

問題 6 【平成 29 年秋 A 問 11】

エックス線装置による非破壊検査業務に従事する労働者 30 人を含めて 350 人の労働者を常時使用する製造業の事業場の安全衛生管理体制として，労働安全衛生関係法令に違反しているものは次のうちどれか．

(1) 衛生管理者を 2 人選任している．
(2) 選任した衛生管理者は他の業務を兼務している．
(3) 安全衛生推進者を選任していない．
(4) 選任している産業医は，事業場に専属の者ではない．
(5) 総括安全衛生管理者を選任していない．

解説 (1) 違反しない．常時使用する労働者の数が 200 人を超え 500 人以下であるから 2 人以上の衛生管理者を選任する必要がある．規則第 7 条（衛生管理者の選任）第 1 項第四号参照．

(2) 違反しない．常時使用する労働者が 500 人を超えないので，選任した衛生管理者は他の業務を兼任してもよい．規則第 7 条（衛生管理者の選任）第 1 項第五号ロ参照．

(3) 違反しない．安全衛生推進者の選任は，常時使用する労働者数が，50 人未満の事業場に関するものであるから当該事業場では選任する必要がない．規則第 12 条の 2（安全衛生推進者等を選任すべき事業場）参照．

(4) 違反しない．常時使用する労働者数が 500 人以上ではないので，専属の産業医でなくてもよい．規則第 13 条（産業医の選任）第 1 項第二号本文及びハ参照．

(5) 違反する．製造業で常時使用する労働者数が，300 人以上の事業場では総括安全衛生管理者を選任しなければならない．令第 2 条（総括安全衛生管理者を選任すべき事業場）第二号参照．

▶答（5）

問題 7 【平成 29 年春 A 問 20】

エックス線照射装置を用いて行う透過写真撮影の業務に従事する労働者 30 人を含めて 600 人の労働者を常時使用する製造業の事業場の安全衛生管理体制について，労働安全衛生関係法令に違反しているものはどれか．ただし，衛生管理者及び産業医の選任の特例はないものとする．

(1) 衛生管理者は，3人選任している.
(2) 産業医は，事業場に専属の者ではないが，産業医としての法定の要件を満たしている医師を選任している.
(3) 選任している衛生管理者のうち，1人は，この事業場に専属でない労働衛生コンサルタントである.
(4) この事業場に専属の衛生管理者は，衛生管理者としての業務以外の業務を兼任している.
(5) この事業場に専属の衛生管理者のうち，1人は，衛生工学衛生管理者の免許を有している.

解説 (1) 違反しない．常時使用する労働者の数が500人を超え，1,000人以下であるから3人以上の衛生管理者を選任する必要がある．規則第7条（衛生管理者の選任）第1項第四号参照.

(2) 違反しない．常時1,000人未満の労働者を使用する事業場で，有害業務の従事者が500人未満であるから，事業場に専属の医師でなくてもよい．規則第13条（産業医の選任）第1項第二号前文及びハ参照.

(3) 違反しない．規則第7条（衛生管理者の選任）第1項第二号参照.

(4) 違反する．常時500人以上を超える労働者を使用する事業場で，有害業務については30人以上の労働者が常時従事する場合，衛生管理者のうち少なくとも一人は専任としなければならないので，衛生管理者としての業務以外の業務を兼任してはならない．規則第7条（衛生管理者の選任）第1項第五号前文及びロ並びに労働基準法施行規則第18条（労働時間延長の制限）第三号参照.

(5) 違反しない．常時500人以上を超える労働者を使用する事業場で，有害業務に常時30人以上の労働者を使用する事業場である場合，衛生管理者のうち少なくとも一人は衛生工学衛生管理者の免許を有していなければならない．規則第7条（衛生管理者の選任）第1項第六号及び労働基準法施行規則第18条（労働時間延長の制限）第三号参照.

▶答（4）

問題8 【平成28年秋A問20】

エックス線照射装置を用いて行う透過写真撮影の業務に従事する労働者30人を含めて1,200人の労働者を常時使用する製造業の事業場の安全衛生管理体制について，労働安全衛生関係法令に違反しているものはどれか.

ただし，衛生管理者及び産業医の選任の特例はないものとする.

(1) 衛生管理者は，4人選任している.
(2) 産業医は，事業場に専属の者であって，産業医としての法定の要件を満たしている医師を選任している.

(3) 選任している衛生管理者のうちの1人は，事業場に専属でない労働衛生コンサルタントである.

(4) 事業場に専属の衛生管理者のうちの1人は，衛生工学衛生管理者免許を受けた者のうちから選任している.

(5) 事業場に専属の全ての衛生管理者は衛生管理者としての業務以外の業務を兼務している.

解説 (1) 違反しない．常時使用する労働者の数が1,000人を超え，2,000人以下であるから4人以上の衛生管理者を選任する必要がある．規則第7条（衛生管理者の選任）第1項第四号参照.

(2) 違反しない．常時1,000人以上の労働者を使用する事業場であるから専属の医師を選任しなければならない．規則第13条（産業医の選任等）第1項第三号参照.

(3) 違反しない．規則第7条（衛生管理者の選任）第1項第二号ただし書き参照.

(4) 違反しない．規則第7条（衛生管理者の選任）第1項第六号参照.

(5) 違反する．常時1,000人を超える労働者を使用する事業場である場合，衛生管理者のうち少なくとも一人は専任の衛生管理者でなければならない．規則第7条（衛生管理者の選任）第1項第五号本文及びイ参照.

▶答 (5)

問題9 【平成27年秋A問20】

エックス線装置による非破壊検査業務に従事する労働者30人を含めて350人の労働者を常時使用する製造業の事業場の安全衛生管理体制として，法令に違反しているものは次のうちどれか.

(1) 衛生管理者を2人選任している.

(2) 総括安全衛生管理者を選任していない.

(3) 安全衛生推進者を選任していない.

(4) 選任している産業医は，事業場に専属の者ではない.

(5) 選任した衛生管理者は他の業務を兼務している.

解説 (1) 違反しない．常時使用する労働者数が200人を超え500人以下の事業場では，2人以上の衛生管理者を選任する必要がある．規則第7条（衛生管理者の選任）第1項第四号参照.

(2) 違反する．製造業で常時使用する労働者数が，300人以上の事業場では総括安全衛生管理者を選任しなければならない．令第2条（総括安全衛生管理者を選任すべき事業場）第二号参照.

(3) 違反しない．安全衛生推進者の選任は，常時使用する労働者数が，50人未満の事業場に関するものであるから当該事業場は選任する必要はない．規則第12条の2（安全衛生推進者等を選任すべき事業場）参照．

(4) 違反しない．常時使用する労働者数が500人以上ではないので，専属の産業医でなくてもよい．規則第13条（産業医の選任）第1項第二号本文及びハ参照．

(5) 違反しない．エックス線装置による非破壊検査業務に従事する労働者数が30人でも，それも含めて労働者数が500人を超えていないので，選任した衛生管理者は他の業務を兼務してもよい．規則第7条（衛生管理者の選任）第1項第五号ロ参照．

▶答（2）

第3章

エックス線の測定に関する知識

3.1 放射線の量とその単位

題1 【令和2年春B問1】

放射線の量とその単位に関する次の記述のうち，誤っているものはどれか．

(1) 吸収線量は，電離放射線の照射により，単位質量の物質に付与されたエネルギーをいい，単位はJ/kgで，その特別な名称としてGyが用いられる．

(2) カーマは，エックス線などの間接電離放射線の照射により，単位質量の物質中に生じた二次荷電粒子の初期運動エネルギーの総和であり，単位はJ/kgで，その特別な名称としてGyが用いられる．

(3) 等価線量の単位は吸収線量と同じJ/kgであるが，吸収線量と区別するため，その特別な名称としてSvが用いられる．

(4) 実効線量は，放射線防護の観点から定められた量であり，単位はC/kgで，その特別な名称としてSvが用いられる．

(5) eV（電子ボルト）は，放射線のエネルギーの単位として用いられ，1 eVは約1.6×10^{-19} Jに相当する．

解説 (1) 正しい．吸収線量は，電離放射線の照射により，単位質量の物質に付与されたエネルギーをいい，単位はJ/kgで，その特別な名称としてGy（グレイ：J/kg）が用いられる．

(2) 正しい．カーマは，エックス線やγ線などの間接電離放射線の照射により，単位質量の物質中に生じた二次荷電粒子の初期運動エネルギーの総和であり，単位はJ/kgで，その特別な名称としてGy（グレイ：J/kg）が用いられる．

(3) 正しい．等価線量の単位は吸収線量と同じJ/kgであるが，吸収線量と区別するため，その特別な名称としてSvが用いられる．なお，等価線量は人体の特定の組織・臓器当たりの吸収線量に放射線の種類とエネルギーに応じて定められた放射線加重係数を乗じたものである．

(4) 誤り．実効線量は，人体の特定の組織・臓器が受けた等価線量に，各組織・臓器の相対的な放射線感受性を示す組織加重係数を乗じ，これらを合計したもので単位はSvが用いられる．

(5) 正しい．eV（電子ボルト）は，放射線のエネルギーの単位として用いられ，1 eVは約1.6×10^{-19} Jに相当する．これは，電気素量（電子1個の電荷の絶対値）をもつ荷電粒子が，1 Vの電位差を抵抗なしに通過するときに得るエネルギーである． ▶答 (4)

問題2

【令和元年秋B問1】 

放射線の量とその単位に関する次の記述のうち，誤っているものはどれか.

(1) 吸収線量は，電離放射線の照射により単位質量の物質に付与されたエネルギーであり，単位はGyが用いられる.

(2) カーマは，電離放射線の照射により，単位質量の物質中に生成された荷電粒子の電荷の総和であり，単位はGyが用いられる.

(3) 等価線量は，人体の特定の組織・臓器当たりの吸収線量に，放射線の種類とエネルギーに応じて定められた放射線加重係数を乗じたもので，単位はSvが用いられる.

(4) 実効線量は，人体の各組織・臓器が受けた等価線量に，各組織・臓器の相対的な放射線感受性を示す組織加重係数を乗じ，これらを合計したもので，単位はSvが用いられる.

(5) eV（電子ボルト）は，放射線のエネルギーの単位として用いられ，1 eVは約 1.6×10^{-19} Jに相当する.

解説 (1) 正しい．吸収線量は，電離放射線の照射により単位質量の物質に付与されたエネルギーであり，単位はGy（グレイ：J/kg）が用いられる.

(2) 誤り．カーマは，光子（エックス線やγ線）や中性子などの非電離放射線の照射により，単位質量の物質中に生成された荷電粒子の電荷の総和であり，単位はGy（グレイ：J/kg）が用いられる.

(3) 正しい．等価線量は，人体の特定の組織・臓器当たりの吸収線量に，放射線の種類とエネルギーに応じて定められた放射線加重係数を乗じたもので，単位はSv（シーベルト）が用いられる.

(4) 正しい．実効線量は，人体の各組織・臓器が受けた等価線量に，各組織・臓器の相対的な放射線感受性を示す組織加重係数を乗じ，これらを合計したもので，単位はSvが用いられる.

(5) 正しい．eV（電子ボルト）は，電子1個を1 Vの電位差で加速したときに得るエネルギーで，放射線のエネルギーの単位として用いられ，1 eVは約 1.6×10^{-19} Jに相当する.

▶答 (2)

問題3

【令和元年春B問1】 

放射線に関連した量とその単位の組合せとして，誤っているものは次のうちどれか.

(1) 吸収線量……………Gy

(2) 線減弱係数…………m^{-1}

(3) カーマ………………Gy
(4) LET…………………eV
(5) 等価線量……………Sv

解説 (1) 正しい．吸収線量は，電離放射線の照射により単位質量の物質に付与されたエネルギーであり，単位としてGy〔J/kg〕が用いられる．

(2) 正しい．線減弱係数は，エックス線が物質中で減衰するときの定数で単位はm^{-1}である．

(3) 正しい．カーマは，光子（エックス線やγ線）や中性子などの非電離放射線の照射により，単位質量の物質中に生産された荷電粒子のエネルギーの総和であり，単位としてGy（グレイ：J/kg）が用いられる．

(4) 誤り．LET（Linear Energy Tranfer：線エネルギー付与）は，荷電粒子の飛跡によって与えられる単位長さ当たりのエネルギーで，単位はkeV/μm又はJ/mである．

(5) 正しい．等価線量は，人体の特定の組織・臓器当たりの吸収線量に，放射線の種類とエネルギーに応じて定められた放射線加重係数を乗じたもので，単位はSv（シーベルト）が用いられる．

▶答 (4)

問題4 【平成30年秋B問1】

放射線に関連した量とその単位の組合せとして，誤っているものは次のうちどれか．

(1) 吸収線量……………… $Gy{\cdot}kg^{-1}$
(2) 線減弱係数…………… m^{-1}
(3) カーマ………………… Gy
(4) 粒子フルエンス……… m^{-2}
(5) 等価線量……………… Sv

解説 (1) 誤り．吸収線量は，電離放射線の照射により単位質量の物質に付与されたエネルギーであり，単位としてGy〔J/kg〕が用いられる．

(2) 正しい．線減弱係数は，エックス線が物質を通過するときに吸収や散乱で減衰するが，その程度を表す係数で単位はm^{-1}である．

(3) 正しい．カーマは，光子（エックス線やγ線）や中性子などの非電離放射線の照射により，単位質量の物質中に生産された荷電粒子のエネルギーの総和であり，単位としてGy（グレイ：J/kg）が用いられる．

(4) 正しい．粒子線が空間を通過する場合，問題とする位置における単位面積内を通過する粒子の時間当たりの数をいう．単位はm^{-2}である．

(5) 正しい．等価線量は，人体の特定の組織・臓器当たりの吸収線量に，放射線の種類とエネルギーに応じて定められた放射線加重係数を乗じたもので，単位はSv（シーベルト）が用いられる．

▶答（1）

問題5

【平成30年春B問1】

放射線の量とその単位に関する次の記述のうち，誤っているものはどれか．

(1) 吸収線量は，電離放射線の照射により単位質量の物質に付与されたエネルギーであり，単位としてGyが用いられる．

(2) カーマは，電離放射線の照射により，単位質量の物質中に生成された荷電粒子の電荷の総和であり，単位としてGyが用いられる．

(3) 等価線量は，人体の特定の組織・臓器当たりの吸収線量に，放射線の種類とエネルギーに応じて定められた放射線加重係数を乗じたもので，単位としてSvが用いられる．

(4) 実効線量は，人体の各組織・臓器が受けた等価線量に，各組織・臓器の相対的な放射線感受性を示す組織加重係数を乗じ，これらを合計したもので，単位としてSvが用いられる．

(5) eV（電子ボルト）は，放射線のエネルギーの単位として用いられ，1 eVは約1.6×10^{-19} Jに相当する．

解説 (1) 正しい．吸収線量は，電離放射線の照射により単位質量の物質に付与されたエネルギーであり，単位としてGy〔J/kg〕が用いられる．

(2) 誤り．カーマは，光子（エックス線やγ線）や中性子などの非電離放射線の照射により，単位質量の物質中に生産された荷電粒子のエネルギーの総和であり，単位としてGy（グレイ：J/kg）が用いられる．

(3) 正しい．等価線量は，人体の特定の組織・臓器当たりの吸収線量に，放射線の種類とエネルギーに応じて定められた放射線加重係数を乗じたもので，単位はSv（シーベルト）が用いられる．

(4) 正しい．実効線量は，人体の各組織・臓器が受けた等価線量に，各組織・臓器の相対的な放射線感受性を示す組織加重係数を乗じ，これらを合計したもので，単位はSvが用いられる．

(5) 正しい．eV（電子ボルト）は，放射線エネルギーの単位として用いられ，1 eVは約1.6×10^{-19} Jに相当する．

▶答（2）

問題6

【平成29年秋B問1】

放射線の量とその単位に関する次の記述のうち，誤っているものはどれか．

(1) 吸収線量は，電離放射線の照射により単位質量の物質に付与されたエネルギーであり，単位としてGyが用いられる．

(2) カーマは，電離放射線の照射により，単位質量の物質中に生成された荷電粒子の電荷の総和であり，単位としてGyが用いられる．

(3) 等価線量は，人体の特定の組織・臓器当たりの吸収線量に，放射線の種類とエネルギーに応じて定められた放射線加重係数を乗じたもので，単位はSvが用いられる．

(4) 実効線量は，人体の各組織・臓器が受けた等価線量に，各組織・臓器の相対的な放射線感受性を示す組織加重係数を乗じ，これらを合計したもので，単位としてSvが用いられる．

(5) eV（電子ボルト）は，放射線のエネルギーの単位として用いられ，1 eVは約 1.6×10^{-19} Jに相当する．

解説 (1) 正しい．吸収線量は，電離放射線の照射により単位質量の物質に付与されたエネルギーであり，単位としてGy〔J/kg〕が用いられる．

(2) 誤り．カーマは，光子（エックス線や γ 線）や中性子などの非電離放射線の照射により，単位質量の物質中に生産された荷電粒子のエネルギーの総和であり，単位としてGy（グレイ：J/kg）が用いられる．

(3) 正しい．等価線量は，人体の特定の組織・臓器当たりの吸収線量に，放射線の種類とエネルギーに応じて定められた放射線加重係数を乗じたもので，単位はSv（シーベルト）が用いられる．

(4) 正しい．実効線量は，人体の各組織・臓器が受けた等価線量に，各組織・臓器の相対的な放射線感受性を示す組織加重係数を乗じ，これらを合計したもので，単位はSvが用いられる．

(5) 正しい．eV（電子ボルト）は，放射線エネルギーの単位として用いられ，1 eVは約 1.6×10^{-19} Jに相当する．

▶答 (2)

問題7 【平成29年春B問1】

放射線の量とその単位に関する次の記述のうち，誤っているものはどれか．

(1) 吸収線量は，電離放射線の照射により単位質量の物質に付与されたエネルギーであり，単位はGyが用いられる．

(2) カーマは，電離放射線の照射により，単位質量の物質中に生成された荷電粒子の電荷の総和であり，単位はGyが用いられる．

(3) 等価線量は，人体の特定の組織・臓器当たりの吸収線量に，放射線の種類とエネルギーに応じて定められた放射線加重係数を乗じたもので，単位はSvが用いられる．

(4) 実効線量は，人体の各組織・臓器が受けた等価線量に，各組織・臓器の相対的な放射線感受性を示す組織加重係数を乗じ，これらを合計したもので，単位はSvが用いられる.

(5) eV（電子ボルト）は，放射線のエネルギーの単位として用いられ，1 eVは約1.6×10^{-19} Jに相当する.

解説 問題6（平成29年秋B問1）と同一問題．解説は，問題6を参照． ▶答 (2)

問題8 【平成28年秋B問1】

放射線の量とその単位に関する次の記述のうち，誤っているものはどれか.

(1) カーマは，電離放射線の照射により，単位質量の物質中に生成された荷電粒子の電荷の総和であり，単位としてGyが用いられる.

(2) 吸収線量は，電離放射線の照射により単位質量の物質に付与されたエネルギーであり，単位としてGyが用いられる.

(3) 等価線量は，人体の特定の組織・臓器当たりの吸収線量に，放射線の種類とエネルギーに応じて定められた放射線加重係数を乗じたもので，単位としてSvが用いられる.

(4) 実効線量は，人体の各組織・臓器が受けた等価線量に，各組織・臓器の相対的な放射線感受性を示す組織加重係数を乗じ，これらを合計したもので，単位としてSvが用いられる.

(5) 電子ボルト（eV）は，放射線のエネルギーの単位として使用され，1 eVは約1.6×10^{-19} Jに相当する.

解説 (1) 誤り．カーマは，光子（エックス線やγ線）や中性子などの非電離放射線の照射により，単位質量の物質中に生産された荷電粒子のエネルギーの総和であり，単位としてGy（グレイ：J/kg）が用いられる.

(2) 正しい．吸収線量は，電離放射線の照射により単位質量の物質に付与されたエネルギーであり，単位としてGy〔J/kg〕が用いられる.

(3) 正しい．等価線量は，人体の特定の組織・臓器当たりの吸収線量に，放射線の種類とエネルギーに応じて定められた放射線加重係数を乗じたもので，単位としてSvが用いられる.

(4) 正しい．実効線量は，人体の各組織・臓器が受けた等価線量に，各組織・臓器の相対的な放射線感受性を示す組織加重係数を乗じ，これらを合計したもので，単位としてSvが用いられる.

(5) 正しい．電子ボルト〔eV〕は，放射線のエネルギーの単位として使用され，1 eVは約1.6×10^{-19} Jに相当する. ▶答 (1)

問題9 【平成28年春B問1】

放射線の量とその単位に関する次の記述のうち，誤っているものはどれか．

(1) 吸収線量は，電離放射線の照射により単位質量の物質に付与されたエネルギーであり，単位としてGyが用いられる．

(2) カーマは，電離放射線の照射により，単位質量の物質中に生成された荷電粒子の電荷の総和であり，単位としてGyが用いられる．

(3) 等価線量は，人体の特定の組織・臓器当たりの吸収線量に，放射線の種類とエネルギーに応じて定められた放射線加重係数を乗じたもので，単位はJ/kgで，その特別な名称としてSvが用いられる．

(4) 実効線量は，人体の各組織・臓器が受けた等価線量に，各組織・臓器の相対的な放射線感受性を示す組織加重係数を乗じ，これらを合計したもので，単位としてSvが用いられる．

(5) 等価線量と実効線量は放射線管理上の防護量であるが，直接測定することが困難であるため，それらの評価には，実用量である1 cm線量当量や70 μm線量当量が用いられる．

解説 (1) 正しい．吸収線量は，電離放射線の照射により単位質量の物質に付与されたエネルギーであり，単位としてGy〔J/kg〕が用いられる．

(2) 誤り．カーマは，光子（エックス線やγ線）や中性子などの非電離放射線の照射により，単位質量の物質中に生産された荷電粒子のエネルギーの総和であり，単位としてGy（グレイ：J/kg）が用いられる．

(3) 正しい．等価線量は，人体の特定の組織・臓器当たりの吸収線量に，放射線の種類とエネルギーに応じて定められた放射線加重係数を乗じたもので，単位としてSvが用いられる．

(4) 正しい．実効線量は，人体の各組織・臓器が受けた等価線量に，各組織・臓器の相対的な放射線感受性を示す組織加重係数を乗じ，これらを合計したもので，単位としてSvが用いられる．

(5) 正しい．等価線量と実効線量は放射線管理上の防護量であるが，直接測定することが困難であるため，それらの評価には，実用量である1 cm線量当量や70 μm線量当量が用いられる．

▶答 (2)

問題10 【平成27年秋B問1】

放射線の量とその単位に関する次の記述のうち，誤っているものはどれか．

(1) 吸収線量は，電離放射線の照射により，単位質量の物質に付与されたエネルギーをいい，単位はJ/kgで，その特別な名称としてGyが用いられる．

(2) カーマは，エックス線などの間接電離放射線の照射により，単位質量の物質中に生じた二次荷電粒子の初期運動エネルギーの総和であり，単位はJ/kgで，その特別な名称としてGyが用いられる．

(3) 等価線量の単位は吸収線量と同じJ/kgであるが，吸収線量と区別するため，特別な名称としてSvが用いられる．

(4) 実効線量は，放射線防護の観点から定められた量であり，エックス線などの光子の場合，照射線量1 C/kgが実効線量1 Svに相当する．

(5) eV（電子ボルト）は，放射線のエネルギーの単位として使用され，1 eVは約1.6×10^{-19} Jに相当する．

解説 (1) 正しい．吸収線量は，電離放射線の照射により，単位質量の物質に付与されたエネルギーをいい，単位はJ/kgで，その特別な名称としてGy（グレイ）が用いられる．

(2) 正しい．カーマはエックス線など間接電離放射線（エックス線，γ線，中性子線）の照射により，単位質量の物質中に生じた二次荷電粒子の初期運動エネルギーの総和であり，単位はJ/kgで，その特別な名称としてGyが用いられる．

(3) 正しい．等価線量の単位は，吸収線量と同じJ/kgであるが，吸収線量と区別するため，特別な名称としてSv（シーベルト）が用いられる．

(4) 誤り．実効線量（単位の名称：Sv）は，人体の影響を考慮した放射線防護の観点から定められたものであるが，照射線量（単位：C/kg）は間接電離放射線（エックス線，γ線，中性子線）の照射により発生した物理的な電荷について定義するものであるから，1 C/kgは1 Svに相当しない．

(5) 正しい．eV（電子ボルト）は，放射線のエネルギーの単位として使用され，1 eVは約1.6×10^{-19} Jに相当する．

▶答 (4)

3.2 被ばく線量の算定

問題1 【令和2年春B問2】

放射線防護のための被ばく線量の算定に関する次のAからDの記述について，正しいものの全ての組合せは(1)～(5)のうちどれか．

A 外部被ばくによる実効線量は，法令に基づき放射線測定器を装着した各部位の1 cm線量当量及び70 μm線量当量を用いて算定する．

B 皮膚の等価線量は，エックス線については1 cm線量当量により算定する．

C 眼の水晶体の等価線量は，放射線の種類及びエネルギーに応じて，1 cm線量当量又は70 µm線量当量のうちいずれか適切なものにより算定する.

D　妊娠と診断された女性の腹部表面の等価線量は，腹・大腿（たい）部における1 cm線量当量により算定する.

(1) A, B, C　(2) A, B, D　(3) A, C　(4) B, D　(5) C, D

解説　A　誤り．外部被ばくによる実効線量は，法令に基づき放射線測定器を装着した各部位の1 cm線量当量を用いて算定する．電離則第3条（管理区域の明示等）第2項参照.

B　誤り．皮膚の等価線量は，エックス線については70 µm線量当量により算定する．電離則第8条（線量の測定）第2項ただし書及び「数値等を定める件」第20条（実効線量及び等価線量等の算定）第2項第一号参照.

C　正しい．眼の水晶体の等価線量は，放射線の種類及びエネルギーに応じて，1 cm線量当量又は70 µm線量当量のうちいずれか適切なものにより算定する．「数値等を定める件」第20条（実効線量及び等価線量等の算定）第2項第二号参照.

D　正しい．妊娠と診断された女性の腹部表面の等価線量は，腹・大腿部における1 cm線量当量により算定する．「数値等を定める件」第20条（実効線量及び等価線量等の算定）第2項第三号参照.

以上から(5)が正解.　▶答 (5)

問題2　【令和2年春B問7】

男性の放射線業務従事者が，エックス線装置を用い，肩から大腿（たい）部までを覆う防護衣を着用して放射線業務を行った.

法令に基づき，胸部（防護衣の下）及び頭・頸（けい）部の2か所に放射線測定器を装着して，被ばく線量を測定した結果は，次の表のとおりであった.

装着部位	測定値	
	1 cm線量当量	70 µm線量当量
胸部	0.3 mSv	0.5 mSv
頭・頸部	1.2 mSv	1.5 mSv

この業務に従事した間に受けた外部被ばくによる実効線量の算定値に最も近いものは，(1)～(5)のうちどれか.

ただし，防護衣の中は均等被ばくとみなし，外部被ばくによる実効線量（H_{EE}）は，次式により算出するものとする.

$$H_{EE} = 0.08H_a + 0.44H_b + 0.45H_c + 0.03H_m$$

H_a：頭・頸部における線量当量

H_b：胸・上腕部における線量当量
H_c：腹・大腿部における線量当量
H_m：「頭・頸部」「胸・上腕部」「腹・大腿部」のうち被ばくが最大となる部位における線量当量

(1) 0.2 mSv　(2) 0.4 mSv　(3) 0.6 mSv　(4) 0.8 mSv　(5) 1.0 mSv

解説 外部被ばくによる実効線量 H_{EE} は，与えられた式に表から値を代入して算出する．

H_a の値は，頭・頸部による線量当量であるから，1 cm 線量当量 1.2 mSv である．

H_b の値は，胸部・上腕部における線量当量であるから同様に 0.3 mSv である．

H_c は，防護衣の中は均等被ばくとみなすから，腹・大腿部の線量当量は，胸部と同じ 0.3 mSv である．

H_m の値は，「頭・頸部」と「胸部・上腕部」のうち被ばく量が最大となる部位における線量当量であるから，「頭・頸部」で 1.2 mSv である．

以上から次のように算出される．

$$H_{EE} = 0.08 \times 1.2 + 0.44 \times 0.3 + 0.45 \times 0.3 + 0.03 \times 1.2 \fallingdotseq 0.4\,\mathrm{mSv}$$

なお，70 μm 線量当量に関する測定値は皮膚に関するものであるが，本問では無関係である．

以上から（2）が正解．　▶答（2）

問題3　【令和元年秋B問4】

男性の放射線業務従事者が，エックス線装置を用い，肩から大腿部までを覆う防護衣を着用して放射線業務を行った．

労働安全衛生関係法令に基づき，胸部（防護衣の下），頭・頸部及び手指の計3箇所に，放射線測定器を装着して，被ばく線量を測定した結果は，次の表のとおりであった．

装着部位	測定値	
	1 cm 線量当量	70 μm 線量当量
胸部	0.4 mSv	0.5 mSv
頭・頸部	1.3 mSv	1.5 mSv
手指		1.5 mSv

この業務に従事した間に受けた外部被ばくによる実効線量の算定値に最も近いものは，(1)～(5) のうちどれか．

第3章　エックス線の測定に関する知識

ただし，防護衣の中は均等被ばくとみなし，外部被ばくによる実効線量（H_{EE}）は，次式により算出するものとする．

$$H_{EE} = 0.08H_a + 0.44H_b + 0.45H_c + 0.03H_m$$

H_a：頭・頸部における線量当量

H_b：胸・上腕部における線量当量

H_c：腹・大腿部における線量当量

H_m：「頭・頸部」「胸・上腕部」「腹・大腿部」のうち被ばくが最大となる部位における線量当量

（1）0.2 mSv　（2）0.3 mSv　（3）0.4 mSv　（4）0.5 mSv　（5）0.6 mSv

解説 外部被ばくによる実効線量 H_{EE} は，与えられた式に表から値を代入して算出する．

H_a の値は，頭・頸部による線量当量であるから，1 cm 線量当量 1.3 mSv である．

H_b の値は，胸部・上腕部における線量当量であるから同様に 0.4 mSv である．

H_c は，防護衣の中は均等被ばくとみなすから，腹・大腿部の線量当量は，胸部と同じ 0.4 mSv である．

H_m の値は，「頭・頸部」と「胸部・上腕部」のうち被ばく量が最大となる部位における線量当量であるから，「頭・頸部」で 1.3 mSv である．

以上から次のように算出される

$$H_{EE} = 0.08 \times 1.3 + 0.44 \times 0.4 + 0.45 \times 0.4 + 0.03 \times 1.3 \fallingdotseq 0.5\ \text{mSv}$$

なお，70 μm 線量当量に関する測定値は皮膚に関するものであるが，本問では無関係である．

以上から（4）が正解．　▶答（4）

問題 4　【令和元年春 B 問 3】

男性の放射線業務従事者が，エックス線装置を用い，肩から大腿(たい)部までを覆う防護衣を着用して放射線業務を行った．

労働安全衛生関係法令に基づき，胸部（防護衣の下），頭・頸(けい)部及び手指の計 3 箇所に，放射線測定器を装着して，被ばく線量を測定した結果は，次の表のとおりであった．

装着部位	測定値	
	1 cm 線量当量	70 μm 線量当量
胸部	0.2 mSv	0.3 mSv
頭・頸部	1.0 mSv	1.3 mSv
手指	—	1.3 mSv

この業務に従事した間に受けた外部被ばくによる実効線量の算定値に最も近いものは，(1)～(5) のうちどれか.

ただし，防護衣の中は均等被ばくとみなし，外部被ばくによる実効線量（H_{EE}）は，その評価に用いる線量当量についての測定値から次の式により算出するものとする.

$$H_{EE} = 0.08H_a + 0.44H_b + 0.45H_c + 0.03H_m$$

H_a :「頭・頸部」における線量当量

H_b :「胸・上腕部」における線量当量

H_c :「腹・大腿部」における線量当量

H_m :「頭・頸部」,「胸・上腕部」又は「腹・大腿部」のうち被ばくが最大となる部位における線量当量

(1) 0.1 mSv　(2) 0.2 mSv　(3) 0.3 mSv　(4) 0.4 mSv　(5) 0.5 mSv

解説 H_a の値は，頭・頸部における線量当量であるから 1 cm 線量当量 1.0 mSv である.

H_b の値は，胸・上腕部における線量当量であるから同様に 0.2 mSv である.

H_c は，防護衣の中は均等被ばくとみなすから，腹・大腿部における線量当量は，胸部と同じ 0.2 mSv である.

H_m は，頭・頸部と胸・上腕部のうち被ばく量が最大となる部位における線量当量であるから頭・頸部で 1.0 mSv である．なお，70 μm 線量当量は，皮膚の等価線量であるが，解答には直接関係しない.

これらの数値を与えられた式に代入して外部被ばくによる実効線量（H_{EE}）を算出する.

$$\begin{aligned} H_{EE} &= 0.08H_a + 0.44H_b + 0.45H_c + 0.03H_m \\ &= 0.08 \times 1.0 + 0.44 \times 0.2 + 0.45 \times 0.2 + 0.03 \times 1.0 = 0.288 \fallingdotseq 0.3\,\text{mSv} \end{aligned}$$

以上から (3) が正解.　▶答 (3)

問題 5　【平成 30 年秋 B 問 2】

放射線防護のための被ばく線量の算定に関する次の A から D の記述について，正しいものの全ての組合せは (1)～(5) のうちどれか.

A　眼の水晶体の等価線量は，放射線の種類及びエネルギーに応じて，1 cm 線量当量

又は70 µm線量当量のうち，いずれか適切なものにより算定する．

B　皮膚の等価線量は，エックス線については1 cm線量当量により算定する．

C　外部被ばくによる実効線量は，1 cm線量当量により算定する．

D　妊娠中の女性の腹部表面の等価線量は，腹・大腿（たい）部における70 µm線量当量により算定する．

(1) A，B　(2) A，C　(3) A，C，D　(4) B，C，D　(5) B，D

解説　A　正しい．眼の水晶体の等価線量は，放射線の種類及びエネルギーに応じて，1 cm線量当量又は70 µm線量当量のうちいずれか適切なものにより算定する．放射線を放出する同位元素の数値等を定める件（以下「数値等を定める件」という）第20条（実効線量及び等価線量等の算定）第2項第二号参照．

B　誤り．皮膚の等価線量については，70 µm線量当量により算定する．「数値等を定める件」第20条（実効線量及び等価線量等の算定）第2項第一号参照．

C　正しい．外部被ばくによる実効線量は，1 cm線量当量により算定する．「数値等を定める件」第20条（実効線量及び等価線量等の算定）第1項第一号参照．

D　誤り．妊娠中の女性の腹部表面の等価線量は，腹・大腿部における1 cm線量当量により算定する．「数値等を定める件」第20条（実効線量及び等価線量等の算定）第2項第三号参照．

以上から（2）が正解．

▶答（2）

3.2 被ばく線量の算定

問題6

【平成30年秋B問9】

男性の放射線業務従事者が，エックス線装置を用い，肩から大腿（たい）部までを覆う防護衣を着用して放射線業務を行った．

労働安全衛生関係法令に基づき，胸部（防護衣の下），頭・頸（けい）部及び手指の計3箇所に，放射線測定器を装着して，被ばく線量を測定した結果は，次の表のとおりであった．

装着部位	測定値	
	1 cm線量当量	70 µm線量当量
胸部	0.3 mSv	0.5 mSv
頭・頸部	1.2 mSv	1.3 mSv
手指	——	1.3 mSv

この業務に従事した間に受けた外部被ばくによる実効線量の算定値に最も近いものは，(1)～(5)のうちどれか．

ただし，防護衣の中は均等被ばくとみなし，外部被ばくによる実効線量（H_{EE}）は，その評価に用いる線量当量についての測定値から次の式により算出するものとする．

$$H_{EE} = 0.08\,H_a + 0.44\,H_b + 0.45\,H_c + 0.03\,H_m$$

H_a：頭・頸部における線量当量

H_b：胸・上腕部における線量当量

H_c：腹・大腿部における線量当量

H_m：「頭・頸部」，「胸・上腕部」及び「腹・大腿部」のうち被ばくが最大となる部位における線量当量

（1）0.1 mSv　（2）0.2 mSv　（3）0.3 mSv　（4）0.4 mSv　（5）0.5 mSv

解説　H_a は 1 cm 線量当量の 1.2 mSv，H_b は 1 cm 線量当量の 0.3 mSv，H_c は 1 cm 線量当量の 0.3 mSv，H_m は 1 cm 線量当量の 1.2 mSv となる．

これらの値を与えられた式に代入する．

$$H_{EE} = 0.08\,H_a + 0.44\,H_b + 0.45\,H_c + 0.03\,H_m$$
$$= 0.08 \times 1.2 + 0.44 \times 0.3 + 0.45 \times 0.3 + 0.03 \times 1.2 = 0.399\,\text{mSv}$$

以上から（4）が正解．　▶答（4）

問題 7　【平成 29 年秋 B 問 2】

放射線防護のための被ばく線量の算定に関する次の A から D までの記述について，正しいもののすべての組合せは（1）～（5）のうちどれか．

A　眼の水晶体の等価線量は，放射線の種類及びエネルギーに応じて，1 cm 線量当量又は 70 μm 線量当量のうち，いずれか適切なものにより算定する．

B　皮膚の等価線量は，エックス線については 1 cm 線量当量により算定する．

C　外部被ばくによる実効線量は，1 cm 線量当量により算定する．

D　妊娠中の女性の腹部表面の等価線量は，腹・大腿（たい）部における 70 μm 線量当量により算定する．

（1）A，B　（2）A，C　（3）A，C，D　（4）B，C，D　（5）B，D

解説　A　正しい．眼の水晶体の等価線量は，放射線の種類及びエネルギーに応じて，1 cm 線量当量又は 70 μm 線量当量のうち，いずれか適切なものにより算定する．放射線を放出する同位元素の数値等を定める件（以下「数量等を定める件」という）第 20 条（実効線量及び等価線量等の算定）第 2 項第二号参照．

B　誤り．皮膚の等価線量については，70 μm 線量当量により算定する．「数量等を定める件」第 20 条（実効線量及び等価線量等の算定）第 2 項第一号参照．

C　正しい．外部被ばくによる実効線量は，1 cm 線量当量により算定する．電離則第 3 条

（管理区域の明示等）第2項及び「数量等を定める件」第20条（実効線量及び等価線量等の算定）第1項第一号参照.

D　誤り．妊娠中の女性の腹部表面の等価線量は，腹・大腿部における1cm線量当量により算定する．「数量等を定める件」第20条（実効線量及び等価線量等の算定）第2項第三号参照.

以上から（2）が正解.

▶答（2）

問題8

【平成29年春B問2】 

放射線防護のための被ばく線量の算定に関する次のAからDまでの記述について，正しいもののすべての組合せは（1）～（5）のうちどれか.

A　外部被ばくによる実効線量は，法令に基づき放射線測定器を装着した各部位の1cm線量当量及び70μm線量当量を用いて算定する.

B　皮膚の等価線量は，エックス線については1cm線量当量により算定する.

C　眼の水晶体の等価線量は，放射線の種類及びエネルギーに応じて，1cm線量当量又は70μm線量当量のうちいずれか適切なものにより算定する.

D　妊娠中の女性の腹部表面の等価線量は，腹・大腿（たい）部における1cm線量当量により算定する.

（1）A，B，C　（2）A，B，D　（3）A，C　（4）B，D　（5）C，D

解説　A　誤り．外部被ばくによる実効線量は，1cm線量当量により算定する．電離則第3条（管理区域の明示等）第2項及び放射線を放出する同位元素の数量等を定める件（以下，「数量等を定める件」という）第20条（実効線量及び等価線量等の算定）第1項第一号（最終改正：平成24年3月28日：文部科学省告示第59号）参照.

B　誤り．皮膚の等価線量については，70μm線量当量により算定する．電離則第8条（線量の測定）第2項ただし書き及び「数量等を定める件」第20条（実効線量及び等価線量等の算定）第2項第一号参照.

C　正しい．眼の水晶体の等価線量は，放射線の種類及びエネルギーに応じて，1cm線量当量又は70μm線量当量のうちいずれか適切なものにより算定する．「数量等を定める件」第20条（実効線量及び等価線量等の算定）第2項第二号参照.

D　正しい．妊娠中の女性の腹部表面の等価線量は，腹・大腿部における1cm線量当量により算定する．「数量等を定める件」第20条（実効線量及び等価線量等の算定）第2項第三号参照.

以上から（5）が正解.

▶答（5）

題9

【平成28年秋B問2】 

放射線防護のための被ばく線量の算定に関する次のAからDまでの記述について，正しいものすべての組合せは（1）～（5）のうちどれか．

A　眼の水晶体の等価線量は，放射線の種類及びエネルギーに応じて，1 cm線量当量又は70 μm線量当量のうち，いずれか適切なものにより算定する．

B　皮膚の等価線量は，エックス線については1 cm線量当量により算定する．

C　外部被ばくによる実効線量は，1 cm線量当量により算定する．

D　妊娠中の女性の腹部表面の等価線量は，腹・大腿(たい)部における70 μm線量当量により算定する．

（1）A，B　（2）A，C　（3）A，C，D　（4）B，C，D　（5）B，D

解説　A　正しい．眼の水晶体の等価線量は，放射線の種類及びエネルギーに応じて，1 cm線量当量又は70 μm線量当量のうち，いずれか適切なものにより算定する．放射線を放出する同位元素の数量等を定める件（以下「数量等を定める件」という）第20条（実効線量及び等価線量等の算定）第2項第二号参照．

B　誤り．皮膚の等価線量は，エックス線については70 μm線量当量により算定する．電離則第8条（線量の測定）第2項ただし書き及び「数量等を定める件」第20条（実効線量及び等価線量等の算定）第2項第一号参照．

C　正しい．外部被ばくによる線量当量は，1 cm線量当量により算定する．電離則第3条（管理区域の明示等）第2項及び「数量等を定める件」第20条（実効線量及び等価線量等の算定）第1項第一号参照．

D　誤り．妊娠中の女性の腹部表面の等価線量は，腹・大腿部における1 cm線量当量により算定する．「数量等を定める件」第20条（実効線量及び等価線量等の算定）第2項第三号参照．

以上から（2）が正解．

▶答（2）

題10

【平成28年春B問5】 

男性の放射線業務従事者が，エックス線装置を用い，肩から大腿(たい)部までを覆う防護衣を着用して放射線業務を行った．

法令に基づき，胸部（防護衣の下）及び頭・頸(けい)部の2か所に放射線測定器を装着して，被ばく線量を測定した結果は，次の表のとおりであった．

装着部位	測定値	
	1 cm 線量当量	70 μm 線量当量
胸部	0.4 mSv	0.3 mSv
頭・頸部	1.2 mSv	1.1 mSv

この業務に従事した間に受けた外部被ばくによる実効線量の算定値に最も近いものは，(1)～(5) のうちどれか.

ただし，防護衣の中は均等被ばくとみなし，外部被ばくによる実効線量は，その評価に用いる線量当量についての測定値から次の式により算出するものとする.

$$H_{EE} = 0.08H_a + 0.44H_b + 0.45H_c + 0.03H_m$$

H_{EE}：外部被ばくによる実効線量

H_a：頭・頸部における線量当量

H_b：胸・上腕部における線量当量

H_c：腹・大腿部における線量当量

H_m：「頭・頸部」「胸・上腕部」「腹・大腿部」のうち被ばくが最大となる部位における線量当量

(1) 0.25 mSv　(2) 0.30 mSv　(3) 0.40 mSv　(4) 0.50 mSv　(5) 0.60 mSv

解説 外部被ばくによる実効線量 H_{EE} は，与えられた式に表から値を代入して算出する.

H_a の値は，頭・頸部による線量当量であるから，1 cm 線量当量 1.2 mSv である.

H_b の値は，胸部・上腕部における線量当量であるから同様に 0.4 mSv である.

H_c は，防護衣の中は均等被ばくとみなすから，腹・大腿部の線量当量は，胸部と同じ 0.4 mSv である.

H_m の値は，「頭・頸部」と「胸部・上腕部」のうち被ばく量が最大となる部位における線量当量であるから，「頭・頸部」で 1.2 mSv である.

以上から次のように算出される.

$$H_{EE} = 0.08 \times 1.2 + 0.44 \times 0.4 + 0.45 \times 0.4 + 0.03 \times 1.2 = 0.488 \text{ mSv}$$

以上から (4) が正解.

▶ 答 (4)

問題 11 【平成 27 年秋 B 問 2】

放射線防護のための被ばく線量の算定に関する次の A から D までの記述について，正しいもののすべての組合せは (1)～(5) のうちどれか.

A　外部被ばくによる実効線量は，1 cm 線量当量により算定する.

B　眼の水晶体の等価線量は，放射線の種類及びエネルギーに応じて，1 cm 線量当量又は 70 μm 線量当量のうち，いずれか適切なものにより算定する.

C　皮膚の等価線量は，エックス線については 1 cm 線量当量により算定する．

D　妊娠中の女性の腹部表面の等価線量は，腹・大腿部における 70 µm 線量当量により算定する．

(1) A, B　(2) A, B, D　(3) A, C, D　(4) B, C　(5) C, D

解説　A　正しい．外部被ばくによる実効線量は，1 cm 線量当量により算定する．電離則第 3 条（管理区域の明示等）第 2 項及び放射線を放出する同位元素の数量等を定める件（以下「数量等を定める件」という）第 20 条（実効線量及び等価線量等の算定）第 1 項第一号（最終改正：平成 24 年 3 月 28 日：文部科学省告示第 59 号）参照．

B　正しい．眼の水晶体の等価線量は，放射線の種類及びエネルギーに応じて，1 cm 線量当量又は 70 µm 線量当量のうち，いずれか適切なものにより算定する．「数量等を定める件」第 20 条（実効線量及び等価線量等の算定）第 2 項第二号参照．

C　誤り．皮膚の等価線量は，エックス線については，70 µm 線量当量とする．電離則第 8 条（線量の測定）第 2 項ただし書き及び「数量等を定める件」第 20 条（実効線量及び等価線量等の算定）第 2 項第一号参照．

D　誤り．妊娠中の女性の腹部表面の等価線量は，腹・大腿部における 1 cm 線量当量により算定する．「数量等を定める件」第 20 条（実効線量及び等価線量等の算定）第 2 項第三号参照．

以上から (1) が正解．　▶答 (1)

3.3 放射線検出器

■ 3.3.1 放射線検出器と関係事項

問題 1　【令和元年秋 B 問 6】

気体の電離を利用する放射線検出器の印加電圧と生じる電離電流の特性に対応した次の A から D の領域について，出力電流の大きさが入射放射線による一次電離量に比例し，放射線の検出に利用される領域の組合せは (1) ～ (5) のうちどれか．

A　再結合領域

B　電離箱領域

C　比例計数管領域

D　GM 計数管領域

(1) A, B　(2) A, C　(3) B, C　(4) B, D　(5) C, D

解説 A 非該当．再結合領域は，**図 3.1** に示すように印加電圧が最も低い領域で放射線により生じたイオン対の一部は両極に移動して出力電力を生じるが，残りは再結合により戻る領域である．

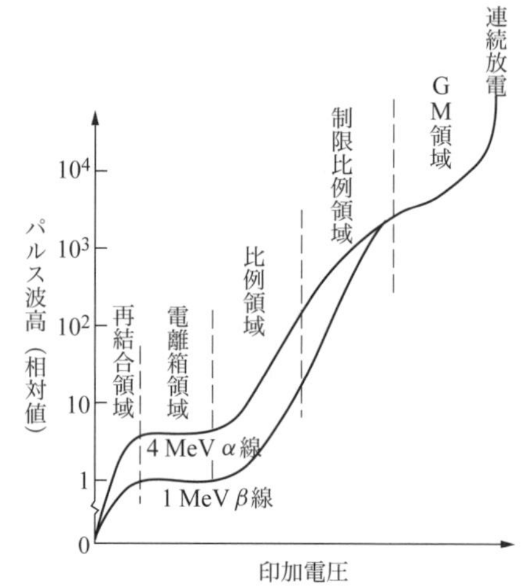

図 3.1 ガス入検出器のパルス波高値と印加電圧の例[2)]
電圧によって動作領域が分かれる．

B 該当．電離箱領域は，図 3.1 に示すように放射線により生じたイオン対のほとんどが再結合することなく集電極に集められ出力電流の大きさとなるため一次電離量に比例する出力となる．（**図 3.2** 参照）

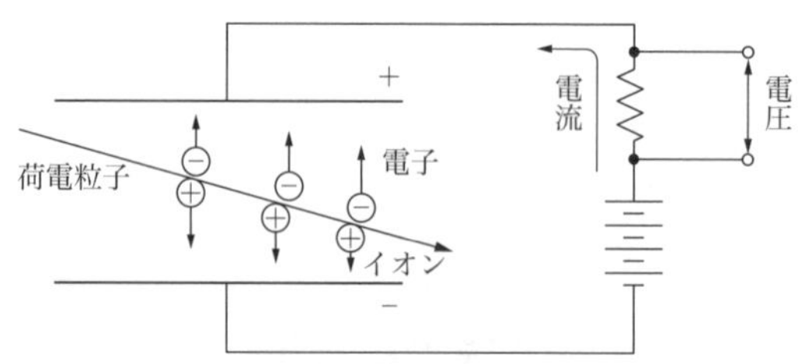

図 3.2 電離箱の基本的原理[2)]

C 該当．比例計数管領域は，図 3.1 に示すように集電極近傍での強い電解のため，電子なだれによるガス増幅が起こるが，ガス増幅率は一定となるので，1 次イオン対の数すなわち有効体積内で吸収された放射エネルギーに比例した出力電力が得られる．

D 非該当．図 3.1 に示すように高い印加電圧のもとで生じる GM 計数管領域は，1 次イオン対の数とは無関係にガス増幅が中心線全体に及び，電子に比べ移動速度の遅い陽イオンが中心線全体を覆うが，ガス増幅を起こす一定値以下に電解が下がって電子なだれが停止する．出力電流は 1 次イオン対の生成数に依存せずほぼ同じ値になる．

以上から（3）が正解．

▶答（3）

問題 2

【令和元年秋 B 問 9】 

放射線検出器とそれに関係の深い事項との組合せとして，正しいものは次のうちどれか．

（1） 電離箱……………………………… 窒息現象
（2） 比例計数管………………………… グロー曲線
（3） GM 計数管………………………… 電子なだれ

3.3 放射線検出器

(4) シンチレーション検出器…………W値
(5) フリッケ線量計……………………充電

解説 (1) 誤り．電離箱には窒息現象はおこらず，GM計数管で生じる現象である．窒息現象は，陽極周りを覆った陽イオンによって陽極周辺の電場が下げられて放射線が入射しても出力パルスが表れない期間（不感時間という）が生じるが，放射線強度が強い場合は，この不感期間が連続し，測定の機能が停止する現象をいう．（図3.3参照）

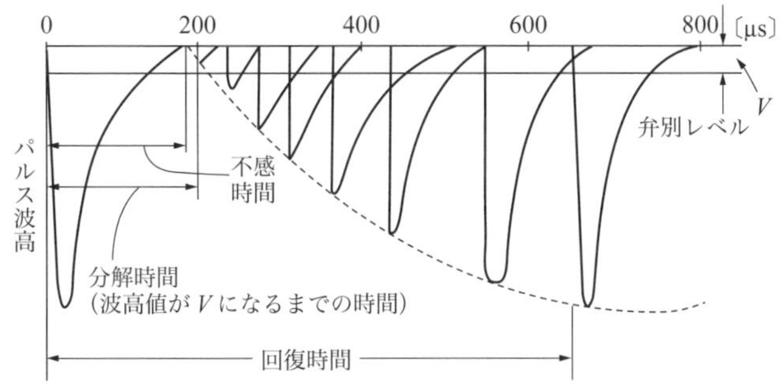

図3.3 GM計数管の出力パルス

(2) 誤り．グロー曲線は，比例計数管ではなく熱蛍光線量計にかかわるものである．熱蛍光線量計は，ある種の結晶（例えば，LiFなど）に放射線を照射した後，数100℃に熱すると吸収線量に比例した蛍光を発生することを利用するものであるが，この温度を上げていくと，次第に蛍光は強まり200℃でピークとなり，250℃で終了する．このような発光曲線をグロー曲線という．

(3) 正しい．電子なだれは，GM計数管や比例計数管でみられる現象である．電子なだれは，図3.1に示す電離箱領域よりもさらに電圧を上げると，放射線により気体中で生成した2次電子がさらに気体分子を電離するようになり，陽極に達するまで電離がなだれ的に起こる現象である．

(4) 誤り．W値は，放射線が気体中で1個のイオン対を作るのに必要な平均エネルギーをいう．シンチレーション検出器は，NaI(Tl)などの結晶に入射するエックス線（又はγ線）によってたたき出された電子が，結晶中で電離や励起を起こし，これらが元に戻る過程で吸収したエネルギーに比例した強度の光（シンチレーション）を発生するのでこれを光電子増倍管で受けて検出するもので，W値とは関係しない．

(5) 誤り．フリッケ線量計は，放射線によって第一鉄イオン（Fe^{2+}）が第二鉄イオン（Fe^{3+}）に酸化されるときの原子数が放射線量に比例することを利用して線量を測定するものであるから，充電は関係しない．線量は，波長304 nmの吸収スペクトル強度を

分光光度計で測定し吸光度から求める．　▶答 (3)

問題3　【令和元年春B問8】

放射線検出器とそれに関係の深い事項との組合せとして，正しいものは次のうちどれか．

(1) 電離箱……………………………窒息現象
(2) 比例計数管………………………グロー曲線
(3) GM計数管………………………電子なだれ
(4) 半導体検出器……………………ラジオフォトルミネセンス
(5) 化学線量計………………………ε値

解説 (1) 誤り．電離箱には窒息現象はおこらず，GM計数管で生じる現象である．窒息現象は，陽極周りを覆った陽イオンによって陽極周辺の電場が下げられて放射線が入射しても出力パルスが表れない期間（不感時間という）が生じるが，放射線強度が強い場合は，この不感期間が連続し，測定の機能が停止する現象をいう．（図3.3参照）

(2) 誤り．グロー曲線は，比例計数管ではなく熱蛍光線量計（TLD：Thermoluminescent Dosimeter）にかかわるものである．熱蛍光線量計は，ある種の結晶（例えば，LiFなど）に放射線を照射した後，数百度に熱すると吸収線量に比例した蛍光を発生することを利用するものであるが，この温度を上げていくと，次第に蛍光は強まり200°Cでピークとなり，250°Cで終了する．このような発光曲線をグロー曲線という．

(3) 正しい．電子なだれは，GM計数管や比例計数管でみられる現象である．電子なだれは，図3.1に示す電離箱領域よりもさらに電圧を上げると，放射線により気体中で生成した2次電子がさらに気体分子を電離するようになり，陽極に達するまで電離がなだれ的に起こる現象である．

(4) 誤り．ラジオフォトルミネセンスは，蛍光ガラス線量計で測定する蛍光である．半導体検出器ではない．蛍光ガラス線量計は，素子に銀活性化リン酸塩ガラスが使用され照射すると，電子および正孔が形成される．電子および正孔は銀イオンAg^+に捕獲され，それぞれAg，Ag^+に変化し発光中心となって蓄積される．これに337 nmの紫外線レーザ（窒素ガスレーザ）を照射すると，Ag，Ag^+が励起され直ちにもとの状態に戻る際に蛍光（ラジオフォトルミネセンス）650 nm付近が放出される．

(5) 誤り．半導体において1個の電子・正孔対を作るのに必要なエネルギーはε値といい，シリコンの場合は，約3.6 eVである．化学線量計は，放射線による化学変化を利用し物質の化学変化量からγ線による吸収線量を求めるものであり，ε値とは関係しない．

▶答 (3)

問題 4　【平成30年秋B問3】

放射線検出器とそれに関係の深い事項との組合せとして，正しいものは次のうちどれか．

(1) 電離箱……………………………ガス増幅

(2) 比例計数管………………………窒息現象

(3) GM計数管………………………電子なだれ

(4) シンチレーション検出器………緑色レーザー光

(5) フリッケ線量計…………………グロー曲線

解説 (1) 誤り．電離箱は，**図3.4**の領域で図3.2に示すように2枚の平行に向かい合った電極に電圧が印加され，放射線が気体分子を電離し，又はγ線によって電極や周囲の壁などからたたき出された2次電子など，負の電荷を持つ電子は正の電極へ，正の電荷を持つイオンは負の電極へ引き寄せられ，電流が流れるが，通常，多数の放射線によって平均的に流れる電流を測定する．ガス増幅は，比例計数管やGM計数管で生じる現象で電離箱領域より高い電圧（比例領域やGM領域で図3.4参照）を印加すると，加えたPRガス（通常アルゴン90%，メタン10%の混合ガス：比例計数管の場合）に電子が衝突し，そのため次々と電子–イオン対を生成し，なだれのように拡大していくので（「電子なだれ」という）パルスの高さが大きくなることをいう．

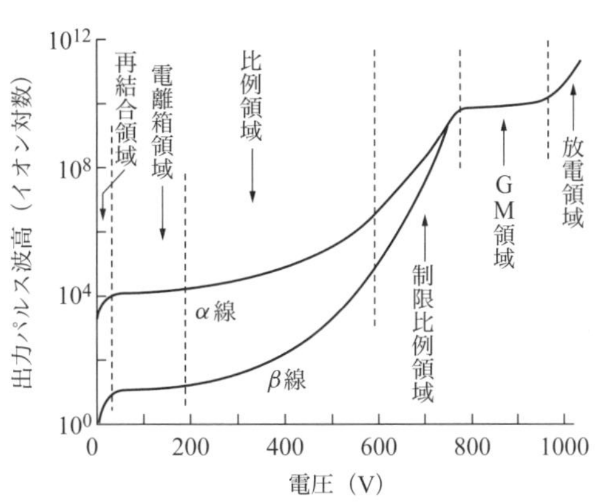

図3.4　計数管の印加電圧と出力パルス波高の関係

(2) 誤り．比例計数管は，図3.4における比例領域で使用するもので，パルスの高さは最初に発生した電子–イオン対数に比例する．窒息現象は，GM計数管で生じる現象である．GM計数管は，図3.4の領域で，**図3.5**に示すような構造をする計測器であり，比例領域より高い印加電圧であるため，パルスの高さは最初に発生した電子–イオン対数とは全く無関係に一様になる計測器である．窒息現象とは，陽極周りを覆った陽イオンによって陽極周辺の電場が下げられて放射線が入射しても出力パルスが表れない期間（不感時間という）が生じるが，放射線強度が強い場合は，この不感期間が連続し，測定の機能が停止する現象をいう．（図3.3参照）

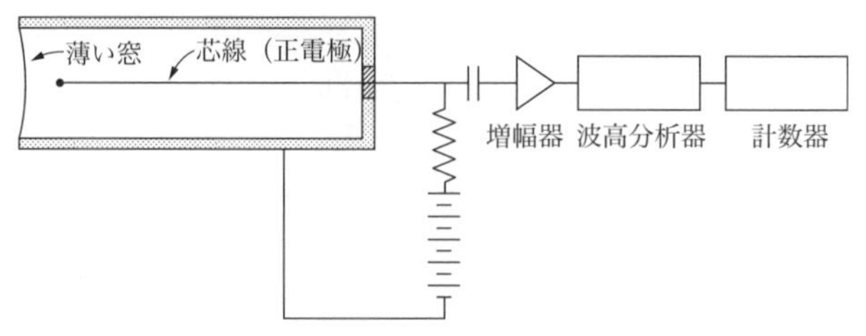

図 3.5　端窓型 GM 計数管の構造[2)]

3.3 放射線検出器

(3) 正しい．GM 計数管は，図 3.4 の領域で，図 3.5 に示すような構造をする計測器であり，比例領域より高い印加電圧であるため，パルスの高さは最初に発生した電子–イオン対数とは全く無関係に一様になる計測器である．電子なだれとは，電離箱領域よりもさらに電圧を上げると，放射線により気体中で生成した 2 次電子がさらに気体分子を電離するようになり，陽極に達するまで電離がなだれ的に起こる現象で，GM 計数管の検出器と深い関係にある．

(4) 誤り．シンチレーション検出器は，NaI(Tl) などの結晶に入射するエックス線（又は γ 線）によってたたき出された電子が，結晶中で電離や励起を起こし，これらが元に戻る過程で吸収したエネルギーに比例した強度の光（シンチレーション）を発生するのでこれを光電子増倍管で受けて検出するものである．緑色レーザー光は，光刺激ルミネッセンス線量計（OSL 線量計：Optically Stimulated Luminescence）に使用され，酸化アルミニウム結晶（α–Al_2O_3：C）に入射したエックス線によって生じた自由電子が格子欠陥に捕捉されるが，そこに緑色レーザー光（532 nm，Nd：YAG）を照射すると，正孔と再結合して発する蛍光を測定して検出する線量計である．

(5) 誤り．フリッケ線量計は，第一鉄イオン（Fe^{2+}）が第二鉄イオン（Fe^{3+}）に酸化されるときの原子数が放射線線量に比例することを利用して線量を測定する方法をいい，鉄線量計ともいう．グロー曲線は，熱蛍光線量計（TLD：Thermoluminescent Dosimeter）で生じる現象で，ある種の結晶に放射線を照射した後，数百度に加熱すると，吸収線量に比例した蛍光を発生することを利用した線量計である．例えば，LiF では約 100°C で発光が始まり，200°C でピークとなり，250°C で発光が終了するが，このような発光曲線をグロー曲線という．

▶答 (3)

問題 5　【平成 30 年春 B 問 6】

気体の電離を利用する放射線検出器の印加電圧と生じる電離電流の特性に対応した次の A から D の領域について，気体（ガス）増幅が生じ，検出器として利用されているものの組合せは (1) ～ (5) のうちどれか．

A　再結合領域

B　電離箱領域
C　比例計数管領域
D　GM計数管領域
（1）A，B　（2）A，C　（3）B，C　（4）B，D　（5）C，D

解説　A　利用されていない．再結合領域は，放射線によって生じたイオンが再び結合する領域で，この領域を利用した検出器は存在しない．（図3.1参照）

B　利用されていない．電離箱領域は，放射線によって生じたイオンがその状態で電極に移動し検出される領域であるため，気体（ガス）増幅は生じない．

C　利用される．比例計数管領域は，パルスの高さが最初に発生した電子-イオン対に比例し，安定したガス増幅が得られるようにPRガス（アルゴン90%，メタン10%）がよく使用される．

D　利用される．GM計数管領域は，ガス増幅が極めて大きいため増幅が止まり，入射した荷電粒子のエネルギーとは無関係に大きな信号が得られる．

以上から（5）が正解．　▶答（5）

問題6　【平成29年秋B問3】

放射線検出器とそれに関係の深い事項との組合せとして，正しいものは次のうちどれか．

（1）電離箱……………………………電子なだれ
（2）比例計数管……………………窒息現象
（3）GM計数管……………………グロー曲線
（4）半導体検出器…………………空乏層
（5）シンチレーション検出器……G値

解説　（1）誤り．なお，電離箱は，図3.4の領域で図3.2に示すように2枚の平行に向かい合った電極に電圧が印加されている場合，α線やβ線などの荷電粒子が入ると，気体分子を電離し，またはγ線によって電極や周囲の壁などからたたき出された2次電子など，負の電荷を持つ電子は正の電極へ，正の電荷を持つイオンは負の電極へ引き寄せられ電流が流れる．通常，多数の放射線によって平均的に流れる電流を測定して放射線を検出する検出器である．一方，電子なだれとは，電離箱領域よりもさらに電圧を上げると，放射線により気体中で生成した2次電子がさらに気体分子を電離するようになり，陽極に達するまで電離がなだれ的に起こる現象で比例計数管やGM計数管の検出器と深い関係にある．

（2）誤り．窒息現象は，GM計数管で生じる現象である．GM計数管は，図3.4の領域で，

図3.5に示すような構造をした計測器であり，比例領域より高い印加電圧であるため，パルスの高さは最初に発生した電子–イオン対数とは全く無関係に一様になる計測器である．窒息現象とは，陽極周りを覆った陽イオンによって陽極周辺の電場が下げられて放射線が入射しても出力パルスが表れない期間（不感時間という）が生じるが，放射線強度が強い場合は，この不感期間が連続し，測定の機能が停止する現象をいう．（図3.3参照）

比例計数管は，図3.4における比例領域で使用するもので，パルスの高さは最初に発生した電子–イオン対数に比例する．

(3) 誤り．グロー曲線は，熱蛍光線量計（Thermoluminescent Dosimeter：TLD）で生じる現象である．熱蛍光線量計は，ある種の結晶に放射線を照射した後，数百度に加熱すると，吸収線量に比例した蛍光を発生することを利用した線量計である．例えば，LiFでは約100℃で発光が始まり，200℃でピークとなり，250℃で発光が終了するが，このような発光曲線をグロー曲線という．GM計数管にはこのような現象はない．

(4) 正しい．空乏層とは，半導体検出器に関係する．空乏層とは，整流作用を持つ半導体接合（PN接合）に電気が流れない方向に電圧をかけると，伝導体にほとんど電子が存在しない非常に電気抵抗の大きな領域をいう．半導体検出器は，空乏層にエックス線が入射すると，価電子帯の電子にエネルギーを与えて伝導帯に持ち上げ，自由電子を生成する．一方，価電子帯の空孔は正孔となり，キャリアである電子及び正孔はそれぞれ陽と陰極に向かって素早く移動し，その結果，放射線によって作られたキャリアの数に比例した電流が流れることを使用した検出器である．

(5) 誤り．G値は，化学線量計に使用される事項である．G値は，物質が放射線のエネルギーを100 eV吸収したときに変化を受ける分子または原子の数をいう．シンチレーション検出器は，NaI(Tl)などの結晶に入射するエックス線（またはγ線）によってたたき出された電子が，結晶中で電離や励起を起こし，これらが元に戻る過程で吸収したエネルギーに比例した強度の光（シンチレーション）を発生するので，これを光電子増倍管で受けて検出するものである．

▶答 (4)

問題7 【平成29年春B問3】 

放射線検出器とそれに関係の深い事項との組合せとして，誤っているものは次のうちどれか．

(1) 電離箱……………………………飽和領域
(2) フリッケ線量計…………………G値
(3) GM計数管………………………消滅ガス
(4) 半導体検出器……………………電子・正孔対
(5) シンチレーション検出器……グロー曲線

解説 (1) 正しい．電離箱において印加する電圧が低いと，生成した電子とイオンが電極に集められる前に再結合する．印加電圧を次第に上げていくと，電流も次第に上昇してついには飽和し，電子–イオン対は全部電極に集められる．このような領域を飽和領域という．

(2) 正しい．フリッケ線量計は，放射線によって第一鉄イオン（Fe^{2+}）が第二鉄イオン（Fe^{3+}）に酸化されるときの原子数が放射線線量に比例することを利用して線量を測定する方法をいい，鉄線量計ともいう．

(3) 正しい．GM計数管では，ガス増幅作用を適度に抑えるため消滅ガス（有機ガスやハロゲンガス）を少量添加することが多い．なお，消滅ガスはクエンチングガスともいう．

(4) 正しい．電気の流れないPN接合型半導体に電圧をかけると，非常に電気抵抗の大きな領域（空乏層又は空乏領域）ができる．ここに，エックス線が入射すると，価電子帯の電子にエネルギーを与えて伝導帯に持ち上げ，自由電子を生成する．一方，価電子帯の空孔は正孔となり，放射線によって電子・正孔対が生成する．

(5) 誤り．シンチレーション検出器とは，NaI(Tl)などの結晶に入射するエックス線（又はγ線）によってたたき出された電子が，結晶中で電離や励起を起こし，これらが元に戻る過程で吸収したエネルギーに比例した強度の光（シンチレーション）を発生するのでこれを光電子増倍管で受けて検出するものである．光電子増倍管は，微弱な光を電子に変換し増幅する真空管で，光電陰極に光が当たると電子が放出され，ダイノードと呼ばれる電極に集められるが，ダイノードは入ってきた電子よりも多くの電子を放出する性質がある．そのため，電子が数段のダイノードを進むうちに等比級数的に数が増すことを利用し，最終的には電子は陽極に集められ電気信号として取り出すものである．

熱蛍光線量計は，ある種の結晶（例えば，LiFなど）に放射線を照射した後，数百度に熱すると吸収線量に比例した蛍光を発生することを利用するものであるが，この温度を上げていくと，次第に蛍光は強まり200°Cでピークとなり，250°Cで終了する．このような発光曲線をグロー曲線という．

▶答 (5)

問題8 【平成28年秋B問3】

放射線検出器とそれに関係の深い事項との組合せとして，正しいものは次のうちどれか．

(1) 電離箱…………………………ガス増幅
(2) 比例計数管……………………窒息現象
(3) GM計数管……………………グロー曲線
(4) シンチレーション検出器……G値
(5) 半導体検出器…………………空乏層

解説 (1) 誤り．ガス増幅は，比例計数管（**図3.6**参照）やGM計数管で生じる現象で電離箱領域より高い電圧（比例領域やGM領域，図3.4参照）を印加すると，加えたPRガス（通常アルゴン90%，メタン10%の混合ガス：比例計数管の場合）に電子が衝突し，そのため次々と電子–イオン対を生成し増幅するので，なだれのように拡大（「電子なだれ」という）して，パルスの高さが大きくなることをいう．なお，電離箱では，図3.4の領域で図3.2に示すように2枚の平行に向かい合った電極に電圧が印加され，α線やβ線などの荷電粒子が気体分子を電離し，又はγ線によって電極や周囲の壁などからたたき出された2次電子など，負の電荷を持つ電子は正の電極へ，正の電荷を持つイオンは負の電極へ引き寄せられ，電流が流れるが，通常，多数の放射線によって平均的に流れる電流を測定する．

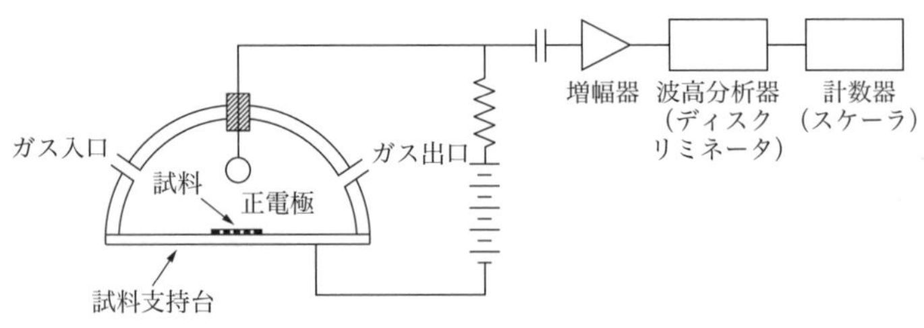

図3.6 ガスフロー型比例計数管の構造 [2)]

(2) 誤り．窒息現象は，GM計数管で生じる現象である．GM計数管は，図3.4の領域で，図3.5に示すような構造をする計測器であり，比例領域より高い印加電圧であるため，パルスの高さは最初に発生した電子–イオン対数とは全く無関係に一様になる計測器である．窒息現象とは，電子より移動速度が遅い陽イオンが陽極周りを覆って陽極周辺の電場を下げるため，放射線が入射しても出力パルスが表れない期間（不感時間という．）が生じるが，放射線強度が強い場合は，この不感期間が連続し，測定の機能が停止する現象をいう．（図3.3参照）

なお，比例計数管は，図3.4における比例領域で使用するもので，パルスの高さは最初に発生した電子–イオン対数に比例する．

(3) 誤り．グロー曲線は，熱蛍光線量計（TLD：Thermoluminescent Dosimeter）で生じる現象である．熱蛍光線量計は，ある種の結晶に放射線を照射した後，数百度に加熱すると，吸収線量に比例した蛍光を発生することを利用した線量計である．例えば，LiFでは約100°Cで発光が始まり，200°Cでピークとなり，250°Cで発光が終了するが，このような発光曲線をグロー曲線という．

(4) 誤り．G値は，化学線量計に使用される事項である．G値は，物質が放射線のエネルギーを100 eV吸収したときに変化を受ける分子又は原子の数をいう．なお，シンチレーション検出器とは，NaI(Tl) などの結晶に入射するエックス線（又はγ線）によってたたき出された電子が，結晶中で電離や励起を起こし，これらが元に戻る過程で吸収したエネルギーに比例した強度の光（シンチレーション）を発生するのでこれを光電子増倍管で受けて検出するものである．

(5) 正しい．空乏層とは，半導体検出器に関係する．空乏層とは，整流作用を持つ半導体接合（PN 接合）に電気が流れない方向に電圧をかけると生じる，伝導体にほとんど電子が存在しない非常に電気抵抗の大きな領域をいう．

▶答 (5)

問題 9 【平成 28 年春 B 問 2】

放射線検出器とそれに関係の深い事項との組合せとして，誤っているものは次のうちどれか．

(1) 電離箱……………………………飽和領域
(2) 比例計数管………………………窒息現象
(3) 化学線量計………………………G 値
(4) 半導体検出器……………………電子・正孔対
(5) シンチレーション検出器……電子増倍

解説 (1) 正しい．電離箱において，印加する電圧が低いと，生成した電子とイオンが電極に集められる前に再結合する．印加電圧を次第に上げていくと，電流も次第に上昇してついには飽和し，電子–イオン対は全部電極に集められる．このような領域を飽和領域という．

(2) 誤り．窒息現象は，GM 計数管で生じる現象である．GM 計数管は，図 3.4 の領域で，図 3.5 に示すような構造をする計測器であり，比例領域より高い印加電圧であるため，パルスの高さは最初に発生した電子–イオン対数とは全く無関係に一様になる計測器である．窒息現象とは，電子より移動速度が遅い陽イオンが陽極周りを覆って陽極周辺の電場を下げるため放射線が入射しても出力パルスが表れない期間（不感時間という.）が生じるが，放射線強度が強い場合は，この不感期間が連続し，測定の機能が停止する現象をいう．（図 3.3 参照）

なお，比例計数管は，図 3.4 における比例領域で使用するもので，パルスの高さは最初に発生した電子–イオン対数に比例する．

(3) 正しい．G 値は，化学線量計に使用される事項である．G 値は，物質が放射線のエネルギーを 100 eV 吸収したときに変化を受ける分子又は原子の数をいう．

(4) 正しい．電気の流れない PN 接合型半導体に電圧をかけると，非常に電気抵抗の大きな領域（空乏層又は空乏領域）ができる．ここに，エックス線が入射すると，価電子帯の電子にエネルギーを与えて伝導帯に持ち上げ，自由電子を生成する．一方，価電子帯の空孔は正孔となり，放射線によって電子・正孔対が生成する．

(5) 正しい．シンチレーション検出器とは，NaI(Tl) などの結晶に入射するエックス線（又はγ線）によってたたき出された電子が，結晶中で電離や励起を起こし，これらが元に戻る過程で吸収したエネルギーに比例した強度の光（シンチレーション）を発生するのでこれを光電子増倍管で受けて検出するものである．

光電子増倍管は，微弱な光を電子に変換し，増幅する真空管で，光電陰極に光が当たると電子が放出され，ダイノードと呼ばれる電極に集められるが，ダイノードは入ってきた電子よりも多くの電子を放出する性質がある．そのため，電子が数段のダイノードを進むうちに等比級数的に数が増すことを利用し，最終的には電子は陽極に集められ電気信号として取り出される．

▶答 (2)

問題10 【平成27年秋B問3】

放射線検出器とそれに関係の深い事項との組合せとして，誤っているものは次のうちどれか．

(1) 電離箱……………………………飽和領域

(2) 比例計数管………………………窒息現象

(3) 化学線量計………………………G値

(4) 半導体検出器……………………電子・正孔対

(5) シンチレーション検出器……電子増倍

解説 問題9（平成28年春B問2）と同一問題．解説は，問題9を参照． ▶答 (2)

■ 3.3.2 放射線検出器とエネルギー分析，その他

問題1 【令和2年春B問6】 

次のAからDの放射線検出器について，放射線のエネルギー分析が可能なものの全ての組合せは (1) ～ (5) のうちどれか．

A 電離箱

B 比例計数管

C 半導体検出器

D シンチレーション検出器

(1) A, B　(2) A, B, D　(3) A, C　(4) B, C, D　(5) C, D

解説 A 不可能．電離箱（図3.2参照）は，放射線が入射すると，空気をイオン化して電流が流れ，その電流値を計測するものであるが，印加電圧を上げると，電流も次第に

上昇してついには飽和し，電子-イオン対は全部電極に集められる．このような領域（飽和領域）で計測を行うため，エネルギーの分析（エネルギーの分布の計測）ができない．

B　可能．比例計数管は，最初に発生した電子-イオン対に比例した出力が得られるのでエネルギー分析が可能である．（図3.4参照）

C　可能．半導体検出器は，エネルギー分解能が非常に良く，エネルギー分析が可能である．

D　可能．シンチレーション検出器（NaI(Tl) など）は，結晶に入射した放射線によって電離や励起が起こり，これらが元に戻る過程で放射線のエネルギーに比例した強度の蛍光（シンチレーション）を発生するのでエネルギー分析ができる．

以上から（4）が正解．

▶答（4）

問題2 【平成30年秋B問6】

次のAからDの放射線測定器のうち，線量を読み取るための特別な装置を必要としないものの組合せは（1）～（5）のうちどれか．

A　フィルムバッジ

B　光刺激ルミネセンス

C　PD型ポケット線量計

D　半導体式ポケット線量計

（1）A，B　（2）A，C　（3）A，D　（4）B，D　（5）C，D

解説 A　特別な装置を必要とする．フィルムバッジは，γ線やβ線などの放射線に曝露したフィルムを現像すると黒化し，黒化度から標準と比較して被ばくの程度を評価するものである．

B　特別な装置を必要とする．光刺激ルミネッセンス線量計（OSL線量計：Optically Stimulated Luminescence）とは，酸化アルミニウム結晶（α–Al_2O_3：C）に入射したエックス線によって生じた自由電子が格子欠陥に捕捉されるが，そこに緑色レーザー光（532 nm，Nd：YAG）を照射すると，正孔と再結合して発する蛍光を測定して検出する線量計である．

C　特別な装置を必要としない．電離箱式PD（Pocket Dosimeter）型ポケット線量計は，充電により先端がY字状に開いた石英繊維が放射線の入射により生じた電荷で中和するため閉じてくることを利用した線量計である．

D　特別な装置を必要としない．半導体式ポケット線量計は，シリコン半導体を利用したもので，小形軽量でデジタル表示の直読式（エックス線によって生じる電流を利用した表示）で特別な装置は必要としない．

以上から（5）が正解．

▶答（5）

問題3　【平成29年春B問5】

次のAからEまでの放射線検出器について，放射線のエネルギー分析が可能なもののすべての組合せは（1）～（5）のうちどれか．

A　電離箱

B　比例計数管

C　GM計数管

D　半導体検出器

E　シンチレーション検出器

（1）A，B　（2）A，D　（3）B，C　（4）B，D，E　（5）C，D，E

解説　A　不可能．電離箱は，放射線が入射すると，空気をイオン化して電流が流れ，その電流値を計測するものであるが，印加電圧を上げて，電流も次第に上昇してついには飽和し，電子–イオン対は全部電極に集められる．このような飽和領域で計測を行うため，エネルギーの分析（エネルギーの分布の計測）ができない．

B　可能．比例計数管は，最初に発生した電子–イオン対の数（放射線のエネルギーに比例して生成する）に比例（図3.1参照）した出力が得られるのでエネルギー分析が可能である．

C　不可能．GM計数管は，比例領域より高い印加電圧であるためパルスの高さは最初に発生した電子–イオン対の数とはまったく無関係に一様になる領域の計測であるため，放射線のエネルギー分析は不可能である．

D　可能．半導体検出器は，エネルギー分解能が非常に良く，エネルギー分析が可能である．

E　可能．シンチレーション検出器（NaI(Tl)など）は，結晶に入射した放射線によって電離や励起が起こり，これらが元に戻る過程で放射線のエネルギーに比例した強度の蛍光（シンチレーション）を発生するのでエネルギー分析ができる．

以上から（4）が正解．

▶答（4）

問題4　【平成28年春B問6】

次のAからDまでの放射線検出器について，その出力が放射線のエネルギーの情報を含むもののすべての組合せは（1）～（5）のうちどれか．

A　比例計数管

B　GM計数管

C　半導体検出器

D　シンチレーション検出器

（1）A，B　（2）A，C　（3）B，D　（4）A，C，D　（5）B，C，D

解説 A　含む．比例計数管は，比例領域において，パルスの高さは最初に発生した電子–イオン対の数（放射線のエネルギーに比例して生成する）に比例するので，入射放射線のエネルギーを含むこととなる．（図3.4参照）

B　含まない．GM計数管は，比例計数管よりさらに高い印加電圧の領域で，パルスの高さは最初に発生した電子–イオン対数に比例せず，まったく無関係に一様になる計数管である．

C　含む．半導体検出器は，電気の流れないPN接合型半導体に電圧をかけると，非常に電気抵抗の大きな領域（空乏層又は空乏領域）ができる．ここに，エックス線が入射すると，価電子帯の電子にエネルギーを与えて伝導帯に持ち上げ，自由電子を生成する．一方，価電子帯の空孔は正孔となり，放射線によって電子・正孔対が生成する．自由電子は印加された電場によって正の電極に移動し，正孔は隣り合う電子によって次々と埋められていき，結局，半道体検出器中を電流が流れ，パルスとして電気信号となるが，放射線のエネルギーによって生成する電子・正孔の数が決まるのでエネルギー情報を含むこととなる．

D　含む．シンチレーション検出器とは，NaI(Tl)などの結晶に入射するエックス線（又はγ線）によってたたき出された電子が，結晶中で電離や励起を起こし，これらが元に戻る過程で吸収したエネルギーに比例した強度の光（シンチレーション）を発生するのでこれを光電子増倍管で受けて検出するものであるから放射線のエネルギー情報を含むこととなる．

以上から（4）が正解．　　▶答（4）

3.4 線量計の種類と特徴

3.4.1 蛍光ガラス線量計

問題1　【令和2年春B問10】 

蛍光ガラス線量計に関する次の記述のうち，正しいものはどれか．

（1）測定可能な線量の範囲は，熱ルミネセンス線量計より広く，0.1 μSv ～ 100 Sv程度である．

（2）放射線により生成された蛍光中心に緑色のレーザー光を当て，発生する蛍光を測定することにより，線量を読み取る．

（3）発光量を一度読み取った後も蛍光中心は消滅しないので，再度読み取ることができる．

（4）素子は，光学的アニーリングを行うことにより，再度使用することができる．

(5) 素子には，硫酸カルシウム，硫酸マグネシウムなどの蛍光物質が用いられており，湿度の影響を受けやすい．

解説 (1) 誤り．蛍光ガラス線量計の測定可能な線量の範囲は10 μSv～30 Sv，熱ルミネセンス線量計の測定の線量範囲は1 μSv～100 Sv，したがって，測定可能な線量の範囲は蛍光ガラス線量計の方が狭い．

(2) 誤り．放射線により生成された蛍光中心に紫外線を当て，発生するオレンジ色の蛍光の強さを測定することにより，線量を読み取る．「緑色のレーザー光」を当て，発生する蛍光を測定し線量を読み取るのは光刺激ルミネセンス線量計（OSLD：Optically Stimulated Luminescence Dosimeter）である．

(3) 正しい．発光量を一度読み取った後も蛍光中心は消滅しないので，再度読み取ることができる．

(4) 誤り．素子は，高温加熱処理（400℃）を行うことにより，再度使用することができる．

(5) 誤り．素子には，銀活性リン酸塩ガラスが用いられており，湿度の影響を受けにくい．

▶答 (3)

問題2 【令和元年秋B問10】

蛍光ガラス線量計に関する次の記述のうち，正しいものはどれか．

(1) 測定可能な線量の範囲は，熱ルミネセンス線量計より広く，0.1 μSv～100 Sv程度である．

(2) 放射線により生成された蛍光中心に緑色のレーザー光を当て，発生する蛍光を測定することにより，線量を読み取る．

(3) 発光量を一度読み取った後も蛍光中心は消滅しないので，再度読み取ることができる．

(4) 素子は，光学的アニーリングを行うことにより，再度使用することができる．

(5) 素子には，硫酸マグネシウムなどの蛍光物質が用いられており，湿度の影響を受けやすい．

解説 (1) 誤り．蛍光ガラス線量計の測定可能な線量の範囲は10 μSv～30 Sv，熱ルミネセンス線量計の測定の線量範囲は1 μSv～100 Sv，したがって，測定可能な線量の範囲は蛍光ガラス線量計の方が狭い．

(2) 誤り．蛍光ガラス線量計は，放射線により生成した蛍光中心に紫外線を当て，発生する蛍光を測定することによって線量を読み取る．放射線により生成された蛍光中心に緑色のレーザー光を当て，発生する蛍光を測定することにより，線量を読み取る線量計はOSL（光刺激ルミネセンス）線量計である．

(3) 正しい．蛍光ガラス線量計は，発光量を一度読み取った後も蛍光中心は消滅しないので，再度読み取ることができる．

(4) 誤り．素子は，400℃，1時間の加熱処理を行うことにより，再度使用することができる．光学的アニーリングで再度使用できるのは，OSL線量計である．

(5) 誤り．蛍光ガラス線量計は，銀活性リン酸塩ガラスであるため，湿度の影響は小さい．硫酸マグネシウムなどの蛍光物質を用い，湿度の影響を受けやすいものは，TLD（熱ルミネセンス線量計）である．

▶答（3）

問題3 【平成28年秋B問4】 

蛍光ガラス線量計に関する次の記述のうち，誤っているものはどれか．

(1) 線量計の素子には銀活性リン酸塩ガラスを用いる．

(2) 放射線により生成された蛍光中心に紫外線を当てて，発生するオレンジ色の蛍光の強さから線量を求める．

(3) 読み取り装置で線量を読み取ることによって蛍光中心が消えてしまうため，再度読み取ることはできない．

(4) 線量計の素子は，使用後，高温下でのアニーリングにより，繰り返し使用することができる．

(5) 線量計の素子間の感度のばらつきが少なく，また，フェーディングは極めて小さい．

解説 (1) 正しい．蛍光ガラス線量計には，線量計の素子に銀活性リン酸塩ガラスを用いる．

(2) 正しい．放射線により生成された蛍光中心に紫外線を当てて，発生するオレンジ色の蛍光の強さから線量を求める．

(3) 誤り．読み取り装置で線量を読み取ることによっても蛍光中心が消えないので，何回でも読み取ることができる．

(4) 正しい．線量計の素子は，使用後，高温下（400℃）でのアニーリング（加熱処理又は焼きなまし）により，繰り返し使用することができる．

(5) 正しい．線量計の素子間の感度のばらつきが少なく，また，フェーディング（退行）は極めて少ない．

▶答（3）

■ 3.4.2 熱ルミネセンス線量計及びその他の線量計との比較

問題1 【令和2年春B問8】 

熱ルミネセンス線量計（TLD）と光刺激ルミネセンス線量計（OSLD）に関する次

の記述のうち，誤っているものはどれか．

(1) TLDでは素子としてフッ化リチウム，フッ化カルシウムなどが，OSLDでは炭素を添加した酸化アルミニウムなどが用いられている．

(2) TLD及びOSLDの素子は高感度であるが，TLDの素子は感度に若干のばらつきがある．

(3) 線量読み取りのための発光は，TLDでは加熱により，OSLDでは緑色のレーザー光などの照射により行われる．

(4) OSLDでは線量の読み取りを繰り返し行うことができるが，TLDでは線量を読み取ると素子から情報が消失してしまうため，1回しか行うことができない．

(5) TLDでは加熱によるアニーリング処理を行うことにより素子を再使用することができるが，OSLDでは素子は1回しか使用することができない．

解説 (1) 正しい．TLD（Thermoluminescent Dosimeter：熱ルミネセンス線量計）では素子としてフッ化リチウム，フッ化カルシウム，硫酸カルシウムなどが，OSLD（Optically Stimulated Luminescence Dosimeter：光刺激ルミネセンス線量計）では炭素を添加した酸化アルミニウムなどが用いられている．

(2) 正しい．TLD及びOSLDの素子は高感度であるが，TLDの素子は感度に若干のばらつきがある．

(3) 正しい．線量読み取りのための発光は，TLDでは加熱により，OSLDでは緑色のレーザー光などの照射により行われる．

(4) 正しい．OSLDでは放射線との相互作用で生じた格子欠陥に閉じこめられている電子を光でその一部を励起し，再結合時の光を測定するので繰り返し読むことが出来るが，TLDでは線量を読み取ると素子から情報がすべて消失してしまうため，1回しか行うことができない．

(5) 誤り．TLDでは加熱によるアニーリング処理を行うことにより素子を再使用することができる．OSLDは輝度の大きな可視光源を用いることにより容易に線量計の初期化が行え，何度でも使用可能である．

▶答 (5)

問題2 【平成30年秋B問7】

熱ルミネセンス線量計（TLD）と蛍光ガラス線量計（RPLD）とを比較した次の記述のうち，誤っているものはどれか．

(1) 線量読み取りのためには，TLD，RPLDの双方とも，専用の読み取り装置が必要である．

(2) RPLDの方が，TLDより素子間の感度のばらつきが少ない．

(3) 線量を読み取るための発光は，TLDでは加熱により，RPLDでは緑色レーザー光照射により行われる.

(4) 線量の読み取りは，RPLDでは繰り返し行うことができるが，TLDでは，線量を読み取ることによって素子から情報が消失してしまうため，1回しか行うことができない.

(5) 素子の再使用は，TLD，RPLDの双方とも，使用後，アニーリング処理を行うことにより可能となる.

解説 (1) 正しい. 熱ルミネセンス線量計（TLD：Thermoluminescent Dosimeter）は，ある種の結晶（LiF，BeO，$Li_2B_4O_7$，$CaSO_4$:Tm，Mg_2SiO_4:Tbなど）に放射線を照射した後，数百度に加熱すると，吸収線量に比例した蛍光を発生することを利用した線量計である. 蛍光ガラス線量計（RPLD：Radio–Photo–Luminescence Dosimeter）は，銀活性リン酸塩ガラスが用いられ，放射線を照射すると，電子及び正孔が生成し，いずれもAg^+に捕獲され，それぞれAg^0とAg^{2+}に変化し，蛍光中心（トラップ）となって長期間安定に蓄積される. RPLDでは紫外線照射により，Ag^0とAg^{2+}が励起され，直ちにもとの状態（トラップ）に戻る際に蛍光（650 nm付近）を放出する. TLD及びRPLDの双方とも，発生する蛍光を計測するので専用の読み取り装置が必要である.

(2) 正しい. RPLDの方が，TLDより素子間の感度のばらつきが少ない.

(3) 誤り. 線量を読み取るための発光は，TLDでは加熱により，RPLDでは紫外線照射により行われる. 緑色レーザー光照射が行われるものは，光刺激ルミネセンス線量計（OSL線量計）に使用する.

(4) 正しい. 線量の読み取りは，RPLDでは繰り返し行うことができるが，TLDでは，線量を読み取ることによって素子から情報が消失してしまうため，1回しか行うことができない.

(5) 正しい. 素子の再使用は，TLD，RPLDの双方とも，使用後，アニーリング（熱）処理を行うことにより可能となる.

▶答（3）

問題3 【平成30年春B問3】

熱ルミネセンス線量計（TLD）と蛍光ガラス線量計（RPLD）とを比較した次のAからDの記述について，正しいものの組合せは（1）～（5）のうちどれか.

A TLDの方が，RPLDより素子間の感度のばらつきが少なく，フェーディングも小さい.

B 線量を読み取るための発光は，TLDでは加熱により，RPLDでは紫外線照射により行われる.

C 線量の読み取りは，RPLDでは繰り返し行うことができるが，TLDでは線量を読み取ることによって素子から情報が消失してしまうため，1回しか行うことができない.

D　TLDの素子は1回しか使用することができないが，RPLDの素子は，使用後加熱処理を行うことにより，再度使用することができる.

(1) A, B　(2) A, C　(3) B, C　(4) B, D　(5) C, D

解説　A　誤り．TLD（Thermoluminescent Dosimeter）の方が，RPLD（Radio-Photo-Luminescence Dosimeter）より素子間の感度のばらつきが大きく，フェーディング（潜像退行）も大きい.

B　正しい．線量を読み取るための発光は，TLDでは加熱により，RPLDでは紫外線照射により行われる.

C　正しい．線量の読み取りは，RPLDでは繰り返し行うことができるが，TLDでは線量を読み取ることによって素子から情報が消失してしまうため，1回しか行うことができない.

D　誤り．素子の再利用は，TLDとRPLDいずれもアニーリング処理（熱処理）を行うことにより可能となる.

以上から（3）が正解.

▶答（3）

問題4　【平成29年秋B問7】

熱ルミネセンス線量計（TLD）と光刺激ルミネセンス線量計（OSLD）に関する次の記述のうち，誤っているものはどれか.

(1) TLDでは素子としてフッ化リチウム，硫酸カルシウムなどが，OSLDでは炭素を添加した酸化アルミニウムなどが用いられている.

(2) TLD及びOSLDの素子は高感度であるが，TLDの素子は感度に若干のばらつきがある.

(3) 線量読み取りのための発光は，TLDでは加熱により，OSLDでは緑色のレーザー光などの照射により行われる.

(4) OSLDでは線量の読み取りを繰り返し行うことができるが，TLDでは線量を読み取ると素子から情報が消失してしまうため，1回しか行うことができない.

(5) TLDでは加熱によるアニーリング処理を行うことにより素子を再使用することができるが，OSLDでは素子は1回しか使用することができない.

解説　(1) 正しい．TLDでは，素子としてフッ化リチウム，硫酸カルシウムなどが，OSLDでは炭素を添加した酸化アルミニウムなどが用いられる.

(2) 正しい．TLD及びOSLDの素子は，高感度であるが，TLDの素子は感度に若干のばらつきがある.

(3) 正しい．線量読み取りのための発光は，TLDでは加熱により，OSLDでは緑色のレーザー光などの照射により行われる．

(4) 正しい．OSLDでは線量の読み取りを繰り返し行うことができるが，TLDでは線量を読み取ると素子から情報が消失してしまうため，1回しか行うことができない．

(5) 誤り．TLDでは加熱によるアニーリング処理を行うことにより素子を再使用することができるが，OSLDも輝度の大きな可視光線を用いることによって容易に初期化され，再使用が可能である．

▶答 (5)

問題5 【平成28年秋B問7】 

熱ルミネセンス線量計（TLD）に関する次の記述のうち，誤っているものはどれか．

(1) 加熱読み取り装置で線量を一度読み取った後，再度読み取ることはできない．

(2) 加熱温度と熱蛍光強度との関係を示す曲線を，グロー曲線という．

(3) 一度使用した素子は，アニーリングにより繰り返し使用することができない．

(4) フィルムバッジより測定可能な下限線量が小さく，線量の測定範囲が広い．

(5) 線量計の素子の感度には若干のはらつきがあるので，読み取り装置の校正を行う必要がある．

解説 (1) 正しい．熱ルミネセンス線量計（TLD：Thermoluminescent Dosimeter）は，熱蛍光物質（LiF，BeO，$Li_2B_4O_7$，$CaSO_4$:Tm，Mg_2SiO_4:Tbなど）に放射線を照射した後，数100°Cに加熱すると，吸収線量に比例した蛍光（ルミネセンス）を発するのであるが，加熱読み取り装置で線量を一度読み取った後，再度読み取ることはできない．

(2) 正しい．加熱温度と熱蛍光強度との関係を示す曲線を，グロー曲線という．例えば，LiFでは，約100°Cから発光が始まり，200°Cでピークになり，250°Cで終了する．

(3) 誤り．一度使用した素子は，約400°Cでのアニーリング（加熱処理）により繰り返し使用することができる．

(4) 正しい．フィルムバッジより測定可能な下限線量が小さく，線量の測定範囲が広い．

	測定範囲
TLD	1 μSv ～ 100 Sv
フィルムバッジ	100 μSv ～ 700 mSv

(5) 正しい．線量計の素子の感度には，若干のばらつきがあるので，読み取り装置の校正を行う必要がある．

▶答 (3)

問題6 【平成27年秋B問7】 

熱ルミネセンス線量計（TLD）に関する次の記述のうち，誤っているものはどれか．

(1) 加熱読み取り装置で線量を一度読み取った後，再度読み取ることはできない．

(2) 加熱温度と熱蛍光強度との関係を示す曲線を，グロー曲線という．

(3) 一度使用した素子は，アニーリングにより繰り返し使用することができない．

(4) フィルムバッジより測定可能な下限線量が小さく，線量の測定範囲が広い．

(5) 線量計の素子の感度には若干のばらつきがあるので，読み取り装置の校正を行う必要がある．

解説 問題5（平成28年秋B問7）と同一問題．解説は，問題5を参照． ▶答（3）

■ 3.4.3 蛍光ガラス線量計と他の線量計との比較

問題1 【平成29年春B問8】 

熱ルミネセンス線量計（TLD）と蛍光ガラス線量計（RPLD）とを比較した次のAからDの記述について，正しいものの組合せは（1）～（5）のうちどれか．

A TLDの方が，RPLDより素子間の感度のばらつきが少なく，フェーディングも小さい．

B 線量を読み取るための発光は，TLDでは加熱により，RPLDでは紫外線照射により行われる．

C 線量の読み取りは，RPLDでは繰り返し行うことができるが，TLDでは線量を読み取ることによって素子から情報が消失してしまうため，1回しか行うことができない．

D TLDの素子は1回しか使用することができないが，RPLDの素子は，使用後加熱処理を行うことにより，再度使用することができる．

(1) A，B　(2) A，C　(3) B，C　(4) B，D　(5) C，D

解説 A 誤り．TLDの方が，RPLDより素子間の感度のばらつきが大きく，フェーディング（潜像退行）も大きい．

B 正しい．線量を読み取るための発光は，TLDでは加熱により，RPLDでは紫外線照射により行われる．

C 正しい．線量の読み取りは，RPLDでは繰り返し行うことができるが，TLDでは線量を読み取ることによって素子から情報が消失してしまうため，1回しか行うことができない．

D 誤り．素子の再利用は，TLDとRPLDいずれもアニーリング処理（熱処理）を行うことにより可能となる．

以上から（3）が正解． ▶答（3）

題2　【平成28年春B問10】 

蛍光ガラス線量計（RPLD）と光刺激ルミネセンス線量計（OSLD）に関する次のAからDまでの記述について，正しいものの組合せは（1）～（5）のうちどれか．

A　素子として，RPLDでは銀活性リン酸塩ガラスが，OSLDでは炭素添加酸化アルミニウムなどが用いられている．

B　線量読み取りのための発光は，RPLDでは紫外線照射により，OSLDでは緑色レーザー光の照射により行われる．

C　線量の読み取りは，OSLDでは繰り返し行うことができるが，RPLDでは1回しか行うことができない．

D　RPLDの素子は，使用後，高温下でのアニーリングにより再度使用することができるが，OSLDの素子は1回しか使用することができない．

（1）A，B　（2）A，C　（3）A，D　（4）B，C　（5）B，D

解説　A　正しい．素子としてRPLD（Radio–Photo–Luminescence Dosimeter）では，銀活性リン酸塩ガラスが用いられ，放射線を照射すると，電子及び正孔が生成し，いずれもAg^+に捕獲され，それぞれAg^0とAg^{2+}に変化し，蛍光中心（トラップ）となって長期間安定に蓄積される．OSLD（Optically Stimulated Luminescence Dosimeter）では炭素添加酸化アルミニウムなどが用いられ，放射線を照射すると結晶内（素子内）に電子–正孔対が生成し，安定した状態でそれぞれ格子欠損や捕獲中心（発光中心）に捕獲される．

B　正しい．線量読み取りのための発光は，RPLDでは紫外線照射により，Ag^0とAg^{2+}が励起され，直ちにもとの状態（トラップ）に戻る際に蛍光（650 nm付近）を放出する．OSLDでは緑色のレーザー光の照射によって，捕獲された電子が励起されて発光中心となった正孔と再結合し，蛍光（420 nm青色）を放出する．

C　誤り．線量の読み取りについて，RPLDでは，繰り返し読み取りが可能である．OSLDでも放射線照射によって生じた捕獲電子や発光中心が減少するが，なくならない限り，読み取り操作によって何回でも繰り返して読み取ることができる．

D　誤り．RPLDの素子は，使用後，400℃，1時間の加熱処理（アニーリング）で消滅し，再度使用することができ，OSLDの素子も輝度の大きな可視光線を用いることによって容易に初期化され，再度使用できる．

以上から（1）が正解．　▶答（1）

■ 3.4.4　GM計数管

問題 1　【令和2年春B問4】

GM計数管に関する次の記述のうち，正しいものはどれか．

(1) GM計数管の内部には電離気体として用いられる空気のほか，放射線によって生じる放電を短時間で消滅させるための消滅（クエンチング）ガスとしてアルゴンなどの希ガスが混入されている．

(2) 回復時間は，入射放射線により一度放電し，一時的に検出能力が失われた後，パルス波高が弁別レベルまで回復するまでの時間で，GM計数管が測定できる最大計数率に関係する．

(3) プラトーが長く，その傾斜が小さいプラトー特性のGM計数管は，一般に性能が劣る．

(4) GM計数管は，プラトー部分の中心部より高い印加電圧で使用する．

(5) GM計数管では，入射放射線のエネルギーを分析することができない．

解説 (1) 誤り．GM計数管の内部には電離気体としてアルゴンなどの希ガスが用いられる．また，放射線によって生じる放電を短時間で消滅させるための消滅（クエンチング）ガスとしてアルコールなどの有機ガスまたは臭素などのハロゲンガスが少量混入されている．

(2) 誤り．誤りは「回復時間」で，正しくは「分解時間」である．分解時間は，入射放射線により一度放電し，一時的に検出能力が失われた後，パルス波高が弁別レベルまで回復するまでの時間で，GM計数管が測定できる最大計数率に関係する．（図3.7参照）

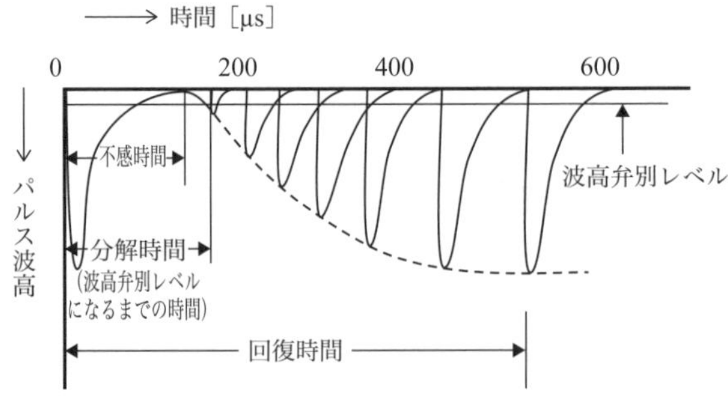

図3.7　GM計数管の出力パルス

(3) 誤り．プラトーが長く，その傾斜が小さいプラトー特性のGM計数管は，一般に性能が優れている．「劣る」が誤り．

(4) 誤り．GM 計数管は，プラトー部分の中心部の印加電圧で使用する．「中心部より高い」が誤り．

(5) 正しい．GM 計数管では，入射放射線によって生じる一次イオン対の量とは無関係にほぼ一定の大きさの出力が得られるので，入射放射線のエネルギーを分析することができない．

▶答 (5)

問題 2 【令和元年秋 B 問 2】

GM 計数管に関する次の記述のうち，正しいものはどれか．

(1) GM 計数管の内部には電離気体として用いられる空気のほか，放射線によって生じる放電を短時間で消滅させるための消滅（クエンチング）ガスとしてアルゴンなどの希ガスが混入されている．

(2) 回復時間は，入射放射線により一度放電し，一時的に検出能力が失われた後，パルス波高が弁別レベルまで回復するまでの時間で，GM 計数管が測定できる最大計数率に関係する．

(3) プラトーが長く，その傾斜が小さいプラトー特性の GM 計数管は，一般に性能が劣る．

(4) GM 計数管は，プラトー部分の中心部より高い印加電圧で使用する．

(5) GM 計数管では，入射放射線のエネルギーを分析することができない．

解説 (1) 誤り．GM 計数管の内部には電離気体としてアルゴンなどの希ガスが用いられる．また，放射線によって生じる放電を短時間で消滅させるための消滅（クエンチング）ガスとしてアルコールなどの有機ガスまたは臭素などハロゲンガスが少量混入される．

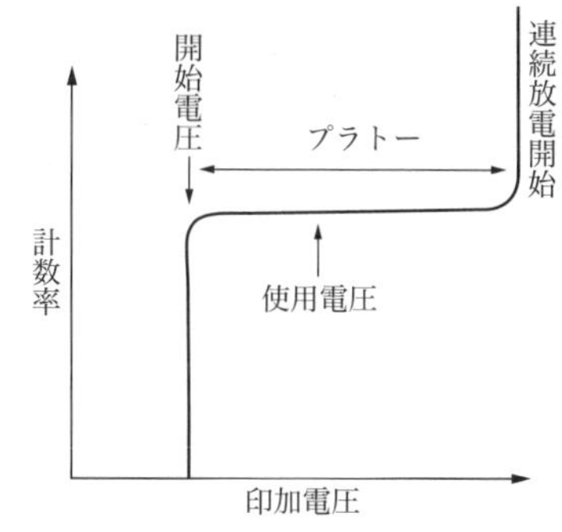

図 3.8 GM 計数管の印加電圧対計数率曲線[2)]

(2) 誤り．「回復時間」が誤りで，正しくは「分解時間」である．分解時間は，入射放射線により一度放電し，一時的に検出能力が失われた後，パルス波高が弁別レベルまで回復するまでの時間で，GM 計数管が測定できる最大計数率に関係する．（図 3.7 参照）

(3) 誤り．「劣る」が誤りで，正しくは「優れている」である．プラトーが長く，その傾斜が小さいプラトー特性の GM 計数管は，一般に性能が優れている．（**図 3.8** 参照）

(4) 誤り．「中心部より高い」が誤りで，正しくは「中心部の」である．GM 計数管は，プラトー部分の中心部の印加電圧で使用する．

(5) 正しい．GM 計数管では，入射放射線によって生じる一次イオン対の量とは無関係にほぼ一定の大きさの出力パルスが得られるので，エネルギーを分析することができない．

▶答（5）

問題3　【令和元年春B問9】

エックス線の測定に用いるGM計数管に関する次の記述のうち，誤っているものはどれか．

（1）GM計数管では，出力パルスの電圧が他の検出器に比べ，格段に大きいという特徴がある．

（2）GM計数管の不感時間は，100～200 μs程度である．

（3）GM計数管では，入射放射線のエネルギーを分析することはできない．

（4）GM計数管では，入射する放射線が非常に多くなると，弁別レベル以下の放電が連続し，出力パルスが得られなくなる現象が起こる．

（5）GM計数管は，プラトー部分の中心部から少し高い印加電圧で使用する．

解説　（1）正しい．GM計数管では，図3.4に示すように出力パルスの電圧が他の検出器に比べ，格段に大きいという特徴がある．

（2）正しい．GM計数管の不感時間は，100～200 μs程度である．なお，不感時間とは，電子なだれによって出力パルスが発生した直後のGM計数管内は中心電極を陽イオンが覆うようになり，陽極周辺の電界は，陽イオンで弱められているのでガス増幅ができない．この状態では放射線が入射しても出力パルスが現れないのでこの時間を不感時間という．（図3.7参照）

（3）正しい．GM計数管では，入射放射線によって生じる一次イオン対の量とは無関係にほぼ一定の大きさの出力パルスが得られるので，入射放射線のエネルギーを分析することはできない．

（4）正しい．GM計数管では，入射する放射線が非常に多くなると，弁別レベル以下の放電が連続し，出力パルスが得られなくなる現象が起こる．

（5）誤り．GM計数管は，プラトー部分の中心部印加電圧で使用する．

▶答（5）

問題4　【令和元年春B問10】

GM計数管式サーベイメータにより放射線を測定し，700 cpsの計数率を得た．

GM計数管の分解時間が100 μsであるとき，真の計数率に最も近いものは，（1）～（5）のうちどれか．

（1）670 cps　（2）690 cps　（3）710 cps　（4）750 cps　（5）800 cps

解説　次の公式を使用する．

$$n_0 = n/(1 - nT)$$

ここに，n_0：真の計数率〔s^{-1}〕，n：計数率〔s^{-1}〕，T：分解時間〔s〕

与えられた数値を代入して算出する．

$$n_0 = n/(1 - nT) = 700/(1 - 700 \times 100 \times 10^{-6}) = 700/(1 - 0.07) = 700/0.93 \fallingdotseq 750\,\mathrm{cps}$$

以上から（4）が正解．

▶答（4）

 **問題5** 【平成30年春B問2】 

GM計数管に関する次の記述のうち，正しいものはどれか．

（1）GM計数管の内部には電離気体として用いられる空気のほか，放射線によって生じる放電を短時間で消滅させるための消滅（クエンチング）ガスとしてアルゴンなどの希ガスが混入されている．

（2）回復時間は，入射放射線により一度放電し，一時的に検出能力が失われた後，パルス波高が弁別レベルまで回復するまでの時間で，GM計数管が測定できる最大計数率に関係する．

（3）プラトーが長く，その傾斜が大きいプラトー特性のGM計数管は，一般に性能が優れている．

（4）GM計数管は，プラトー部分の中心部より高い印加電圧で使用する．

（5）GM計数管では，入射放射線のエネルギーを分析することができない．

解説（1）誤り．GM計数管の内部には，電離気体としてアルゴンなどの希ガスが用いられる．また，消滅（クエンチング）ガスとしては，アルコールなどの有機ガスまたは臭素などのハロゲンガスが少量混入される．

（2）誤り．誤りは「回復時間」で，正しくは「分解時間」である．分解時間は，入射放射線により一度放電し，一時的に検出能力が失われた後，パルス波高が弁別レベルまで回復するまでの時間で，GM計数管が測定できる最大計数率に関係する．（図3.7参照）

（3）誤り．プラトーが長く，その傾斜が小さいプラトー特性のGM計数管は一般に性能が優れている．「大きい」が誤り．

（4）誤り．GM計数管は，プラトー部分の中心部の印加電圧で使用する．「中心部より高い」が誤り．

（5）正しい．GM計数管は，入射放射線によって生じる一次イオン対の量とは無関係にほぼ一定の大きさの出力パルスが得られるので，エネルギーを分析することはできない．

▶答（5）

問題6

【平成29年秋B問4】 

GM計数管に関する次の記述のうち，誤っているものはどれか．

(1) GM計数管では，入射放射線によって生じる一次イオン対の量とは無関係に，ほぼ一定の大きさの出力パルスが得られる．

(2) GM計数管の電離気体としては，通常，アルゴンなどの希ガスが用いられる．

(3) GM計数管には，放射線によって生じる放電を短時間で消滅させるため，消滅ガスとしてアルコールなどの有機ガス又は臭素などのハロゲンガスが少量混入される．

(4) GM計数管では，入射放射線のエネルギーを分析することができる．

(5) GM計数管には，放射線が入射してもパルス信号が検出できない時間があり，これを不感時間という．

解説 (1) 正しい．GM計数管では，図3.4の領域で入射放射線によって生じる一次イオン対の量とは無関係に，ほぼ一定の大きさの出力パルスが得られる．

(2) 正しい．GM計数管の電離気体としては，通常，アルゴンなどの希ガスが用いられる．

(3) 正しい．GM計数管には，放射線によって生じる放電を短時間で消滅させるため，消滅ガスとしてアルコールなどの有機ガスまたは臭素などのハロゲンガスが少量混入される．

(4) 誤り．GM計数管では，入射放射線によって生じる一次イオン対の量とは無関係に，ほぼ一定の大きさの出力パルスが得られるため，入射放射線のエネルギーを分析することができない．

(5) 正しい．GM計数管には，放射線が入射してもパルス信号が検出できない時間があり，これを不感時間という．すなわち，計数管に入射した放射線により一度放電が起こると，中心電極（+）を包むように陽イオンの空間電荷のさやが残されて中心付近の電場が弱くなるため，一定の時間，次の放射線が入射しても放電が起こらない．この時間は陽イオンの空間電荷が陰極側に移動し，放電を起こしうる電場の強さに回復するまで続く．言い換えると，前のパルスによる陽イオンの残っている間に次の放射線が入射すると，それによるパルスは小さくなり，計数回路が始動しないため，結果として計数もれが生じる．この計数もれが生じる最小の放射線の入射時間間隔を不感時間という．

▶答 (4)

問題7

【平成29年春B問6】 

GM計数管に関する次の文中の［　　］内に入れるAからCの語句又は数値の組合せとして，正しいものは (1)～(5) のうちどれか．

「GM計数管が入射放射線を検出し一度放電した後，次の放射線が入射してもパルス信号が検出できない時間を［ A ］といい，パルス信号が弁別レベルまで回復するまでの時間を［ B ］という．GM計数管の［ A ］は，［ C ］程度である．」

	A	B	C
(1)	分解時間	不感時間	10 ～ 20 μs
(2)	分解時間	回復時間	100 ～ 200 μs
(3)	不感時間	分解時間	100 ～ 200 μs
(4)	不感時間	回復時間	100 ～ 200 ms
(5)	回復時間	不感時間	100 ～ 200 ms

解説 A 「不感時間」である．(図3.7参照)

B 「分解時間」である．

C 「100 ～ 200 μs」である．

以上から (3) が正解．

▶答 (3)

問題8 【平成28年春B問4】

次の図は，GM計数管が入射放射線を検出し一度放電した後，次の入射放射線に対する出力パルスが時間経過に伴い変化する様子を示したものである．

図中のA，B及びCに相当する時間の組合せとして，正しいものは (1) ～ (5) のうちどれか．

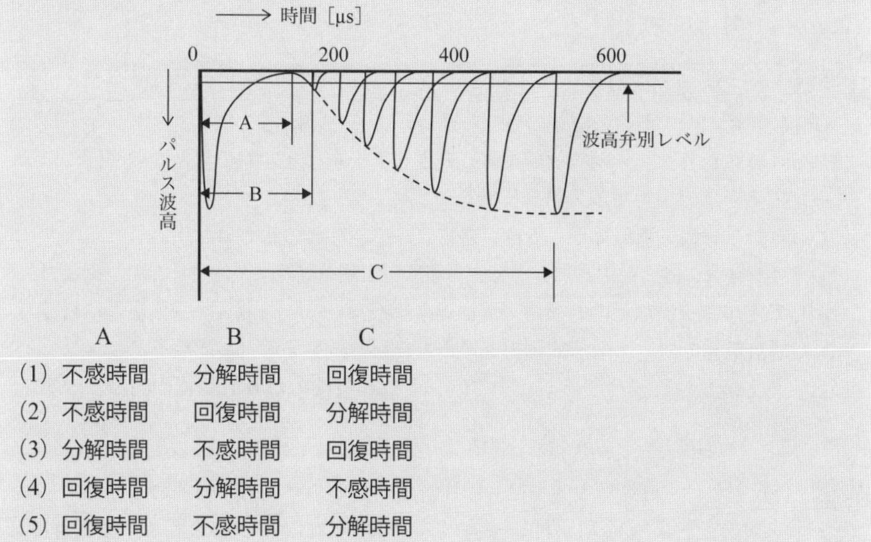

	A	B	C
(1)	不感時間	分解時間	回復時間
(2)	不感時間	回復時間	分解時間
(3)	分解時間	不感時間	回復時間
(4)	回復時間	分解時間	不感時間
(5)	回復時間	不感時間	分解時間

解説 A 「不感時間」である．放射線が入射してもパルスが現れない時間をいう．(図3.7参照)

B 「分解時間」である．しきい電圧以上の出力パルス波高になるまでの時間をいう．

C 「回復時間」である．正常パルスになるまでの時間をいう．

以上から（1）が正解．　▶答（1）

題9　【平成28年春B問7】

GM計数管式サーベイメータにより放射線を測定し，1,500 cpsの計数率を得た．

GM計数管の分解時間が100 μsであるとき，真の計数率（cps）に最も近い値は次のうちどれか．

（1）1,300　（2）1,450　（3）1,550　（4）1,650　（5）1,750

解説　1秒間に検出器に入射した放射線の数（真の計数率）をn_0とすれば，その時の測定による計数nは，分解時間τとすれば，$n\tau$だけ計測していないことになり，計測したのは$1 - n\tau$となる．したがって，

$$n_0(1 - n\tau) = n$$

$$n_0 = n/(1 - n\tau) \qquad ①$$

の関係が成立する．

式①に与えられた数値を代入してn_0を算出する．

$$n_0 = n/(1 - n\tau) = 1{,}500/(1 - 1{,}500 \times 100 \times 10^{-6}) = 1{,}500/0.85 = 1{,}760 \text{ cps}$$

以上から（5）が正解．　▶答（5）

題10　【平成27年秋B問8】

GM計数管に関する次の記述のうち，誤っているものはどれか．

（1）GM計数管では，入射放射線によって生じる一次イオン対の量とは無関係にほぼ一定の大きさの出力パルスが得られる．

（2）GM計数管の電離気体としては，通常アルゴンなどの希ガスが用いられる．

（3）GM計数管には，放射線によって生じる放電を短時間で消滅させるため，消滅ガスとしてアルコールなどの有機ガス又は臭素などのハロゲンガスが少量混入される．

（4）GM計数管では，入射放射線のエネルギーを分析することができる．

（5）プラトーが長く，その傾斜が小さいプラトー特性のGM計数管の方が，一般に性能が良い．

解説　（1）正しい．GM計数管では，印加電圧が高いので入射放射線によって生じる一次イオン対の量とは無関係にほぼ一定の大きさの出力パルスが得られる．（図3.4参照）

（2）正しい．GM計数管の電離気体としては，通常アルゴンなどの希ガスが用いられる．

（3）正しい．GM計数管には，放射線によって生じる放電を短時間で消滅させるため，消滅ガスとしてアルコールなどの有機ガス又は臭素などのハロゲンガスが少量混入さ

れる．

(4) 誤り．GM計数管は，一次イオン対の量とは無関係にほぼ一定の大きさの出力パルスが得られるので，入射放射線のエネルギーを分析することができない．

(5) 正しい．プラトー（図3.8参照）が長く，その傾斜が小さいプラトー特性のGM計数管の方が，一般に性能がよい．　▶答（4）

■ 3.4.5　NaI(Tl) シンチレーション検出器

問題1　【令和元年春B問2】 

エックス線の測定に用いるNaI(Tl)シンチレーション検出器に関する次の記述のうち，誤っているものはどれか．

(1) シンチレータとして用いられるヨウ化ナトリウム結晶は，微量のタリウムを含有させて活性化されている．

(2) シンチレータにエックス線が入射すると，可視領域の減衰時間の短い光が放射される．

(3) シンチレータから放射された光は，光電子増倍管の光電面で光電子に変換され，増倍された後，電流パルスとして出力される．

(4) 光電子増倍管から得られる出力パルス波高は，入射エックス線の線量率に比例する．

(5) 光電子増倍管の増倍率は，印加電圧に依存するので，光電子増倍管に印加する高圧電源は安定化する必要がある．

解説 (1) 正しい．シンチレータ（蛍光を発生する物質）として用いられるヨウ化ナトリウム結晶は，微量のタリウムを含有させて活性化されている．

(2) 正しい．シンチレータにエックス線が入射すると，可視領域（最大波長415 nm）の減衰時間の短い光が放射される．

(3) 正しい．シンチレータから放射された光は，光電子増倍管の光電面で光電子に変換され，増倍された後，電流パルスとして出力される．

(4) 誤り．光電子増倍管から得られる出力パルス波高は，シンチレータが吸収したエネルギーに比例した強度の光を発生するため，入射エックス線の吸収したエネルギーに比例する．

(5) 正しい．光電子増倍管の増倍率は，印加電圧に依存するので，光電子増倍管に印加する高圧電源は安定化する必要がある．　▶答（4）

問題2

【平成30年秋B問4】 

エックス線の測定に用いるNaI(Tl)シンチレーション検出器に関する次の記述のうち，誤っているものはどれか．

(1) シンチレータとして用いられるヨウ化ナトリウム結晶は，微量のタリウムを含有させて活性化されている．

(2) シンチレータにエックス線が入射すると，可視領域の減衰時間の短い光が放射される．

(3) シンチレータから放射された光は，光電子増倍管の光電面で光電子に変換され，増倍された後，電流パルスとして出力される．

(4) 光電子増倍管から得られる出力パルス波高は，入射エックス線の線量率に比例する．

(5) 光電子増倍管の増倍率は，印加電圧に依存するので，光電子増倍管に印加する高圧電源は安定化する必要がある．

解説 (1) 正しい．シンチレータとして用いられるヨウ化ナトリウム結晶は，微量のタリウムを含有させて活性化されている．

(2) 正しい．シンチレータにエックス線が入射すると，可視領域（最大波長415 nm）の減衰時間の短い光が放射される．

(3) 正しい．シンチレータから放射された光は，光電子増倍管の光電面で光電子に変換され，増倍された後，電流パルスとして出力される．

(4) 誤り．光電子増倍管から得られる出力パルス波高は，入射エックス線の吸収したエネルギーに比例する．線量率は誤り．

(5) 正しい．光電子増倍管の増倍率は，印加電圧に依存するので，光電子増倍管に印加する高圧電源は安定化する必要がある．

▶答 (4)

問題3

【平成30年春B問10】 

エックス線の測定に用いるNaI(Tl)シンチレーション検出器に関する次の記述のうち，誤っているものはどれか．

(1) シンチレータとして用いられるヨウ化ナトリウム結晶は，微量のタリウムを含有させて活性化されている．

(2) シンチレータにエックス線が入射すると，可視領域の減衰時間の短い光が放射される．

(3) シンチレータから放射された光は，光電子増倍管の光電面で光電子に変換され，増倍された後，電流パルスとして出力される．

(4) 光電子増倍管から得られる出力パルス波高は，入射エックス線の線量率に比例する.

(5) 光電子増倍管の増倍率は，印加電圧に依存するので，光電子増倍管に印加する高圧電源は安定化する必要がある.

解説 (1) 正しい．NaI(Tl) シンチレータとして用いられるヨウ化ナトリウム結晶は，微量のタリウムを含有させて活性化されている.

(2) 正しい．シンチレータにエックス線が入射すると，可視領域（最大波長 415 nm）の減衰時間の短い光が放出される.

(3) 正しい．シンチレータから放射された光は，光電子増倍管の光電面で光電子に変換され，増倍された後，電流パルスとして出力される.

(4) 誤り．光電子増倍管から得られる出力パルス波高は入射エックス線の吸収したエネルギーに比例する．線量率は誤り.

(5) 正しい．光電子増倍管の増倍率は印加電圧に依存するので，光電子増倍管の高圧電源は安定化する必要がある.

▶答 (4)

問題 4 【平成 29 年春 B 問 7】

エックス線の測定に用いる NaI(Tl) シンチレーション検出器に関する次の記述のうち，誤っているものはどれか.

(1) シンチレータに混入される微量のタリウムは，発光波長の調整や発光量増加の役割を果たす活性剤である.

(2) シンチレータにエックス線が入射すると，紫外領域の減衰時間の長い光が放射される.

(3) シンチレータから放射された光は，光電子増倍管の光電面で光電子に変換され，増倍された後，電流パルスとして出力される.

(4) 光電子増倍管から得られる出力パルス波高には，入射エックス線のエネルギーの情報が含まれている.

(5) 光電子増倍管の増倍率は印加電圧に依存するので，高圧電源は安定化する必要がある.

解説 (1) 正しい．NaI(Tl) シンチレータに混入される微量のタリウムは，発光波長の調整や発光量増加の役割を果たす活性剤である.

(2) 誤り．シンチレータにエックス線が入射すると，最大発光波長は 415 nm の，可視領域の減衰時間の短い光が放射される.

(3) 正しい．シンチレータから放射された光は，光電子増倍管の光電面で光電子に変換され，増倍された後，電流パルスとして出力される.

(4) 正しい．光電子増倍管から得られる出力パルス波高には，入射エックス線のエネルギーの情報も含まれる．

(5) 正しい．光電子増倍管の増倍率は，印加電圧に依存するので，高圧電源は安定化する必要がある．

▶答 (2)

■ 3.4.6 サーベイメータの種類と特徴

問題1 【令和2年春B問5】

次のエックス線とその測定に用いるサーベイメータの組合せのうち，適切でないものはどれか．

(1) 散乱線を多く含むエックス線……………………………電離箱式サーベイメータ

(2) 0.1 μSv/h程度の低線量率のエックス線

……………………………………………………シンチレーション式サーベイメータ

(3) 200 mSv/h程度の高線量率のエックス線………………電離箱式サーベイメータ

(4) 湿度の高い場所における100 μSv/h程度のエックス線

…………………………………………………………GM計数管式サーベイメータ

(5) 10 keV程度の低エネルギーのエックス線………………半導体式サーベイメータ

解説 (1) 正しい．電離箱式サーベイメータは，散乱線を多く含むエックス線に適している．なお，GM管式サーベイメータやシンチレーション式サーベイメータなどは適さない．

(2) 正しい．シンチレーション式サーベイメータの線量率測定範囲は，BG（バックグラウンド）～ 30 μSv/hである．（**表3.1**参照）

表3.1 サーベイメータの特性[1)]

種　類	エネルギー範囲	線量率範囲
電離箱式	30 keV ～ 2 MeV	1 μSv/h ～ 300 mSv/h
GM計数管式	50 keV ～	0.1 μSv/h ～ 200 μSv/h
シンチレーション式	50 keV ～ 3 MeV	BG ～ 30 μSv/h
半導体式	50 keV ～	1 μSv/h ～ 10 mSv/h

(3) 正しい．電離箱式サーベイメータの線量率測定範囲は，1 μSv/h ～ 300 mSv/hである．

(4) 正しい．GM計数管式サーベイメータの線量率測定範囲は，0.1 μSv/h ～ 200 μSv/hである．

(5) 誤り．半導体のエネルギー範囲は，50 keV以上である．

▶答 (5)

問題2

【令和元年秋B問3】

サーベイメータに関する次の記述のうち，誤っているものはどれか.

(1) 電離箱式サーベイメータは，エネルギー依存性及び方向依存性が小さいので，散乱線の多い区域の測定に適している.

(2) 電離箱式サーベイメータは，一般に，湿度の影響により零点の移動が起こりやすいので，測定に当たり留意する必要がある.

(3) NaI(Tl) シンチレーション式サーベイメータは，感度が良く，自然放射線レベルの低線量率の放射線も検出することができるので，施設周辺の微弱な漏えい線の有無を調べるのに適している.

(4) シンチレーション式サーベイメータは，30 keV 程度のエネルギーのエックス線の測定に適している.

(5) 半導体式サーベイメータは，20 keV 程度のエネルギーのエックス線の測定には適していない.

解説 (1) 正しい. 電離箱式サーベイメータ（エックス線及びγ線の測定使用）は，エネルギー依存性及び方向依存性が小さいので，散乱線の多い区域の測定に適している.

(2) 正しい. 電離箱式サーベイメータは，一般に，湿度の影響により零点の移動が起こりやすいので，測定に当たり留意する必要がある.

(3) 正しい. NaI(Tl) シンチレーション式サーベイメータ（γ線及びエックス線の測定使用）は，感度が良く，自然放射線レベルの低線量率の放射線も検出することができるので，施設周辺の微弱な漏えい線の有無を調べるのに適している.

(4) 誤り. シンチレーション式サーベイメータは，50 keV ～ 3 MeV 範囲のエネルギーのエックス線の測定に適している.（表 3.1 参照）

(5) 正しい. 半導体式サーベイメータは，20 keV 程度のエネルギーのエックス線の測定には適していない. 50 keV 以上のエネルギーに適している.（表 3.1 参照）　▶答 (4)

問題3

【令和元年秋B問5】

GM 計数管式サーベイメータによる測定に関する次の文中の［　　］内に入れるAからCの語句の組合せとして，正しいものは (1) ～ (5) のうちどれか.

「検出器の積分回路の時定数の値を小さくすると，指針のゆらぎが［ A ］なり，指示値の相対標準偏差は［ B ］なるが，応答は［ C ］なる.」

	A	B	C
(1)	小さく	小さく	遅く
(2)	小さく	小さく	速く
(3)	小さく	大きく	速く

第3章　エックス線の測定に関する知識

(4) 大きく　　小さく　　遅く
(5) 大きく　　大きく　　速く

解説　無限時間経過した後の指示値をM_0とすると，測定を開始してからt秒後の指示値Mは$M = M_0(1 - e^{-t/\tau})$で表される．ここに，τは時定数である．この時定数τの値を小さくすると，指示値の相対標準誤差は大きくなるが，応答速度は速くなる．なお，$t = \tau$で，$M/M_0 = 1 - e^{-1} = 0.63$で経過時間に無関係となる．（**図3.9**参照）

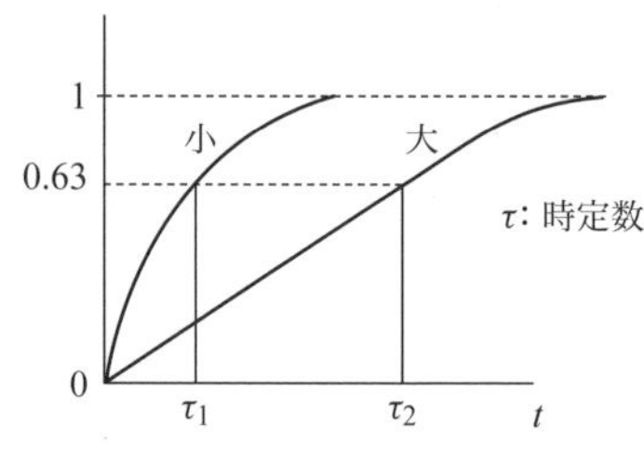

図3.9　時定数と経過時間

A 「大きく」である．
B 「大きく」である．
C 「速く」である．

以上から（5）が正解．

▶答（5）

問題4　【令和元年春B問6】

次のエックス線とその測定に用いるサーベイメータとの組合せのうち，不適切なものはどれか．

(1) 10 keV程度のエネルギーで，1 mSv/h程度の線量率のエックス線
……NaI(Tl) シンチレーション式サーベイメータ
(2) 50～200 keVのエネルギー範囲で，50 μSv/h程度の線量率のエックス線
……電離箱式サーベイメータ
(3) 100 keV程度のエネルギーで，10 μSv/h程度の線量率のエックス線
……半導体式サーベイメータ
(4) 300 keV程度のエネルギーで，100 μSv/h程度の線量率のエックス線
……GM計数管式サーベイメータ
(5) 300 keV程度のエネルギーで，10 mSv/h程度の線量率のエックス線
……電離箱式サーベイメータ

解説　(1) 不適切．NaI(Tl) シンチレーション式サーベイメータは，エネルギー範囲50 keV～3 MeVで，線量率範囲はBG～30 μSv/hで使用可能であるから，エネルギー範囲10 keVで，1 mSv/h程度の線量率のエックス線の測定は不適切である．（表3.1参照）

(2) 適切．電離箱式サーベイメータは，エネルギー範囲30 keV～2 MeVで，線量率範囲は1 μSv/h～300 mSv/hで使用可能であるから，エネルギー範囲50～200 keVで，

50 μSv/h 程度の線量率のエックス線の測定は適切である．(表 3.1 参照)

(3) 適切．半導体式サーベイメータは，エネルギー範囲 50 keV 以上で，線量率範囲は 1 μSv/h ～ 10 mSv/h で使用可能であるから，エネルギー範囲 100 keV で，10 μSv/h 程度の線量率のエックス線の測定は適切である．(表 3.1 参照)

(4) 適切．GM 計数管式サーベイメータは，エネルギー範囲 50 keV 以上で，線量率範囲は 0.1 μSv/h ～ 200 μSv/h で使用可能であるから，エネルギー範囲 300 keV で，100 μSv/h 程度の線量率のエックス線の測定は適切である．(表 3.1 参照)

(5) 適切．電離箱式サーベイメータは，エネルギー範囲 30 keV ～ 2 MeV で，線量率範囲は 1 μSv/h ～ 300 mSv/h で使用可能であるから，300 keV 程度のエネルギーで，10 mSv/h 程度の線量率のエックス線の測定は適切である．(表 3.1 参照)　▶答 (1)

問題 5　【平成 30 年秋 B 問 5】

次のエックス線とその測定に用いるサーベイメータとの組合せのうち，不適切なものはどれか．

(1) 10 keV 程度のエネルギーで，1 mSv/h 程度の線量率のエックス線
……NaI(Tl) シンチレーション式サーベイメータ

(2) 50 ～ 200 keV のエネルギー範囲で，50 μSv/h 程度の線量率のエックス線
……電離箱式サーベイメータ

(3) 100 keV 程度のエネルギーで，10 μSv/h 程度の線量率のエックス線
……半導体式サーベイメータ

(4) 300 keV 程度のエネルギーで，100 μSv/h 程度の線量率のエックス線
……GM 計数管式サーベイメータ

(5) 300 keV 程度のエネルギーで，10 mSv/h 程度の線量率のエックス線
……電離箱式サーベイメータ

解説 (1) 不適切．NaI(Tl) シンチレーション式サーベイメータは，エネルギー範囲 50 keV ～ 3 MeV で，線量率範囲は BG ～ 30 μSv/h で使用可能であるから，エネルギー範囲 10 keV で，1 mSv/h 程度の線量率のエックス線の測定は不適切である．(表 3.1 参照)

(2) 適切．電離箱式サーベイメータは，エネルギー範囲 30 keV ～ 2 MeV で，線量率範囲は 1 μSv/h ～ 300 mSv/h で使用可能であるから，エネルギー範囲 50 ～ 200 keV で，50 μSv/h 程度の線量率のエックス線の測定は適切である．(表 3.1 参照)

(3) 適切．半導体式サーベイメータは，エネルギー範囲 50 keV 以上で，線量率範囲は 1 μSv/h ～ 10 mSv/h で使用可能であるから，エネルギー範囲 100 keV で，10 μSv/h 程度の線量率のエックス線の測定は適切である．(表 3.1 参照)

(4) 適切．GM 計数管式サーベイメータは，エネルギー範囲 50 keV 以上で，線量率範囲は 0.1 μSv/h ～ 200 μSv/h で使用可能であるから，エネルギー範囲 300 keV で，100 μSv/h 程度の線量率のエックス線の測定は適切である．（表 3.1 参照）

(5) 適切．電離箱式サーベイメータは，エネルギー範囲 30 keV ～ 2 MeV で，線量率範囲は 1 μSv/h ～ 300 mSv/h で使用可能であるから，300 keV 程度のエネルギーで，10 mSv/h 程度の線量率のエックス線の測定は適切である．（表 3.1 参照）　▶答（1）

問題 6　【平成 30 年春 B 問 7】

次のエックス線とその測定に用いるサーベイメータの組合せのうち，不適切なものはどれか．

(1) 散乱線を多く含むエックス線……………………………電離箱式サーベイメータ

(2) 0.1 μSv/h 程度の低線量率のエックス線
……………………………………………………シンチレーション式サーベイメータ

(3) 200 mSv/h 程度の高線量率のエックス線………………電離箱式サーベイメータ

(4) 湿度の高い場所における 100 μSv/h 程度のエックス線
…………………………………………………………GM 計数管式サーベイメータ

(5) 10 keV 程度の低エネルギーのエックス線………………半導体式サーベイメータ

解説 (1) 正しい．電離箱式サーベイメータは，散乱線を多く含むエックス線に適している．なお，GM 計数管式サーベイメータやシンチレーション式サーベイメータなどは適さない．

(2) 正しい．シンチレーション式サーベイメータの線量率測定範囲は，BG ～ 30 μSv/h である．なお，BG はバックグラウンドで自然放射線レベルの低線量率を表す．（表 3.1 参照）

(3) 正しい．電離箱式サーベイメータの線量率測定範囲は，1 μSv/h ～ 300 mSv/h である．（表 3.1 参照）

(4) 正しい．GM 計数管式サーベイメータの線量率測定範囲は，0.1 μSv/h ～ 200 μSv/h である．

(5) 誤り．半導体のエネルギー範囲は，50 keV 以上である．　▶答（5）

問題 7　【平成 29 年秋 B 問 5】

次のエックス線とその測定に用いるサーベイメータとの組合せのうち，不適切なものはどれか．

(1) 10 keV 程度のエネルギーで，1 mSv/h 程度の線量率のエックス線
………………………………………………NaI(Tl) シンチレーション式サーベイメータ

(2) 50 ～ 200 keV のエネルギー範囲で，50 μSv/h 程度の線量率のエックス線
…………………………………………………………………… 電離箱式サーベイメータ

(3) 100 keV 程度のエネルギーで，10 μSv/h 程度の線量率のエックス線
…………………………………………………………………… 半導体式サーベイメータ

(4) 300 keV 程度のエネルギーで，100 μSv/h 程度の線量率のエックス線
…………………………………………………………… GM 計数管式サーベイメータ

(5) 300 keV 程度のエネルギーで，10 mSv/h 程度の線量率のエックス線
…………………………………………………………………… 電離箱式サーベイメータ

解説 (1) 不適切．NaI(Tl) シンチレーション式サーベイメータは，エネルギー範囲 50 keV ～ 3 MeV で，線量率範囲は BG ～ 30 μSv/h で使用可能であるから，エネルギー範囲 10 keV で，1 mSv/h 程度の線量率のエックス線の測定は不適切である．(表 3.1 参照)

(2) 適切．電離箱式サーベイメータは，エネルギー範囲 30 keV ～ 2 MeV で，線量率範囲は 1 μSv/h ～ 300 mSv/h で使用可能であるから，エネルギー範囲 50 ～ 200 keV で，50 μSv/h 程度の線量率のエックス線の測定は適切である．(表 3.1 参照)

(3) 適切．半導体式サーベイメータは，エネルギー範囲 50 keV 以上で，線量率範囲は 1 μSv/h ～ 10 mSv/h で使用可能であるから，エネルギー範囲 100 keV で，10 μSv/h 程度の線量率のエックス線の測定は適切である．(表 3.1 参照)

(4) 適切．GM 計数管式サーベイメータは，エネルギー範囲 50 keV 以上で，線量率範囲は 0.1 μSv/h ～ 200 μSv/h で使用可能であるから，エネルギー範囲 300 keV で，100 μSv/h 程度の線量率のエックス線の測定は適切である．(表 3.1 参照)

(5) 適切．電離箱式サーベイメータは，エネルギー範囲 30 keV ～ 2 MeV で，線量率範囲は 1 μSv/h ～ 300 mSv/h で使用可能であるから，300 keV 程度のエネルギーで，10 mSv/h 程度の線量率のエックス線の測定は適切である．(表 3.1 参照)　▶答 (1)

問題 8 【平成 29 年春 B 問 10】

次のエックス線とその測定に用いるサーベイメータの組合せのうち，不適切なものはどれか．

(1) 散乱線を多く含むエックス線 ……………………… 電離箱式サーベイメータ

(2) 0.1 μSv/h 程度の低線量率のエックス線
……………………………………………………… シンチレーション式サーベイメータ

(3) 200 mSv/h 程度の高線量率のエックス線 ……………… 電離箱式サーベイメータ

(4) 湿度の高い場所における 100 μSv/h 程度のエックス線
…………………………………………………………… GM 計数管式サーベイメータ

(5) 10 keV 程度の低エネルギーのエックス線……………… 半導体式サーベイメータ

解説 (1) 正しい．電離箱式サーベイメータは，散乱線を多く含むエックス線に適している．なお，GM 計数管式サーベイメータやシンチレーション式サーベイメータなどは適さない．

(2) 正しい．シンチレーション式サーベイメータの線量率測定範囲は，BG ～ 30 μSv/h である．なお，BG はバックグラウンドで自然放射線レベルの低線量率を表す．(表 3.1 参照)

(3) 正しい．電離箱式サーベイメータの線量率測定範囲は，1 μSv/h ～ 300 mSv/h である．(表 3.1 参照)

(4) 正しい．GM 計数管式サーベイメータの線量率測定範囲は，0.1 μSv/h ～ 200 μSv/h である．

(5) 誤り．半導体のエネルギー範囲は，50 keV 以上である． ▶答 (5)

問題 9 【平成 28 年秋 B 問 5】 

エックス線の測定に用いるサーベイメータに関する次の記述のうち，正しいものはどれか．

(1) NaI(Tl) シンチレーション式サーベイメータは，感度が良く，自然放射線レベルの低線量率の放射線も検出することができるので，施設周辺の微弱な漏えい線の有無を調べるのに適している．

(2) 電離箱式サーベイメータは，取扱いが容易で，測定可能な線量の範囲が広いが，他のサーベイメータに比べ方向依存性が大きく，また，バックグラウンド値が大きい．

(3) GM 計数管式サーベイメータは，方向依存性が小さく，線量率は 500 mSv/h 程度まで効率良く測定できる．

(4) GM 計数管式サーベイメータは，他のサーベイメータに比べエネルギー依存性は小さいが，湿度の影響を受けやすく，安定性が十分でない．

(5) 半導体式サーベイメータは，エネルギー依存性が小さく，30 keV 以下の低エネルギーのエックス線の測定に適している．

解説 (1) 正しい．NaI(Tl) シンチレーション式サーベイメータは，感度が良く，自然放射線レベルの低線量率の放射線も検出することができるので，施設周辺の微弱な漏えい線の有無を調べるのに適している．

(2) 誤り．電離箱式サーベイメータは，取扱いが容易で，測定可能な線量の範囲が広いが，他のサーベイメータに比べ方向依存性が小さく，また，バックグラウンド値が大きい．湿度の影響を受けやすい．

(3) 誤り．GM 計数管式サーベイメータは，方向依存性が大きく，線量率は 200 μSv/h 程度まで効率よく測定できる．

(4) 誤り．GM 計数管式サーベイメータ（エネルギー範囲は 50 keV 以上）は，電離箱サーベイメータ（エネルギー範囲は 30 keV ～ 2 MeV）に比べ，エネルギー依存性は大きいが，湿度の影響を受けにくく，安定性が十分ある．(表 3.1 参照)

(5) 誤り．半導体式サーベイメータは，エネルギー依存性が電離箱式サーベイメータより大きく，50 keV 以上のエネルギーのエックス線の測定に適している．50 keV 以下では感度が悪くなり，検出効率が低くなって測定には適さない．

▶答 (1)

問題 10 【平成 28 年春 B 問 3】

サーベイメータに関する次の記述のうち，誤っているものはどれか．

(1) 電離箱式サーベイメータは，エネルギー依存性及び方向依存性が小さいので，散乱線の多い区域の測定に適している．

(2) 電離箱式サーベイメータは，一般に，湿度の影響により零点の移動が起こりやすいので，測定に当たり留意する必要がある．

(3) NaI(Tl) シンチレーション式サーベイメータは，感度が良く，自然放射線レベルの低線量率の放射線も検出することができるので，施設周辺の微弱な漏えい線の有無を調べるのに適している．

(4) シンチレーション式サーベイメータは，30 keV 程度のエネルギーのエックス線の測定に適している．

(5) 半導体式サーベイメータは，20 keV 程度のエネルギーのエックス線の測定には適していない．

解説 (1) 正しい．電離箱式サーベイメータは，エネルギー依存性及び方向依存性が小さいので，散乱性の多い区域の測定に適している．

(2) 正しい．電離箱式サーベイメータは，一般に，湿度の影響により零点の移動が起こりやすいので，測定に当たり留意する必要がある．

(3) 正しい．NaI(Tl) シンチレータサーベイメータは，感度が良く，自然放射線レベルの低線量率の放射線も検出することができるので，施設周辺の微弱な漏えい線の有無を調べるのに適してる．

(4) 誤り．シンチレーション式サーベイメータは，50 kev ～ 3 MeV のエネルギーのエックス線の測定に適している．「30 keV 程度」が誤り．(表 3.1 参照)

(5) 正しい．半導体式サーベイメータは，50 keV 以上のエネルギーのエックス線の測定に適している．

▶答 (4)

問題11 【平成27年秋B問5】

次のエックス線とその測定に用いるサーベイメータとの組合せのうち，不適切なものはどれか．

(1) 50～200 keV のエネルギー範囲で，50 μSv/h 程度の線量率のエックス線 ……………………………………………………電離箱式サーベイメータ

(2) 10 keV 程度のエネルギーで，1 mSv/h 程度の線量率のエックス線 ……………………………NaI(Tl) シンチレーション式サーベイメータ

(3) 100 keV 程度のエネルギーで，10 μSv/h 程度の線量率のエックス線 ……………………………………………………半導体式サーベイメータ

(4) 300 keV 程度のエネルギーで，10 mSv/h 程度の線量率のエックス線 ……………………………………………………電離箱式サーベイメータ

(5) 300 keV 程度のエネルギーで，100 μSv/h 程度の線量率のエックス線 ……………………………………………………GM 計数管式サーベイメータ

解説 (1) 正しい．電離箱式サーベイメータは，エネルギー範囲 30 keV～2 MeV で，線量率範囲は 1 μSv/h～300 mSv/h で使用可能であるから，エネルギー範囲 50～200 keV で，50 μSv/h 程度の線量率のエックス線の測定は適切である．(表 3.1 参照)

(2) 誤り．NaI(Tl) シンチレーション式サーベイメータは，エネルギー範囲 50 keV～3 MeV で，線量率範囲は BG～30 μSv/h で使用可能であるから，エネルギー範囲 10 keV で，1 mSv/h 程度の線量率のエックス線の測定は不適切である．

(3) 正しい．半道体式サーベイメータは，エネルギー範囲 50 keV 以上で，線量率範囲は 1 μSv/h～10 mSv/h で使用可能であるから，エネルギー範囲 100 keV で，10 μSv/h 程度の線量率のエックス線の測定は適切である．

(4) 正しい．電離箱式サーベイメータは，エネルギー範囲 30 keV～2 MeV で，線量率範囲は 1 μSv/h～300 mSv/h で使用可能であるから，エネルギー範囲 300 keV で，10 mSv/h 程度の線量率のエックス線の測定は適切である．

(5) 正しい．GM 計数管式サーベイメータは，エネルギー範囲 50 keV 以上で，線量率範囲は 0.1 μSv/h～200 μSv/h で使用可能であるから，エネルギー範囲 300 keV で，100 μSv/h 程度の線量率のエックス線の測定は適切である． ▶答 (2)

■ 3.4.7 電離箱式サーベイメータによる1cm線量当量率又は正しい目盛りの算出

問題1 【平成30年春B問8】

あるエックス線について，サーベイメータの前面に鉄板を置き，半価層を測定したところ2.0mmであった．このエックス線のエネルギーとして最も近いものは（1）～（5）のうちどれか．

ただし，エックス線のエネルギーと鉄の質量減弱係数との関係は下図のとおりとし，$\log_e 2 = 0.693$ とする．また，この鉄板の密度は $7.8\,\mathrm{g/cm^3}$ とする．

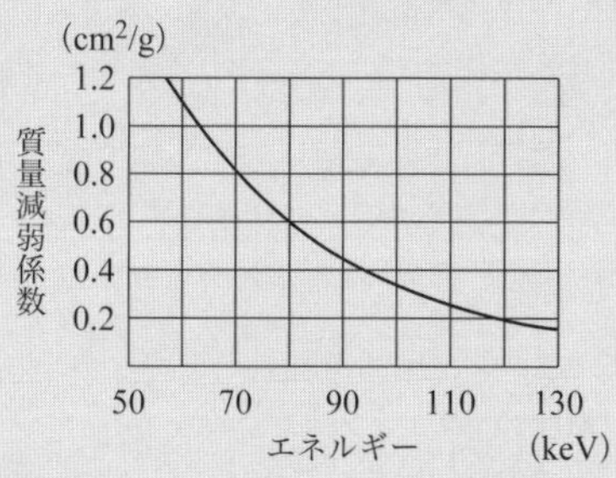

（1）60keV　（2）70keV　（3）80keV　（4）90keV　（5）110keV

解説 エックス線の透過エネルギーI，透過前のエネルギーI_0，線減弱係数μ，質量減弱係数μ_m，エックス線の透過距離をx，密度σとすると，次の関係式が成立する．

$$I = I_0 e^{-\mu x} \quad ①$$

$$\mu_m = \mu/\sigma \quad ②$$

半価層が2mm（0.2cm）であるから，式①を変形し

$$I/I_0 = e^{-\mu x} \quad ③$$

式③に数値を代入する．

$$1/2 = e^{-\mu \times 0.2} \quad ④$$

両辺の自然対数をとる．

$$\log_e(1/2) = \log(e^{-\mu \times 0.2})$$

$$0.693 = \mu \times 0.2$$

$$\mu = 0.693/0.2 \quad ⑤$$

次に，μ_mを求める．

$$\mu_m = \mu/\sigma = 0.693/(0.2 \times 7.8) = 0.44\ [\mathrm{cm^2/g}]$$

図から縦軸の$0.44\,\mathrm{cm^2/g}$に対応する横軸のエネルギーは90keVである．

以上から（4）が正解.　▶答（4）

問題2　【平成29年秋B問10】

電離箱式サーベイメータを用い，積算1 cm線量当量のレンジ（フルスケールは10 μSv）を使用して，ある場所で，実効エネルギーが180 keVのエックス線を測定したところ，フルスケールまで指針が振れるのに100秒かかった.

このときの1 cm線量当量率に最も近い値は次のうちどれか.

ただし，測定に用いたこのサーベイメータの校正定数は，エックス線のエネルギーが120 keVのときには0.85，250 keVのときには0.98であり，このエネルギー範囲では，直線的に変化するものとする.

（1）310 μSv/h
（2）330 μSv/h
（3）360 μSv/h
（4）400 μSv/h
（5）450 μSv/h

解説　実効エネルギーが180 keVのときの校正定数を求め，1時間の積算1 cm線量当量を算出する.

図3.10から，横軸において250 − 120 = 130 eV，縦軸において0.98 − 0.85 = 0.13であるから，180 eVのときの校正定数を(0.85 + X)とすれば，比例関係から次のように表わされる.

$$130 : 0.13 = (180 - 120) : X$$
$$X = 0.06\,\mathrm{eV}$$

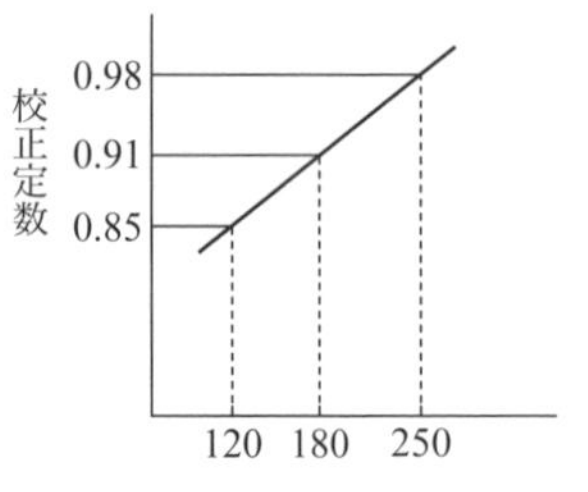

図3.10　校正定数とエックス線エネルギー

したがって，180 eVのときの校正定数は(0.85 + 0.06) eV = 0.91 eVとなる．これから1時間の積算1 cm線量当量を次のように算出する.

$$10\,\mu\mathrm{Sv}/100\,秒 \times 3{,}600\,秒/時間 \times 0.91 = 330\,\mu\mathrm{Sv/h}$$

以上から（2）が正解.　▶答（2）

問題3　【平成28年秋B問10】

電離箱式サーベイメータを用い，積算1 cm線量当量のレンジ（フルスケールは10 μSv）を使用して，ある場所で，実効エネルギーが180 keVのエックス線を測定したところ，フルスケールまで指針が振れるのに100秒かかった.

このときの1 cm線量当量率に最も近い値は次のうちどれか.

ただし，測定に用いたサーベイメータの校正定数は，エックス線のエネルギーが120 keVのときには0.85，250 keVのときには0.98であり，このエネルギー範囲では，直線的に変化するものとする.

(1) 310 μSv/h　(2) 330 μSv/h　(3) 380 μSv/h
(4) 400 μSv/h　(5) 550 μSv/h

解説 実効エネルギーが180 keVのときの校正定数を求め，1時間の積算1 cm線量当量を算出する.

図3.10から，横軸において250 − 120 = 130 eV，縦軸において0.98 − 0.85 = 0.13であるから，180 eVのときの校正定数を（0.85 + X）とすれば，比例関係から次のように表される.

$$130 : 0.13 = (180 - 120) : X$$

$$X = 0.06\,\mathrm{eV}$$

したがって，180 eVのときの校正定数は（0.85 + 0.06）eV = 0.91 eVとなる．これから1時間の積算1 cm線量当量を次のように算出する.

$$10\,\mu\mathrm{Sv}/100\,秒 \times 3{,}600\,秒/時間 \times 0.91 = 330\,\mu\mathrm{Sv/h}$$

以上から（2）が正解.　▶答（2）

問題4　【平成27年秋B問10】

標準線源から1 mの距離において，電離箱式サーベイメータの積算モードでの校正を行ったところ，指針が目盛りスケール上のある目盛りまで振れるのに30秒かかった．この目盛りの正しい値は次のうちどれか.

ただし，この標準線源から1 mの距離における1 cm線量当量率は3.6 mSv/hとする.

(1) 10 μSv　(2) 15 μSv　(3) 30 μSv　(4) 45 μSv　(5) 60 μSv

解説 電離箱式サーベイメータが標準線源から1 mの距離における1 cm線量当量率が1時間で3.6 mSvである場合，30秒ではいくらかという問題である．したがって，次のように算出される.

$$3.6\,\mathrm{mSv/h} \times 30\,\mathrm{s} = 3.6\,\mathrm{mSv}/3{,}600\,\mathrm{s} \times 30\,\mathrm{s} = 3{,}600\,\mu\mathrm{Sv}/3{,}600\,\mathrm{s} \times 30\,\mathrm{s} = 30\,\mu\mathrm{Sv}$$

以上から（3）が正解.　▶答（3）

■ 3.4.8　個人線量計の種類と特徴

題1　【令和元年秋B問7】

被ばく線量測定のための放射線測定器に関する次の記述のうち，誤っているものはどれか．

(1) フィルムバッジは，写真乳剤を塗付したフィルムを現像したときの黒化度により被ばく線量を評価する測定器で，各フィルタを通したフィルム濃度の変化から，放射線の実効エネルギーを推定することができる．

(2) 電離箱式PD型ポケット線量計は，充電により先端がY字状に開いた石英繊維が，放射線の入射により閉じてくることを利用した線量計で，線量の読み取りは随時行うことができる．

(3) 半導体式ポケット線量計は，放射線の固体内での電離作用を利用した線量計で，検出器に高圧電源を必要とせず小型軽量で，1 cm線量当量がデジタル表示され，作業中の線量確認が容易である．

(4) 光刺激ルミネセンス（OSL）線量計は，ラジオフォトルミネセンスを利用した線量計で，検出素子にはフッ化リチウム，フッ化カルシウムなどが用いられている．

(5) 電荷蓄積式（DIS）線量計は，電荷を蓄積する不揮発性メモリ素子（MOSFETトランジスタ）を電離箱の構成要素の一部とした線量計で，線量の読み取りは専用のリーダを用いて行う．

解説　(1) 正しい．フィルムバッジは，写真乳剤を塗付したフィルムを現像したときの黒化度により被ばく線量を評価する測定器で，各フィルタを通したフィルム濃度の変化から，放射線の実効エネルギーを推定することができる．

(2) 正しい．電離箱式PD型ポケット線量計は，充電により先端が同じ電荷のため反発してY字状に開いた石英繊維が，放射線の入射により電荷を失い閉じてくることを利用した線量計で，線量の読み取りは随時行うことができる．

(3) 正しい．半導体式ポケット線量計は，放射線の固体内での電離作用を利用した線量計で，検出器に高圧電源を必要とせず小型軽量で，1 cm線量当量がデジタル表示され，作業中の線量確認が容易である．

(4) 誤り．光刺激ルミネセンス（OSL：Optically Stimulated Luminescence）線量計は，輝尽性蛍光を利用した線量計で，素子には炭素添加酸化アルミニウムなどが用いられる．輝尽性蛍光とは，放射線の照射によって結晶内の伝導体に持ち上げられた電子の一部は，色中心と呼ばれる光子欠陥（準安定状態）に捕獲されるが，ここに強い緑色のレーザー光線を与えると捕獲されていた電子が価電子帯に戻り，同時に発光する現象をいう．

ラジオフォトルミネセンスを利用した線量計は，蛍光ガラス線量計（RPLD：Radio Photo Luminescence Dosimeter）の測定原理で銀活性リン酸塩ガラスなどを使用し放射線照射によって生成した安定な蛍光中心に紫外線照射によってオレンジ色の蛍光を発する現象を利用するものである．なお，検出素子にはフッ化リチウム，フッ化カルシウムなどが用いられている線量計は，熱ルミネセンス線量計（TLD：Thermoluminescence Dosimeter）である．

(5) 正しい．電荷蓄積式（DIS：Direct Ion Storage）線量計は，電荷を蓄積する不揮発性メモリ素子（MOSFETトランジスタ：電源を供給しなくても記憶を保持する素子）を電離箱の構成要素の一部とした線量計で，線量の読み取りは専用のリーダを用いて行う．なお，MOSFETとはMetal-Oxide-Semiconductor Field Effect Transistorの略で「金属酸化膜半導体電界効果トランジスタ」である．

▶答（4）

問題2

【令和元年春B問4】

被ばく線量を測定するための放射線測定器に関する次の記述のうち，誤っているものはどれか．

(1) 電離箱式PD型ポケット線量計は，充電により先端がY字状に開いた石英繊維が放射線の入射により閉じてくることを利用した線量計である．

(2) 蛍光ガラス線量計は，放射線により生成された蛍光中心に緑色のレーザー光を当て，発生する蛍光を測定することにより，線量を読み取る．

(3) 光刺激ルミネセンス（OSL）線量計は，輝尽性蛍光を利用した線量計で，素子には炭素添加酸化アルミニウムなどが用いられている．

(4) 半導体式ポケット線量計は，固体内での放射線の電離作用を利用した線量計で，検出器にはPN接合型シリコン半導体が用いられている．

(5) 電荷蓄積式（DIS）線量計は，電荷を蓄積する不揮発性メモリ素子（MOSFETトランジスタ）を電離箱の構成要素の一部とした線量計で，線量の読み取りは専用のリーダを用いて行う．

解説 (1) 正しい．電離箱式PD（Pocket Dosimeter）型ポケット線量計は，充電により先端がクーロン斥力で反発しあいY字状に開いた石英繊維が放射線の入射により空気がイオン化され，このイオンがY字状の電荷を中和するため，閉じてくることを利用した線量計である．

(2) 誤り．蛍光ガラス線量計（RPLD）は，放射線により生成した蛍光中心に紫外線を当て，発生する蛍光を測定することにより線量を読み取る．「緑色のレーザー光線」が誤りで，「緑色のレーザー光線」を当て，発生する蛍光を測定し線量を読み取るのは光刺激ルミネセンス線量計（OSLD：Optically Stimulated Luminescence Dosimeter）である．

(3) 正しい．光刺激ルミネセンス線量計（OSLD）は，輝尽性蛍光を利用した線量計で，素子には炭素添加酸化アルミニウムなどが用いられている．なお，輝尽性蛍光とは，放射線の照射によって結晶内の伝導体に持ち上げられた電子の一部は，色中心と呼ばれる光子欠陥（準安定状態）に捕獲されるが，ここに強い緑色のレーザー光線を当てると，捕獲されていた電子が価電子帯に戻り，同時に発光する現象をいう．

(4) 正しい．半導体式ポケット線量計は，固体内での放射線の電離作用を利用した線量計で，検出器にはPN接合型シリコン半導体が用いられている．

(5) 正しい．電荷蓄積式（DIS：Direct Ion Storage）線量計は，電荷を蓄積する不揮発性メモリ素子（MOSFETトランジスタ）を電離箱の構成要素の一部とした線量計で，線量の読み取りは専用のリーダを用いて行う．何回でも読み込むことができ，良好なエネルギー特性をもち，電荷の漏えいがないなどの特徴がある．なお、不揮発性メモリとは電源を切っても記憶を保持するメモリをいう．

▶答（2）

問題3 【平成30年春B問9】

個人被ばく線量測定のための放射線測定器に関する次の記述のうち，誤っているものはどれか．

(1) フィルムバッジは，写真乳剤を塗付したフィルムを現像したときの黒化度により被ばく線量を評価する測定器で，数種類のフィルタを通したフィルムの濃度の変化から，放射線の実効エネルギーを推定することができる．

(2) 光刺激ルミネセンス（OSL）線量計は，銀活性リン酸塩ガラスを素子とし，放射線により生成された蛍光中心に紫外線を当て，発生する蛍光を測定する線量計である．

(3) 電離箱式PD型ポケット線量計は，充電により先端がY字状に開いた石英繊維が，放射線の入射により閉じてくることを利用した線量計である．

(4) 半導体式ポケット線量計は，固体内での放射線の電離作用を利用した線量計で，検出器としてPN接合型シリコン半導体が用いられている．

(5) 電荷蓄積式（DIS）線量計は，電荷を蓄積する不揮発性メモリ素子（MOSFETトランジスタ）を電離箱の構成要素の一部とした線量計で，線量の読み取りは専用のリーダを用いて行う．

解説 (1) 正しい．フィルムバッジは，写真乳剤を塗布したフィルムを現像したときの黒化度により被ばく線量を評価する測定器で，数種類のフィルタを通したフィルムの濃度の変化から放射線の実効エネルギーを推定することができる．

(2) 誤り．光刺激ルミネセンス線量計（OSLD：Optically Stimulated Luminescence

Dosimeter）は，輝尽性蛍光を利用した線量計で，素子には炭素添加酸化アルミニウムなどが用いられている．輝尽性蛍光とは，放射線の照射によって結晶内の伝導体に持ち上げられた電子の一部は，色中心と呼ばれる光子欠陥（準安定状態）に捕獲されるが，ここに強い緑色のレーザ光線を当てると，捕獲されていた電子が価電子帯に戻り，同時に発光する現象をいう．なお，銀活性リン酸塩ガラス以下の内容は蛍光ガラス線量計のことである．

(3) 正しい．電離箱式PD（Pocket Dosimeter）型ポケット線量計は，充電により先端がY字状に開いた石英繊維が放射線の入射により閉じてくることを利用した線量計である．

(4) 正しい．半導体式ポケット線量計は，固体内での放射線の電離作用を利用した線量計で，検出器にはPN接合型シリコン半導体が用いられている．

(5) 正しい．電荷蓄積式（DIS：Direct Ion Storage）線量計は，電荷を蓄積する不揮発性メモリ素子（MOSFETトランジスタ：電源を供給しなくても記憶を保持する素子）を電離箱の構成要素の一部とした線量計で，線量の読み取りは専用のリーダを用いて行う．何回でも読み込むことができ，良好なエネルギー特性をもち，電荷の漏えいがないなどの特徴がある．

▶答 (2)

問題4　【平成29年秋B問6】

次のAからDまでの放射線測定器のうち，線量を読み取るための特別な装置を必要としないものの組合せは (1)～(5) のうちどれか．

A　フィルムバッジ

B　蛍光ガラス線量計

C　PD型ポケット線量計

D　半導体式ポケット線量計

(1) A，B　(2) A，C　(3) A，D　(4) B，D　(5) C，D

解説 A　特別な装置を必要とする．フィルムバッジは，γ線やβ線などの放射線に曝露したフィルムを現像すると黒化し，黒化度から標準と比較して被ばくの程度を評価するものである．

B　特別な装置を必要とする．蛍光ガラス線量計（RPLD）は，放射線により生成した蛍光中心に紫外線を当て，発生する蛍光を測定することにより線量を読み取る．したがって，作業中に随時，線量を確認することはできない．

C　特別な装置を必要としない．PD型ポケット線量計は，デジタル表示の直読式であり，電離箱を利用したもので特別な装置は必要としない．

D　特別な装置を必要としない．半導体式ポケット線量計は，シリコン半導体を利用したので，小形軽量でデジタル表示の直読式で特別な装置は必要としない．

以上から（5）が正解．　▶答（5）

問題5　【平成28年秋B問6】

次のAからDまでの放射線測定器のうち，線量を読み取るための特別な措置を必要としないものの組合せは（1）～（5）のうちどれか．

A　フィルムバッジ

B　PC型ポケット線量計

C　PD型ポケット線量計

D　半導体式ポケット線量計

（1）A，B　（2）A，C　（3）A，D　（4）B，D　（5）C，D

解説　A　特別な装置を必要とする．フィルムバッジは，γ線やβ線などの放射線に曝露したフィルムを現像すると黒化し，黒化度から標準と比較して被ばくの程度を評価するものである．

B　特別な装置を必要とする．PC型ポケット線量計は，測定器を近傍のパソコンに無線で通信して処理結果を測定器に表示する線量計である．

C　特別な装置を必要としない．PD型ポケット線量計は，デジタル表示の直読式で電離箱を利用したもので特別な装置は必要としない．

D　特別な装置を必要としない．半導体式ポケット線量計は，シリコン半導体を利用したもので，小形軽量でデジタル表示の直読式で特別な装置は必要としない．

以上から（5）が正解．　▶答（5）

問題6　【平成27年秋B問6】

被ばく線量測定のための放射線測定器に関する次の記述のうち，誤っているものはどれか．

（1）電離箱式PD型ポケット線量計は，充電により先端がY字状に開いた石英繊維が放射線の入射により閉じてくることを利用した線量計である．

（2）蛍光ガラス線量計は，放射線により生成された蛍光中心に緑色のレーザー光を当て，発生する蛍光を測定することにより線量を読み取る．

（3）光刺激ルミネセンス（OSL）線量計は，輝尽性蛍光を利用した線量計で，素子には炭素添加酸化アルミニウムなどが用いられている．

（4）半導体式ポケット線量計は，固体内での放射線の電離作用を利用した線量計で，検出器にはPN接合型シリコン半導体が用いられている．

（5）電荷蓄積式（DIS）線量計は，電荷を蓄積する不揮発性メモリ素子（MOSFET

トランジスタ）を電離箱の構成要素の一部とした線量計で，線量の読み取りは専用のリーダを用いて行う．

解説 (1) 正しい．電離箱式PD（Pocket Dosimeter）型ポケット線量計は，充電により先端がY字状に開いた石英繊維が放射線の入射により生じた電荷で中和するため閉じてくることを利用した線量計である．

(2) 誤り．蛍光ガラス線量計（RPLD）は，放射線により生成した蛍光中心に紫外線を当て，発生する蛍光を測定することにより線量を読み取る．「緑色のレーザー光」が誤りで，緑色のレーザー光を当て，発生する蛍光を測定し線量を読み取るのは光刺激ルミネセンス線量計（OSLD）である．

(3) 正しい．光刺激ルミネセンス線量計（OSLD）は，輝尽性蛍光を利用した線量計で，素子には炭素添加酸化アルミニウムなどが用いられている．なお，輝尽性蛍光とは，放射線の照射によって結晶内の伝導体に持ち上げられた電子の一部が，色中心と呼ばれる光子欠陥（準安定状態）に捕獲されるが，ここに強い緑色のレーザー光線を当てると，捕獲されていた電子が価電子帯に戻り，同時に発光する現象をいう．

(4) 正しい．半導体式ポケット線量計は，固体内での放射線の電離作用を利用した線量計で，検出器にはPN接合型シリコン半導体が用いられている．

(5) 正しい．電荷蓄積式（DIS：Direct Ion Storage）線量計は，電荷を蓄積する不揮発性メモリ素子（MOSFETトランジスタ）を電離箱の構成要素の一部とした線量計で，線量の読み取りは専用のリーダを用いて行う．何回でも読み込むことができ，良好なエネルギー特性をもち，電荷の漏えいがないなどの特徴がある． ▶答 (2)

3.5 測定等の用語に関するもの

問題1 【令和2年春B問3】

放射線の測定の用語に関する次の記述のうち，誤っているものはどれか．

(1) 放射線が気体中で1個のイオン対を作るのに必要な平均エネルギーをW値といい，放射線の種類やエネルギーにあまり依存せず，気体の種類に応じてほぼ一定の値をとる．

(2) 放射線が半導体中で1個の電子・正孔対を作るのに必要なエネルギーをG値といい，シリコンの結晶では100 eV程度である．

(3) 放射線計測において，測定しようとする放射線以外の，自然又は人工線源からの放射線を，バックグラウンド放射線という．

(4) 入射放射線によって気体中に作られたイオン対のうち，電子が電界で強く加速され，更に多くのイオン対を発生させることを気体（ガス）増幅という.

(5) 計測器がより高位の標準器又は基準器によって次々と校正され，国家標準につながる経路が確立されていることをトレーサビリティといい，放射線測定器の校正は，トレーサビリティが明確な基準測定器又は基準線源を用いて行う必要がある.

解説 (1) 正しい．放射線が気体中で1個のイオン対を作るのに必要な平均エネルギーをW値といい，放射線の種類やエネルギーにあまり依存せず，気体の種類に応じてほぼ一定の値をとる.

(2) 誤り．G値は，化学線量計において100 eVの放射エネルギーを吸収して化学変化を起こした分子数をいう．放射線が半導体中で1個の電子・正孔対を作るのに必要なエネルギーをε値といい，シリコンの結晶では約3.6 eV程度である.

(3) 正しい．放射線計測において，測定しようとする放射線以外の，自然又は人工線源からの放射線を，バックグラウンド放射線という.

(4) 正しい．入射放射線によって気体中に作られたイオン対のうち，電子が電界で強く加速され，更に多くのイオン対を発生させることを気体（ガス）増幅という.

(5) 正しい．計測器がより高位の標準器又は基準器によって次々と校正され，国家標準につながる経路が確立されていることをトレーサビリティといい，放射線測定器の校正は，トレーサビリティが明確な基準測定器又は基準線源を用いて行う必要がある.

▶答 (2)

問題2 【令和元年秋B問8】

放射線の測定などの用語に関する次の記述のうち，誤っているものはどれか.

(1) 気体中で1個のイオン対を生成するのに必要な放射線のエネルギーをG値といい，気体の電離作用を利用した計測における重要な値である.

(2) 入射放射線によって気体中に作られたイオン対のうち，電子が電界によって強く加速され，更に多くのイオン対を発生させることを気体（ガス）増幅といい，比例計数管やGM計数管による測定に利用される.

(3) 放射線計測において，測定しようとする放射線以外の，自然又は人工線源からの放射線を，バックグラウンド放射線という.

(4) GM計数管で放射線を計数するとき，分解時間内に入射した放射線は計数されないため，その分，計測値が減少することを数え落としという.

(5) 半導体検出器において，放射線が半導体中で1個の電子・正孔対を作るのに必要な平均エネルギーをε値といい，シリコン結晶の場合は，約3.6 eVである.

解説 (1) 誤り．気体中で1個のイオン対を生成するのに必要な放射線のエネルギーをW値といい，放射線の種類やエネルギーにあまり依存せず，気体の種類に応じてほぼ一定の値をとる．なお，G値は，化学線量計において100 eVの放射エネルギーを吸収して化学変化を起こした分子数をいう．

(2) 正しい．入射放射線によって気体中に作られたイオン対のうち，電子が電界によって強く加速され，更に多くのイオン対を発生させることを気体（ガス）増幅といい，比例計数管やGM計数管による測定に利用される．

(3) 正しい．放射線計測において，測定しようとする放射線以外の，自然又は人工線源からの放射線を，バックグラウンド放射線という．

(4) 正しい．GM計数管で放射線を計数するとき，分解時間内に入射した放射線は計数されないため，その分，計測値が減少することを数え落としという．(図3.7参照)

(5) 正しい．半導体検出器において，放射線が半導体中で1個の電子・正孔対を作るのに必要な平均エネルギーをε値といい，シリコン結晶の場合は，約3.6 eVである．

▶答 (1)

問題3 【令和元年春B問5】

放射線の測定の用語に関する次の記述のうち，誤っているものはどれか．

(1) 放射線が気体中で1個のイオン対を作るのに必要な平均エネルギーをW値といい，放射線の種類やエネルギーにあまり依存せず，気体の種類に応じてほぼ一定の値をとる．

(2) 放射線が半導体中で1個の電子・正孔対を作るのに必要なエネルギーをG値といい，100 eV程度である．

(3) 放射線計測において，測定しようとする放射線以外の，自然又は人工線源からの放射線を，バックグラウンド放射線という．

(4) GM計数管の特性曲線において，印加電圧の変動が計数率にほとんど影響を与えない平坦(たん)部をプラトーといい，プラトーが長く，傾斜が小さいほど，計数管としての性能は良い．

(5) 計測器がより高位の標準器又は基準器によって次々と校正され，国家標準につながる経路が確立されていることをトレーサビリティといい，放射線測定器の校正は，トレーサビリティが明確な基準測定器又は基準線源を用いて行う必要がある．

解説 (1) 正しい．放射線が気体中で1個のイオン対を作るのに必要な平均エネルギーをW値といい，放射線の種類やエネルギーにあまり依存せず，気体の種類に応じてほぼ一定の値をとる．

(2) 誤り．G値は，化学線量計において，100 eVの放射エネルギーを吸収して化学変化を起こした分子数をいう．なお，1個の電子・正孔対を作るのに必要なエネルギーはε値といい，シリコンの場合は，約3.6 eVである．

(3) 正しい．放射線計測において，測定しようとする放射線以外の，自然又は人工線源からの放射線を，バックグラウンド放射線という．

(4) 正しい．GM計数管の特性曲線において，印加電圧の変動が計数率にほとんど影響を与えない平坦部をプラトーといい，プラトーが長く，傾斜が小さいほど，計数管としての性能は良い．(図3.8参照)

(5) 正しい．計測器がより高位の標準器又は基準器によって次々と校正され，国家標準につながる経路が確立されていることをトレーサビリティといい，放射線測定器の校正は，トレーサビリティが明確な基準測定器又は基準線源を用いて行う必要がある．

▶答 (2)

問題4 【平成30年秋B問8】

放射線の測定の用語に関する次の記述のうち，正しいものはどれか．

(1) 半導体検出器において，放射線が半導体中で1個の電子・正孔対を作るのに必要な平均エネルギーをε値といい，シリコン結晶の場合は，約3.6 eVである．

(2) GM計数管の動作特性曲線において，印加電圧を上げても計数率がほとんど変わらない範囲をプラトーといい，プラトー領域の印加電圧では，入射エックス線による一次電離量に比例した大きさの出力パルスが得られる．

(3) 気体に放射線を照射したとき，1個のイオン対を作るのに必要な平均エネルギーをW値といい，気体の種類にあまり依存せず，放射線のエネルギーに応じてほぼ一定の値をとる．

(4) 線量率計の積分回路の時定数は，線量率計の指示の即応性に関係した定数で，時定数の値を小さくすると，指示値の相対標準偏差は小さくなるが，応答速度は遅くなる．

(5) 測定器の指針が安定せず，ゆらぐ現象をフェーディングという．

解説 (1) 正しい．半導体検出器において，放射線が半導体中で1個の電子・正孔対を作るのに必要な平均エネルギーをε値といい，シリコン結晶の場合は，約3.6 eVである．

(2) 誤り．GM計数管の動作特性曲線において，印加電圧を上げても計数率がほとんど変わらない範囲をプラトーといい，プラトー領域の印加電圧では，入射エックス線による一次電離量に無関係に一定の大きさの出力パルスが得られる．なお，入射エックス線による一次電離量に比例した大きさの出力パルスが得られるものは比例計数管である．

(3) 誤り．誤りは「放射線のエネルギーに応じて」で，正しくは「放射線のエネルギーによらず」である．気体に放射線を照射したとき，1個のイオン対を作るのに必要な平均エネルギーをW値といい，気体の種類にあまり依存せず，放射線のエネルギーによらずほぼ一定の値（空気のW値は33.97 eV）をとる．

(4) 誤り．無限時間経過した後の指示値をM_0とすると，測定を開始してからt秒後の指示値Mは$M = M_0(1 - e^{-t/\tau})$で表される．ここに，τは積分回路の時定数である．この時定数τの値を小さくすると，指示値の相対標準誤差は大きくなるが，応答速度は速くなる．なお，$t = \tau$で，$M/M_0 = 1 - e^{-1} = 0.63$で経過時間に無関係となる．（図3.9参照）

(5) 誤り．測定器の指針が安定せず，ゆらぐ現象をハンチングといい，フェーディングは，積分型の測定器において，時間経過に応じて線量の読み取り値が減少していく現象をいう．

▶答 (1)

問題5

【平成30年春B問5】 

放射線の測定の用語に関する次の記述のうち，正しいものはどれか．

(1) 半導体検出器において，放射線が半導体中で1個の電子・正孔対を作るのに必要な平均エネルギーをε値といい，シリコン結晶の場合は，約3.6 eVである．

(2) GM計数管の動作特性曲線において，プラトー領域の印加電圧では，入射エックス線による一次電離量に比例した大きさの出力パルスが得られる．

(3) 気体に放射線を照射したとき，1個のイオン対を作るのに必要な平均エネルギーをW値といい，気体の種類にあまり依存せず，放射線のエネルギーに応じてほぼ一定の値をとる．

(4) 線量率計の積分回路の時定数は，線量率計の指示の即応性に関係した定数で，時定数の値を小さくすると，指示値の相対標準偏差は小さくなるが，応答速度は遅くなる．

(5) 測定器の指針が安定せず，ゆらぐ現象をフェーディングという．

解説 (1) 正しい．半導体検出器において，放射線が半導体中で1個の電子・正孔対を作るのに必要な平均エネルギーをε値といい，シリコン結晶の場合は，約3.6 eV程度である．

(2) 誤り．GM計数管の動作特性曲線において，プラトー領域の印加電圧では，入射エックス線による一次電離量とは無関係に一定の大きさの出力パルスが得られる．

(3) 誤り．気体に荷電粒子を照射したときに，1個のイオン対を作るのに必要な平均エネルギーをW値といい，気体の種類にあまり依存せずに，放射線の種類やエネルギーにもあまり依存せずに，ほぼ一定（約30 eV）の値をとる．

(4) 誤り．無限時間経過した後の指示値をM_0とすると，測定を開始してからt秒後の指示値Mは$M = M_0(1 - e^{-t/\tau})$で表される．ここに，τは時定数である．この時定数τの値を小さくすると，指示値の相対標準誤差は大きくなるが，応答速度は速くなる．なお，$t = \tau$ で，$M/M_0 = 1 - e^{-1} = 0.63$ で経過時間に無関係となる．（図 3.9 参照）

(5) 誤り．フェーディングは，時間とともに発光量が減少する現象やフィルムに生じた潜像（肉眼で見えないように形成した画像）が退行することをいう．なお，測定器の指針が安定せず，ゆらぐ現象をハンチング現象という．

▶答 (1)

問題 6 【平成 29 年秋 B 問 8】

放射線の測定の用語に関する次の記述のうち，正しいものはどれか．

(1) 半導体検出器において，放射線が半導体中で 1 個の電子・正孔対を作るのに必要な平均エネルギーを ε 値といい，シリコンの結晶の場合は約 3.6 eV である．

(2) GM 計数管の動作特性曲線において，印加電圧を上げても計数率がほとんど変わらない範囲をプラトーといい，プラトー領域の印加電圧では，入射エックス線による一次電離量に比例した大きさの出力パルスが得られる．

(3) 気体に放射線を照射したとき，1 個のイオン対を作るのに必要な平均エネルギーを W 値といい，気体の種類にあまり依存せず，放射線のエネルギーに応じてほぼ一定の値をとる．

(4) 線量率計の積分回路の時定数は，線量率計の指示の即応性に関係した定数で，時定数の値を小さくすると，指示値の相対標準偏差は小さくなるが，応答速度は遅くなる．

(5) 測定器の指針が安定せず，ゆらぐ現象をフェーディングという．

解説 (1) 正しい．半導体検出器において，放射線が半導体中で 1 個の電子・正孔対を作るのに必要なエネルギーを ε 値といい，シリコン結晶の場合は，約 3.6 eV である．

(2) 誤り．GM 計数管の動作特性曲線において，印加電圧を上げても計数率はほとんど変わらない範囲をプラトーといい，プラトー領域の印加電圧では，入射エックス線による一次電離量に無関係に一定の出力パルスが得られる．比例計数管は，入射エックス線による一次電離量に比例した大きさの出力パルスが得られる．

(3) 誤り．誤りは「放射線のエネルギーに応じて」で，正しくは「放射線のエネルギーによらず」である．気体に放射線を照射したとき，1 個のイオン対を作るのに必要な平均エネルギーを W 値といい，気体の種類にあまり依存せず，放射線のエネルギーによらずほぼ一定の値（空気の W 値は 33.97 eV）をとる．

(4) 誤り．無限時間経過した後の指示値を M_0 とすると，測定を開始してから t 秒後の指示値 M は $M = M_0(1 - e^{-t/\tau})$ で表される．ここに，τ は時定数である．この時定数 τ の値を小さくすると，指示値の相対標準誤差は大きくなるが，応答速度は速くなる．なお，$t = \tau$ で，$M/M_0 = 1 - e^{-1} = 0.63$ で経過時間に無関係となる．（図 3.9 参照）

(5) 誤り．測定器の指針が安定せず，ゆらぐ現象をハンチングといい，フェーディングは，時間とともに発光量が減少する現象やフィルムに生じた潜像（肉眼で見えないように形成した画像）が退行することをいう．

▶答（1）

問題7 【平成29年春B問4】

放射線の測定等の用語に関する次の記述のうち，誤っているものはどれか．

(1) 放射線が気体中で1個のイオン対を作るのに必要な平均エネルギーをW値といい，気体の種類には依存せず，放射線のエネルギーに応じてほぼ一定の値をとる．

(2) 半導体検出器において，荷電粒子が半導体中で1個の電子・正孔対を作るのに必要な平均エネルギーをε値といい，シリコンの場合は約3.6 eV程度である．

(3) 入射放射線によって気体中に作られたイオン対のうち，電子が電界によって強く加速され，更に多くのイオン対を発生させることを気体（ガス）増幅といい，比例計数管やGM計数管による測定に利用される．

(4) GM計数管で放射線を計数するとき，分解時間内に入射した放射線は計数されないため，その分，計測値が減少することを数え落としという．

(5) GM計数管の特性曲線において，印加電圧を上げても計数率がほとんど変わらない範囲をプラトーといい，プラトーが長く，傾斜が小さいほど，計数管としての性能は良い．

解説 (1) 誤り．誤りは「放射線のエネルギーに応じて」で，正しくは「放射線のエネルギーによらず」である．気体に放射線を照射したとき，1個のイオン対を作るのに必要な平均エネルギーをW値といい，気体の種類に依存するが，放射線のエネルギー（線質）によらずほぼ一定の値（空気のW値は33.97 eV）をとる．

(2) 正しい．半導体検出器において，荷電粒子が半導体中で1個の電子・正孔対を作るのに必要なエネルギーをε値といい，シリコンの場合は約3.6 eV程度である．

(3) 正しい．入射放射線によって気体中に作られたイオン対のうち，電子が電界によって強く加速され，さらに多くのイオン対を発生させることを気体（ガス）増幅といい，比例計数管やGM計数管による測定に利用される．

(4) 正しい．GM計数管で放射線を計数するとき，分解時間内に入射した放射線は，計数されないため，その分，計数値が減少することを数え落としという．（図3.3参照）

(5) 正しい．GM計数管の特性曲線において，印加電圧を上げても計数率がほとんど変わらない範囲をプラトーといい，プラトーが長く，傾斜が小さいほど計数管としては性能が良い．（図3.8参照）

▶答（1）

問題8 【平成28年秋B問8】

放射線の測定などの用語に関する次の記述のうち，誤っているものはどれか．

(1) 放射線計測において，測定しようとする放射線以外の，自然又は人工線源からの放射線を，バックグラウンド放射線という．
(2) 半導体検出器において，荷電粒子が半導体中で1個の電子・正孔対を作るのに必要な平均エネルギーをε値といい，シリコンの場合は約3.6 eV程度である．
(3) GM計数管が放射線の入射により一度作動し，一時的に検出能力が失われた後，出力波高値が正常の波高値にほぼ等しくなるまでに要する時間を回復時間という．
(4) 入射放射線の線量率が低く，測定器の検出限界に達しないことにより計測されないことを数え落としという．
(5) GM計数管の特性曲線において，印加電圧を上げても計数率がほとんど変わらない範囲をプラトーといい，プラトーが長く，傾斜が小さいほど，計数管としての性能は良い．

解説 (1) 正しい．放射線計測において，測定しようとする放射線以外の，自然又は人工線源からの放射線をバックグラウンド放射線という．
(2) 正しい．半導体検出器において，荷電粒子が半導体中で1個の電子・正孔対を作るのに必要な平均エネルギーをε値といい，シリコンの場合は約3.6 eVである．
(3) 正しい．GM計数管が放射線の入射により一度作動し，一時的に検出能力が失われた後，出力波高値が正常の波高値にほぼ等しくなるまでに要する時間を回復時間という．(図3.3参照)
(4) 誤り．図3.3に示すように，分解時間内に入射する放射能は，計測されないので，これを数え落としという．
(5) 正しい．GM計数管の特性曲線において，印加電圧を上げても計数率がほとんど変わらない範囲をプラトーといい，プラトーが長く，傾斜が小さいほど計数管としての性能は良い．(図3.8参照)

▶答 (4)

問題9 【平成28年春B問8】

放射線の測定の用語に関する次の記述のうち，正しいものはどれか．
(1) 半導体検出器において，放射線が半導体中で1個の電子・正孔対を作るのに必要な平均エネルギーをε値といい，シリコン結晶の場合は，約3.6 eVである．
(2) GM計数管の動作特性曲線において，印加電圧を上げても計数率がほとんど変わらない範囲をプラトーといい，プラトー領域の印加電圧では，入射エックス線による一次電離量に比例した大きさの出力パルスが得られる．
(3) 気体に放射線を照射したとき，1個のイオン対を作るのに必要な平均エネルギーをW値といい，気体の種類にあまり依存せず，放射線のエネルギーに応じてほぼ一定値をとる．

(4) 線量率計の積分回路の時定数は，線量率計の指示の即応性に関係した定数で，時定数の値を小さくすると，指示値の相対標準偏差は小さくなるが，応答速度は遅くなる．

(5) 放射線測定器の指針が安定せず，ゆらぐ現象をフェーディングという．

解説 (1) 正しい．半導体検出器において，放射線が半導体中で1個の電子・正孔対を作るのに必要なエネルギーをε値といい，シリコン結晶の場合は，約3.6 eVである．

(2) 誤り．GM計数管の動作特性曲線において，印加電圧を上げても計数率はほとんど変わらない範囲をプラトーといい，プラトー領域の印加電圧では，入射エックス線による一次電離量に無関係に一定の出力パルスが得られる．比例計数管は，入射エックス線による一次電離量に比例した大きさの出力パルスが得られる．

(3) 誤り．誤りは「放射線のエネルギーに応じて」で，正しくは「放射線のエネルギーによらず」である．気体に放射線を照射したとき，1個のイオン対を作るのに必要な平均エネルギーをW値といい，気体の種類にあまり依存せず，放射線のエネルギー（線質）によらずほぼ一定の値（空気のW値は33.97 eV）をとる．

(4) 誤り．無限時間経過した後の指示値をM_0とすると，測定を開始してからt秒後の指示値Mは$M = M_0(1 - e^{-t/\tau})$で表される．ここに，τは時定数である．この時定数τの値を小さくすると，安定するまでの時間（M_0に達する時間）が短いので指示値の相対標準誤差は大きくなるが，応答速度は速くなる．なお，$t = \tau$で，$M/M_0 = 1 - e^{-1} = 0.63$で経過時間に無関係となる．（図3.9参照）

(5) 誤り．測定器の指針が安定せず，ゆらぐ現象をハンチングといい，フェーディングは，時間とともに発光量が減少する現象やフィルムに生じた潜像が退行することをいう．

▶答 (1)

問題10 【平成27年秋B問4】

放射線の測定等の用語に関する次の記述のうち，誤っているものはどれか．

(1) 放射線が気体中で1個のイオン対を作るのに必要な平均エネルギーをW値といい，気体の種類には依存せず，放射線のエネルギーに応じてほぼ一定の値をとる．

(2) 半導体検出器において，荷電粒子が半導体中で1個の電子・正孔対を作るのに必要な平均エネルギーをε値といい，シリコンの場合は約3.6 eV程度である．

(3) 積分型の測定器において，放射線が入射して作用した時点からの時間経過とともに，線量の読取り値が減少していくことをフェーディングという．

(4) GM計数管で放射線を計数するとき，分解時間内に入射した放射線は計数されないため，その分，計測値が減少することを数え落としという．

(5) 計数率計の積分回路の時定数は，計数率計の指示の即応性に関係した定数で，時定数の値を大きくすると，指示値の相対標準偏差は小さくなるが，応答速度は遅くなる．

解説 (1) 誤り．誤りは「放射線のエネルギーに応じて」で，正しくは「放射線のエネルギーによらず」である．気体に放射線を照射したとき，1個のイオン対を作るのに必要な平均エネルギーをW値といい，気体の種類に依存するが，放射線のエネルギー（線質）によらずほぼ一定の値（空気のW値は33.97 eV）をとる．

(2) 正しい．半導体検出器において，荷電粒子が半導体中で1個の電子・正孔対を作るのに必要な平均エネルギーをε値といい，シリコンの場合は約3.6 eV程度である．

(3) 正しい．積分型の測定器において，放射線が入射して作用した時点からの時間経過とともに，線量の読み取り値が減少していくことをフェーディングという．

(4) 正しい．GM計数管で放射線を計測するとき，分解時間内に入射した放射線は計測されないため，その分，計測値が減少することを数え落としという．（図3.3参照）

(5) 正しい．計数率計の積分回路の時定数は，計数率計の指示の即応性に関係した定数で，時定数の値を大きくすると，安定するまでの時間（M_0に達する時間）が長いので指示値の相対標準偏差は小さくなるが，応答速度は遅くなる．（図3.9参照）　▶答（1）

3.6 （相対）標準偏差の算出

問題1　【令和2年春B問9】

あるサーベイメータを用いて60秒間エックス線を測定し，1,600 cpsの計数率を得た．

この計数率の標準偏差（cps）に最も近い値は，次のうちどれか．

ただし，バックグラウンドは無視するものとする．

(1) 0.7　(2) 5　(3) 27　(4) 40　(5) 310

解説 標準偏差は次のように与えられる．

$$\sqrt{x/t} \quad ①$$

ここに，x：計数率，t：計数時間

与えられた数値を式①に代入する．

$$\sqrt{x/t} = \sqrt{1{,}600/60} \fallingdotseq 5\ \text{cps}$$

なお，xが計数値であれば，$\sqrt{x}/t$となることに注意．

以上から（2）が正解．　▶答（2）

題2　【令和元年春B問7】

積分回路の時定数 T 秒のサーベイメータを用いて線量を測定し，計数率 n（cps）を得たとき，計数率の標準偏差 σ（cps）は，次の式で示される.

$$\sigma = \sqrt{\frac{n}{2T}}$$

あるサーベイメータを用いて，時定数を3秒に設定し，エックス線を測定したところ，指示値は150（cps）を示した.

このとき，計数率の相対標準偏差に最も近い値は次のうちどれか.

（1）1%　（2）2%　（3）3%　（4）5%　（5）10%

与えられた数値から計数率の標準誤差 σ〔cps〕を求める.

$$\sigma = (n/2T)^{1/2} = (150/(2 \times 3))^{1/2} = 5 \text{〔cps〕}$$

相対標準偏差は，この値を指示値150〔cps〕で除して算出される.

$$5/150 \times 100 \fallingdotseq 3\%$$

以上から（3）が正解.

▶答（3）

問題3　【平成30年秋B問10】

あるサーベイメータを用いて50秒間エックス線を測定し，3,200 cpsの計数率を得た.

この計数率の標準偏差（cps）に最も近い値は，次のうちどれか.

（1）1.1　（2）8　（3）56　（4）64　（5）400

標準偏差は次のように与えられる.

$$\sqrt{x/t} \quad ①$$

ここに，x：計数率，t：計数時間

与えられた数値を式①に代入する.

$$\sqrt{x/t} = \sqrt{3,200/50} = 8 \text{ cps}$$

以上から（2）が正解.

▶答（2）

問題4　【平成30年春B問4】

積分回路の時定数 T 秒のサーベイメータを用いて，線量を測定し，計数率 n（cps）を得たとき，計数率の標準偏差 σ（cps）は

$$\sigma = \sqrt{\frac{n}{2T}}$$

で示される.

あるサーベイメータを用いて，時定数を2.5秒に設定し，エックス線を測定したところ，指示値は500（cps）を示した.

このとき，計数率の相対標準偏差に最も近い値は次のうちどれか.

(1) 1%　　(2) 2%　　(3) 3%　　(4) 5%　　(5) 10%

解説 与えられた数値から計数率の標準偏差 σ〔cps〕を求める.

$$\sigma = (n/2T)^{1/2} = (500/(2 \times 2.5))^{1/2} = 10 \text{〔cps〕}$$

相対標準偏差は，この値を指示値 500〔cps〕で除して算出される.

$$10/500 \times 100 = 2\%$$

以上から (2) が正解.　▶答 (2)

問題 5

【平成 29 年秋 B 問 9】 

あるサーベイメータを用いて 50 秒間エックス線を測定し，3,200 cps の計数率を得た. この計数率の標準偏差 (cps) に最も近い値は，次のうちどれか.

(1) 1
(2) 8
(3) 56
(4) 64
(5) 400

解説 標準偏差は次のように与えられる.

$$\sqrt{x/t} \qquad ①$$

ここに，x：計数率，t：計数時間

与えられた数値を式①に代入する.

$$\sqrt{x/t} = \sqrt{3{,}200/50} = 8 \text{ cps}$$

以上から (2) が正解.　▶答 (2)

問題 6

【平成 29 年春 B 問 9】 

ある放射線測定器を用いて t 秒間放射線を測定し，計数値 N を得たとき，計数率の標準偏差 (cps) を表すものは，次のうちどれか.

(1) $\sqrt{N}$
(2) $\sqrt{N}/t$
(3) $\sqrt{N/t}$
(4) $\sqrt{N}/t^2$
(5) N/t^2

解説 t 秒間放射線を測定し，計数値 N (c：カウント) を得た場合の計数率の標準偏差〔cps〕は，$\sqrt{N}/t$ で表される.

以上から（2）が正解.　　　　▶答（2）

問題7　【平成28年秋B問9】

あるサーベイメータを用いて50秒間エックス線を測定し，3,200 cpsの計数率を得た．この計数率の標準偏差（cps）に最も近い値は，次のうちどれか．

（1）1.1　（2）8　（3）56　（4）64　（5）400

解説 標準偏差は次のように与えられる．

$$\sqrt{x/t} \qquad ①$$

ここに，x：計数率〔cps〕，t：計数時間

与えられた数値を式①に代入する．

$$\sqrt{x/t} = \sqrt{3{,}200/50} = 8\ \mathrm{cps}$$

なお，xが計数値であれば，$\sqrt{x}/t$となることに注意．

以上から（2）が正解.　　　　▶答（2）

問題8　【平成28年春B問9】

ある放射線測定器を用いてt秒間放射線を測定し，計数値Nを得たとき，計数率の標準偏差（cps）を表すものは，次のうちどれか．

（1）$\sqrt{N}$

（2）$\sqrt{N}/t$

（3）$\sqrt{N/t}$

（4）$\sqrt{N}/t^2$

（5）N/t^2

解説 t秒間放射線を測定し，計数値N（c：カウント）を得た場合の計数率の標準偏差〔cps〕は，$\sqrt{N}/t$で表される．

以上から（2）が正解.　　　　▶答（2）

問題9　【平成27年秋B問9】

ある放射線測定器を用いてt秒間放射線を測定し，計数値Nを得たとき，計数値の標準偏差を表すものは，次のうちどれか．

（1）N/t

（2）N/t^2

（3）$\sqrt{N}$

（4）$\sqrt{N/t}$

（5）$\sqrt{N}/t$

解説 t 秒間放射線を測定し，計数値 N（c）を得たときの計数値の標準偏差は

$$\sqrt{N}$$

で与えられる．

なお，計数率の標準偏差〔cps〕は

$$\sqrt{N}/t$$

で表されることに注意．

以上から（3）が正解．

▶答（3）

第 4 章

エックス線の生体に与える影響に関する知識

4.1 細胞の放射線感受性

問題1 【令和元年秋B問11】

放射線の細胞に対する影響に関する次の記述のうち，誤っているものはどれか．

(1) 細胞分裂の周期のM期（分裂期）の細胞は，S期（DNA合成期）後期の細胞より放射線感受性が高い．

(2) 細胞分裂の周期のG_1期（DNA合成準備期）後期の細胞は，G_2期（分裂準備期）初期の細胞より放射線感受性が高い．

(3) 皮膚の基底細胞は，角質層の細胞より放射線感受性が高い．

(4) 小腸の絨（じゅう）毛先端部の細胞は，腺窩（か）細胞（クリプト細胞）より放射線感受性が高い．

(5) 将来の細胞分裂の回数が多い細胞ほど，放射線感受性は一般に高い．

解説 (1) 正しい．細胞分裂の周期のM期（分裂期）の細胞は**図4.1**に示すように生存率が，S期（DNA合成期）後期の細胞の生存率より低いのでより放射線感受性が高い（図4.1参照）．なお，生存率が低いことは放射線感受性が高いことを表す．

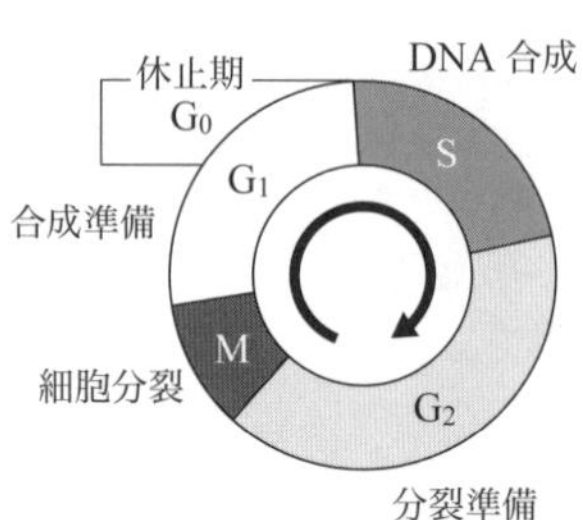

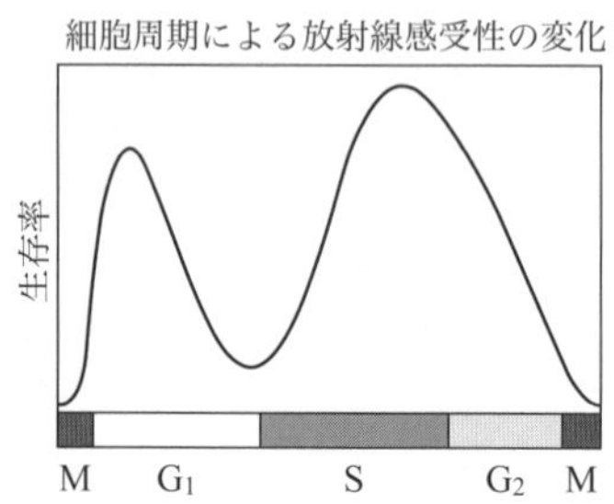

図4.1 細胞周期と放射線感受性[2)]

(2) 正しい．細胞分裂の周期のG_1期（DNA合成準備期）後期の細胞は図4.1に示すように生存率が，G_2期（分裂準備期）初期の細胞の生存率より低いので，より放射線感受性が高い．

(3) 正しい．皮膚の基底細胞は，細胞分裂が活発に行われているので，細胞分裂がほとんどない角質層の細胞より放射線感受性が高い．

(4) 誤り．小腸の絨毛先端部の細胞は，細胞分裂がほとんどないため，細胞分裂の盛んな腺窩細胞（クリプト細胞）より放射線感受性が低い．

(5) 正しい．将来の細胞分裂の回数が多い細胞ほど，放射線感受性は一般に高い．

▶答 (4)

題2

【平成30年秋B問11】

放射線感受性に関する次の記述のうち，正しいものはどれか．

(1) 細胞分裂の周期のS期（DNA合成期）後期の細胞は，M期（分裂期）の細胞より放射線感受性が低い．

(2) 細胞分裂の周期のG_1期（DNA合成準備期）後期の細胞は，G_2期（分裂準備期）初期の細胞より放射線感受性が低い．

(3) 細胞に放射線を照射したときの線量を横軸に，細胞の生存率を縦軸にとってグラフにすると，ほとんどの哺乳動物細胞では指数関数型となる．

(4) 小腸の絨（じゅう）毛先端部の細胞は，腺窩（か）細胞（クリプト細胞）より放射線感受性が高い．

(5) 平均致死線量は，細胞の生存率曲線において，その細胞集団のうち半数の細胞を死滅させる線量で，細胞の放射線感受性の指標とされる．

解説 (1) 正しい．細胞分裂の周期のS期（DNA合成期）後期の細胞は，M期（分裂期）の細胞より放射線感受性が低い．すなわち，生存率が高い．（図4.1参照）

(2) 誤り．細胞分裂の周期のG_1期（DNA合成準備期）後期の細胞は，G_2期（分裂準備期）初期の細胞より放射線感受性が高い．すなわち，生存率が低い．（図4.1参照）

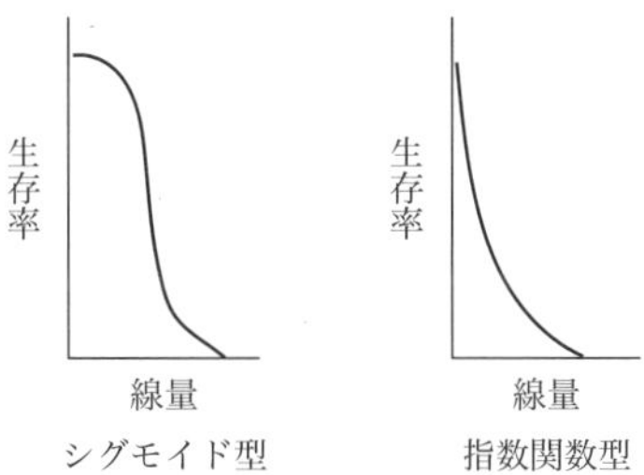

図4.2　線量と生存率

(3) 誤り．細胞に放射線を照射したときの線量を横軸に，細胞の生存率を縦軸にとってグラフにすると，ほとんどの哺乳動物細胞ではシグモイド型（S字型：**図4.2**参照）となる．指数関数型となるのは，バクテリアである．

(4) 誤り．細胞分裂をしない小腸の絨毛先端部の細胞は，細胞分裂をする腺窩細胞（クリプト細胞）より放射線感受性が低い．

(5) 誤り．細胞の放射線感受性の指標として用いられる平均致死線量は，細胞の生存率曲線を片対数グラフで表し，直線部分で37%の生存する線量をいう．細胞集団のうち半数の細胞を死滅させる線量は半数致死線量（LD_{50}）である．

▶答 (1)

題3

【平成29年秋B問11】

放射線感受性に関する次の記述のうち，誤っているものはどれか．

(1) 細胞分裂の周期のS期（DNA合成期）初期の細胞は，S期後期の細胞より放射線感受性が高い．

(2) 細胞分裂の周期のG_1期（DNA合成準備期）後期の細胞は，G_2期（分裂準備期）初期の細胞より放射線感受性が低い．

(3) 皮膚の基底細胞層は，角質層より放射線感受性が高い.

(4) 小腸の絨（じゅう）毛先端部の細胞は，腺窩（か）細胞（クリプト細胞）より放射線感受性が低い.

(5) 神経組織の放射線感受性は成人では低いが，胎児では高い.

解説 (1) 正しい．細胞分裂の周期のS期（DNA合成期）の初期の細胞は，生存率がS期後期の細胞より低いので，放射線感受性が高い．図4.1の右図において，生存率が低いことは，感受性が高いことを表す．

(2) 誤り．図4.1の右図から細胞分裂の周期のG_1期（DNA合成準備期）後期の細胞は，生存率がG_2期（分裂準備期）初期の細胞よりも低いので放射線感受性が高い．

(3) 正しい．皮膚の基底細胞層は，細胞分裂が活発に行われているので，細胞分裂がほとんどない角質層より放射線感受性が高い．

(4) 正しい．小腸の絨毛先端部の細胞は，細胞分裂がほとんどないため，細胞分裂の盛んな腺窩細胞（クリプト細胞）より放射線感受性が低い．

(5) 正しい．神経組織の放射線感受性は，神経組織の細胞分裂がほとんどない成人では低いが，細胞分裂の盛んな胎児では高い．

▶ 答 (2)

問題4 【平成29年春B問11】 

放射線の細胞に対する影響に関する次の記述のうち，誤っているものはどれか.

(1) 細胞分裂の周期のM期（分裂期）の細胞は，S期（DNA合成期）後期の細胞より放射線感受性が高い.

(2) 細胞分裂の周期のG_1期（DNA合成準備期）後期の細胞は，G_2期（分裂準備期）初期の細胞より放射線感受性が高い.

(3) 皮膚の基底細胞は，角質層の細胞より放射線感受性が高い.

(4) 小腸の絨（じゅう）毛先端部の細胞は，腺か細胞（クリプト細胞）より放射線感受性が高い.

(5) 将来行う細胞分裂の回数の多い細胞ほど放射線感受性は一般に高い.

解説 (1) 正しい．細胞分裂の周期のM期（分裂期）の細胞は，図4.1に示したようにS期（DNA合成期）後期の細胞より放射線感受性が高い（生存率が低い）．

(2) 正しい．細胞分裂の周期のG_1期（DNA合成準備期）後期の細胞は，G_2期（分裂準備期）初期の細胞より放射線感受性が高い（生存率が低い）．

(3) 正しい．皮膚の基底細胞は，角質層の細胞より放射線感受性が高い．

(4) 誤り．小腸の絨毛先端部の細胞は，腺窩細胞（クリプト細胞）より放射線感受性が低い．

(5) 正しい．将来行う細胞分裂の回数の多い細胞ほど放射線感受性は一般に高い．

▶ 答 (4)

題5 【平成28年春B問11】

細胞の放射線感受性に関する次のAからDまでの記述について，正しいものの組合せは（1）～（5）のうちどれか.

A 細胞分裂の周期の中で，M期（分裂期）は，S期（DNA合成期）後期より放射線感受性が高い.

B 細胞分裂の周期の中で，G_1期（DNA合成準備期）後期は，G_2期（分裂準備期）初期より放射線感受性が高い.

C 線量を横軸に，細胞の生存率を縦軸にとりグラフにすると，ほとんどの哺乳動物細胞では一次関数型となり，バクテリアではシグモイド型となる.

D 細胞の放射線感受性の指標として用いられる平均致死線量は，細胞の生存率曲線においてその細胞集団のうち半数の細胞を死滅させる線量である.

（1）A，B （2）A，C （3）B，C （4）B，D （5）C，D

解説 A 正しい．細胞分裂の周期（M期（分裂期）→ $G_1(G_0)$（間期）→ S期（合成期）→ G_2（間期）→ M期（分裂期））の中で，M期（分裂期）は，S期（DNA合成期）後期より放射線感受性が強い（生存率が低い）.（図4.1参照）

B 正しい．細胞分裂の周期の中で，G_1期（DNA合成準備期）後期は，G_2期（分裂準備期）初期より放射線感受性が高い（生存率が低い）.（図4.1参照）

C 誤り．線量を横軸に，細胞の生存率を縦軸にとりグラフにすると，ほとんどの哺乳動物細胞では，シグモイド型（S字型：図4.2参照）となり，バクテリアでは指数関数型（図4.2参照）となる.

D 誤り．細胞の放射線感受性の指標として用いられる平均致死線量は，細胞の生存率曲線を片対数グラフで表し，直線部分で37％の生存する線量をいう．細胞集団のうち半数の細胞を死滅させる線量は半数致死線量（LD_{50}）である.

以上から（1）が正解.

▶答（1）

問題6 【平成27年秋B問11】

放射線感受性に関する次の記述のうち，正しいものはどれか.

（1）細胞分裂の周期のS期（DNA合成期）後期の細胞は，M期（分裂期）の細胞より放射線感受性が低い.

（2）細胞分裂の周期のG_1期（DNA合成準備期）後期の細胞は，G_2期（分裂準備期）初期の細胞より放射線感受性が低い.

（3）細胞に放射線を照射したときの線量を横軸に，細胞の生存率を縦軸にとってグラフにすると，ほとんどの哺乳動物細胞では指数関数型となる.

（4）小腸の絨毛先端部の細胞は，腺窩細胞（クリプト細胞）より放射線感受性が高い.

（5）骨組織の放射線感受性は，小児においても成人と同様に低い．

解説 （1）正しい．細胞分裂の周期（M期（分裂期）→ $G_1(G_0)$（間期）→ S期（合成期）→ G_2（間期）→ M期（分裂期））の中で，S期（DNA合成期）後期の細胞は，M期（分裂期）の細胞より放射線感受性が低い（生存率が高い）．（図4.1参照）

（2）誤り．細胞分裂の周期の G_1 期（DNA合成準備期）の後期の細胞は，G_2 期（分裂準備期）の初期の細胞より放射性感受性は高い（生存率は低い）．（図4.1参照）

（3）誤り．細胞に放射線を照射したときの線量を横軸に，細胞の生存率を縦軸にとってグラフにすると，ほとんどの哺乳動物細胞では，シグモイド型（S字型：図4.2参照）となる．なお，バクテリアでは指数関数型（図4.2参照）となる．

（4）誤り．細胞分裂を行う小腸の腺窩細胞（クリプト細胞）は，細胞分裂しない絨毛先端部より感受性が高い．

（5）誤り．小児の方が盛んに細胞分裂を行っているから，骨組織の放射線感受性は，成人より小児の方が高い．

▶答（1）

4.2 組織・器官の感受性

問題1 【令和2年春B問14】

放射線被ばくによる造血器官及び血液に対する影響に関する次の記述のうち，正しいものはどれか．

（1）末梢（しょう）血液中の，リンパ球以外の白血球は，被ばく直後一時的に増加することがある．

（2）造血器官である骨髄のうち，脊椎の中にあり，造血幹細胞の分裂頻度が極めて高いものは脊髄である．

（3）人の末梢血液中の血球数の変化は，被ばく量が1 Gy程度までは認められない．

（4）末梢血液中の血球のうち，被ばく後減少が現れるのが最も遅いものは血小板である．

（5）末梢血液中の赤血球の減少は貧血を招き，血小板の減少は感染に対する抵抗力を弱める原因となる．

解説 （1）正しい．末梢血液中の，リンパ球以外の白血球は，被ばく直後一時的に増加することがある．この理由は，脾臓などにプールされている顆粒球が末梢血液中に放出されることによる．

(2) 誤り．脊椎（背骨に存在）にあるものは神経の束であり，造血器官である骨髄はわずかしか存在しない．

(3) 誤り．人の末梢血液中の血球数の変化は，被ばく量が0.25 Gy程度でリンパ球数の減少が認められることがある．

(4) 誤り．末梢血液中の血球のうち，被ばく後減少が現れるのが最も遅いものは赤血球である．(**図4.3**参照)

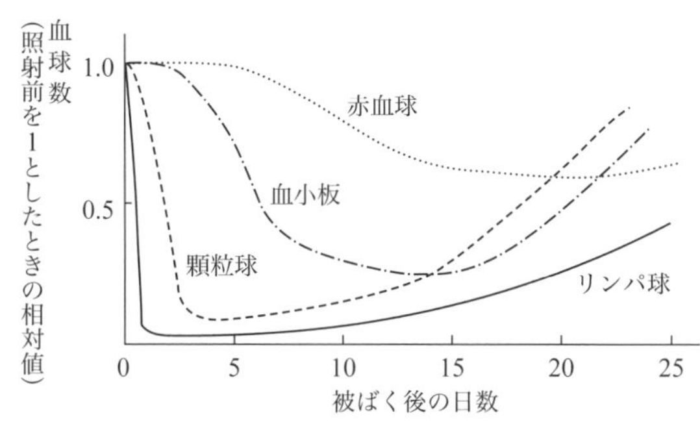

図4.3　数Gy全身被ばく後の末梢血中の血球数の経時的変化[2]

(5) 誤り．末梢血液中の赤血球の減少は貧血を招く．血小板には血液凝固因子が含まれていて，この因子が出血してしまった際に血液を固める働きを担っているので，血小板の減少は出血を止めにくくする．なお，感染に対する抵抗力を弱める原因となるのは，リンパ球の減少である．

▶答（1）

問題2　　**【令和2年春B問17】**

次のAからCの人体の組織・器官について，放射線感受性の高いものから順に並べたものは（1）～（5）のうちどれか．

A　リンパ組織

B　腎臓

C　毛のう

(1) A, B, C　　(2) A, C, B　　(3) B, A, C

(4) B, C, A　　(5) C, A, B

解説　放射線感受性の最も高いものは，**表4.1**からリンパ組織で，最も低いものは腎臓である．したがって，A＞C＞Bである．なお，毛のうとは，毛根を包む袋状の上皮組織（皮膚に関係のある組織）である．

表 4.1　組織の放射線感受性

感受性の程度	組織
高い	リンパ組織（胸腺，脾臓），骨髄
↑	生殖腺（精巣，卵巣）
│	小腸
│	皮膚，水晶体，汗腺
│	肝臓，肺，腎臓，甲状腺
↓	筋肉，結合組織，血管，骨
低い	神経組織

以上から（2）が正解.　　▶答（2）

 題 3　【令和元年秋 B 問 13】 

エックス線被ばくによる末梢血液中の血球の変化に関する次の記述のうち，誤っているものはどれか.

（1）被ばくにより骨髄中の幹細胞が障害を受けると，末梢血液中の血球数は減少していく.

（2）末梢血液中の血球数の変化は，250 μGy 程度の被ばくから認められる.

（3）末梢血液中の白血球のうち，リンパ球は他の成分より放射線感受性が高く，被ばく直後から減少が現れる.

（4）末梢血液中のリンパ球以外の白血球は，被ばく直後一時的に増加することがある.

（5）末梢血液中の血球のうち，被ばく後減少が現れるのが最も遅いものは赤血球である.

解説（1）正しい．被ばくにより骨髄中の幹細胞が障害を受けると，末梢血液中の血球数は減少していく.

（2）誤り．末梢血液中の血球数の変化は，0.25 Gy 程度の被ばくから認められることがある．「250 μGy」が誤り.

（3）正しい．末梢血液中の白血球のうち，図 4.3 に示すようにリンパ球は他の成分より放射線感受性が高く，被ばく直後から減少が現れる.

（4）正しい．末梢血液中のリンパ球以外の白血球は，被ばく直後一時的に増加することがある．この理由は，脾臓などにプールされている顆粒球が末梢血液中に放出されることによる.

（5）正しい．末梢血液中の血球のうち，図 4.3 に示すように被ばく後減少が現れるのが最

も遅いものは赤血球である．▶答（2）

問題4 【令和元年秋B問18】

次のAからCの人体の組織・器官について，放射線感受性の高いものから順に並べたものは（1）～（5）のうちどれか．

A 毛のう

B 小腸粘膜

C 甲状腺

（1）A，B，C　（2）A，C，B　（3）B，A，C

（4）B，C，A　（5）C，A，B

解説 放射線感受性の最も高いものは，表4.1から小腸粘膜で，最も低いものは甲状腺である．中間は，毛のうである．なお，毛のうとは，毛根を包む袋状の上皮組織（皮膚に関係のある組織）である．したがって，B > A > Cである．

以上から（3）が正解．▶答（3）

問題5 【令和元年春B問16】

次のAからCの人体の組織・器官について，放射線感受性の高いものから順に並べたものは（1）～（5）のうちどれか．

A 毛のう

B 小腸粘膜

C 甲状腺

（1）A，B，C　（2）A，C，B　（3）B，A，C

（4）B，C，A　（5）C，A，B

解説 放射線感受性の最も高いものは，小腸粘膜で，最も低いものは甲状腺である．したがって，B > A > Cとなる．

なお，毛のうとは，毛根を包む袋状の上皮組織である．

以上から（3）が正解．▶答（3）

問題6 【平成30年秋B問13】

エックス線被ばくによる造血器官及び血液に対する影響に関する次の記述のうち，正しいものはどれか．

（1）末梢（しょう）血液中の血球は，リンパ球を除いて，造血器官中の未分化な細胞より放射線感受性が低い．

（2）造血器官である骨髄のうち，脊椎の中にあり，造血幹細胞の分裂頻度が極めて高いものは脊髄である.

(3) ヒトの末梢血液中の血球数の変化は，被ばく量が1Gy程度までは認められない.

(4) 末梢血液中の血球のうち，被ばく後減少が現れるのが最も遅いものは血小板である.

(5) 末梢血液中の赤血球の減少は貧血を招き，血小板の減少は感染に対する抵抗力を弱める原因となる.

解説 (1) 正しい. 末梢血液中の血球は，リンパ球を除いて，造血器官中の未分化な細胞より放射線感受性が低い.（**表4.2**及び図4.3参照）

(2) 誤り. 脊椎（背骨に存在）にあるものは，神経の束であり，造血器官である骨髄は，わずかしか存在しない.

(3) 誤り. ヒトの末梢血液中の血球数の変化は，0.25 Gy程度の被ばく量でリンパ球の減少が認められることがある.

表4.2 末梢血中の血球の分類[3)]

分類		
赤血球		
白血球	顆粒球	好酸球
		好中球
		好塩基球
	単球	
	リンパ球	B細胞
		T細胞
		NK細胞
血小板（栓球）		

(4) 誤り. 末梢血液中の血球のうち，被ばく後減少が現れるのが最も遅いものは赤血球である. なお，最も早いものはリンパ球である.（図4.3参照）

(5) 誤り. 末梢血液中の赤血球の減少は貧血を招く. 血小板には血液凝固因子が含まれていて，この因子が出血してしまった際に血液を固める働きを担っているので，血小板の減少は出血を止めにくくする. なお，感染に対する抵抗力を弱める原因となるのは，リンパ球の減少である.

▶答 (1)

問題7 【平成30年春B問12】

次のAからCの人体の組織・器官について，放射線感受性の高いものから順に並べたものは (1)～(5) のうちどれか.

A 毛のう

B 小腸粘膜

C 甲状腺

(1) A, B, C　(2) A, C, B　(3) B, A, C

(4) B, C, A　(5) C, A, B

解説 放射線感受性の最も高いものは，小腸粘膜で，最も低いものは甲状腺である. したがって，B > A > Cとなる.

なお，毛のうとは，毛根を包む袋状の上皮組織である.

以上から（3）が正解．　▶答（3）

問題8　【平成30年春B問17】

エックス線被ばくによる造血器官及び血液に対する影響に関する次の記述のうち，正しいものはどれか．

（1）末梢（しょう）血液中のリンパ球以外の白血球は，被ばく直後一時的に増加することがある．

（2）造血器官である骨髄のうち，脊椎の中にあり，造血幹細胞の分裂頻度が極めて高いものは脊髄である．

（3）人の末梢血液中の血球数の変化は，被ばく量が1 Gy程度までは認められない．

（4）末梢血液中の血球のうち，被ばく後減少が現れるのが最も遅いものは血小板である．

（5）末梢血液中の赤血球の減少は貧血を招き，血小板の減少は感染に対する抵抗力を弱める原因となる．

解説（1）正しい．末梢血液中のリンパ球以外の白血球は，被ばく直後一時的に増加することがある．この理由は，脾臓などにプールされている顆粒球が末梢血液中に放出されることによる．

（2）誤り．脊椎（背骨に存在）にあるものは，神経の束であり，造血器官である骨髄は，わずかしか存在しない．

（3）誤り．人の末梢血液中の血球数の変化は，0.25 Gy程度でリンパ球数の減少が認められることがある．

（4）誤り．末梢血液中の血球のうち，被ばく後減少が最も遅いものは赤血球である．なお，最も早いものはリンパ球である．（図4.3参照）

（5）誤り．末梢血液中の赤血球の減少は貧血を招く．血小板には血液凝固因子が含まれていて，この因子が出血してしまった際に血液を固める働きを担っているので，血小板の減少は出血を止めにくくする．なお，感染に対する抵抗力を弱める原因となるのは，リンパ球の減少である．　▶答（1）

問題9　【平成29年秋B問12】

放射線感受性に関する次の文中の［　　］内に入れるAからCの語句の組合せとして，適切なものは（1）～（5）のうちどれか．

「成人の人体の組織・器官のうちの一部について，放射線に対する感受性の高いものから低いものへと順に並べると，［ A ］，［ B ］，［ C ］となる．」

	A	B	C
(1)	甲状腺	神経組織	肺
(2)	神経組織	肺	筋肉
(3)	骨髄	肺	筋肉
(4)	筋肉	甲状腺	汗腺
(5)	甲状腺	骨髄	神経組織

解説 感受性の高い順は次のとおりである.（表4.1参照）

A 「骨髄」である.

B 「肺」である.

C 「筋肉」である.

(1) 誤り. 肺＝甲状腺＞神経組織.

(2) 誤り. 肺＞筋肉＞神経組織.

(3) 正しい. 骨髄＞肺＞筋肉.

(4) 誤り. 汗腺＞甲状腺＞筋肉.

(5) 誤り. 骨髄＞甲状腺＞神経組織.

以上から（3）が正解.

▶答（3）

問題10 【平成29年秋B問13】

エックス線被ばくによる造血器官及び血液に対する影響に関する次の記述のうち，正しいものはどれか.

(1) 末梢（しょう）血液中の血球は，リンパ球を除いて，造血器官中の未分化な細胞より放射線感受性が低い.

(2) 造血器官である骨髄のうち，脊椎の中にあり，造血幹細胞の分裂頻度が極めて高いものは脊髄である.

(3) 人の末梢血液中の血球数の変化は，被ばく量が1 Gy程度までは認められない.

(4) 末梢血液中の血球のうち，被ばく後，減少が現れるのが最も遅いものは血小板である.

(5) 末梢血液中の赤血球の減少は貧血を招き，血小板の減少は感染に対する抵抗力を弱める原因となる.

解説 (1) 正しい. 末梢血液中の血球は，リンパ球を除いて，造血器官中の未分化な細胞より放射線感受性が低い.（表4.2及び図4.3参照）

(2) 誤り. 脊椎（背骨に存在）にあるものは，神経の束であり，造血器官である骨髄は，わずかしか存在しない.

(3) 誤り．人の末梢血液中の血球数の変化は，0.25 Gy程度でリンパ球数の減少が認められることがある．

(4) 誤り．末梢血液中の血球のうち，被ばく後減少が最も遅いものは赤血球である．なお，最も早いものはリンパ球である．（図4.3参照）

(5) 誤り．末梢血液中の赤血球の減少は貧血を招く．血小板には血液凝固因子が含まれていて，この因子が出血してしまった際に血液を固める働きを担っているので，血小板の減少は出血を止めにくくする．なお，感染に対する抵抗力を弱める原因となるのは，リンパ球の減少である．

▶答（1）

問題11

【平成29年春B問16】 

エックス線被ばくによる造血器官及び血液に対する影響に関する次の記述のうち，正しいものはどれか．

(1) 末梢（しょう）血液中の血球は，リンパ球を除いて，造血器官中の未分化な細胞より放射線感受性が低い．

(2) 造血器官である骨髄のうち，脊椎の中にあり，造血幹細胞の分裂頻度が極めて高いものは脊髄である．

(3) 人の末梢血液中の血球数の変化は，被ばく量が1 Gy程度までは認められない．

(4) 末梢血液中の血球のうち，被ばく後減少が現れるのが最も遅いものは血小板である．

(5) 末梢血液中の赤血球の減少は貧血を招き，血小板の減少は感染に対する抵抗力を弱める原因となる．

解説 (1) 正しい．末梢血液中の血球は，リンパ球を除いて，造血器官中の未分化な細胞より放射線感受性が低い．（表4.2及び図4.3参照）

(2) 誤り．脊椎（背骨に存在）にあるものは，神経の束であり，造血器官である骨髄は，わずかしか存在しない．

(3) 誤り．人の末梢血液中の血球数の変化は，0.25 Gy程度でリンパ球数の減少が認められることがある．

(4) 誤り．末梢血液中の血球のうち，被ばく後減少が最も遅いものは赤血球である．なお，最も早いものはリンパ球である．（図4.3参照）

(5) 誤り．末梢血液中の赤血球の減少は貧血を招く．血小板には血液凝固因子が含まれていて，この因子が出血してしまった際に血液を固める働きを担っているので，血小板の減少は出血を止めにくくする．なお，感染に対する抵抗力を弱める原因となるのは，リンパ球の減少である．

▶答（1）

問題12

【平成29年春B問18】 

次のAからCまでの人体の組織・器官について，放射線感受性の高いものから順に並べたものは（1）～（5）のうちどれか.

A　毛のう

B　小腸粘膜

C　甲状腺

（1）A，B，C　（2）A，C，B　（3）B，A，C

（4）B，C，A　（5）C，A，B

解説 放射線感受性の最も高いものは，小腸粘膜で，最も低いものは甲状腺である.

したがって，B > A > C となる.

なお，毛のうとは，毛根を包む袋状の上皮組織である.

以上から（3）が正解.

▶答（3）

問題13

【平成27年秋B問14】 

放射線感受性に関する次の文中の［　］内に入れるAからCの組織・器官名の組合せとして，適切なものは（1）～（5）のうちどれか.

「成人の人体の組織・器官のうちの一部について，放射線に対する感受性の高いものから低いものへと順に並べると，［A］，［B］，［C］となる.」

	A	B	C
（1）	甲状腺	神経組織	肺
（2）	神経組織	肺	筋肉
（3）	骨髄	肺	筋肉
（4）	筋肉	甲状腺	汗腺
（5）	甲状腺	骨髄	神経組織

解説 感受性の高い順は次のとおりである.（表4.1参照）

（1）誤り．肺 ＝ 甲状腺 > 神経組織

（2）誤り．肺 > 筋肉 > 神経組織

（3）正しい．骨髄 > 肺 > 筋肉

（4）誤り．汗腺 > 甲状腺 > 筋肉

（5）誤り．骨髄 > 甲状腺 > 神経組織

以上から（3）が正解.

▶答（3）

4.3 組織加重係数

問題1 【令和2年春B問12】 

組織加重係数に関する次のAからDの記述のうち，正しいものの組合せは（1）～（5）のうちどれか．

A　組織加重係数は，各臓器・組織の確率的影響に対する相対的な放射線感受性を表す係数である．

B　組織加重係数が最も大きい組織・臓器は，脳である．

C　組織加重係数は，どの組織・臓器においても1より小さい．

D　被ばくした組織・臓器の平均吸収線量に組織加重係数を乗ずることにより，等価線量を得ることができる．

（1）A，B　（2）A，C　（3）B，C　（4）B，D　（5）C，D

解説　A　正しい．組織加重係数は，各臓器・組織の確率的影響に対する相対的な放射線感受性を表す係数である．（**表4.3**参照）

表4.3　組織加重係数 w_T

組織・臓器	組織加重係数 w_T
生殖腺	0.20
骨髄（赤色）	0.12
結腸	0.12
肺	0.12
胃	0.12
膀胱	0.05
乳房	0.05
肝臓	0.05
食道	0.05
甲状腺	0.05
残りの組織・臓器	0.05
皮膚	0.01
骨表面	0.01
合計（Σw_T）	1.00

B　誤り．組織加重係数が最も大きい組織・臓器は，骨髄（赤色：血球を盛んに生産している組織），結腸，肺，胃などで0.12であり，脳は最も小さい値（0.01）である．

C　正しい．組織加重係数は，どの組織・臓器においても1より小さい．

D　誤り．等価線量は，吸収線量に放射線加重係数を乗じて得ることができる．なお，組織加重係数を乗ずるものは，等価線量でこれによって実効線量を得ることができる．

以上から（2）が正解．　▶答（2）

問題2　【令和元年春B問12】

組織加重係数に関する次のAからDの記述について，正しいものの組合せは（1）～（5）のうちどれか．

A　組織加重係数は，各臓器・組織の確率的影響に対する相対的な放射線感受性を表す係数である．

B　組織加重係数が最も大きい組織・臓器は，脳である．

C　組織加重係数は，どの組織・臓器においても1より小さい．

D　被ばくした組織・臓器の平均吸収線量に組織加重係数を乗ずることにより，等価線量を得ることができる．

（1）A，B　（2）A，C　（3）B，C　（4）B，D　（5）C，D

解説　A　正しい．組織加重係数は，各臓器・組織の確率的影響に対する相対的な放射線感受性を表す係数である．

B　誤り．組織加重係数が最も大きい組織・臓器は，骨髄（赤色），結腸，肺，胃などで0.12であり，脳は最も小さい値（0.01）である．

C　正しい．組織加重係数は，どの組織・臓器においても1より小さい．

D　誤り．等価線量は，吸収線量に放射線加重係数を乗じて得ることができる．なお，組織加重係数を乗じるものは，等価線量でこれによって実効線量が得られる．

以上から（2）が正解．　▶答（2）

問題3　【平成28年春B問12】

組織加重係数に関する次のAからDまでの記述のうち，正しいものの組合せは（1）～（5）のうちどれか．

A　組織加重係数は，各臓器・組織の確率的影響に対する相対的な放射線感受性を表す係数である．

B　組織加重係数が最も大きい組織・臓器は，脳である．

C　組織加重係数は，どの組織・臓器においても1より小さい．

D　被ばくした組織・臓器の平均吸収線量に組織加重係数を乗ずることにより，等価線量を得ることができる．

（1）A，B　（2）A，C　（3）B，C　（4）B，D　（5）C，D

解説 A 正しい．組織加重係数は，各臓器・組織の確率的影響に対する相対的な放射線感受性を表す係数である．

B 誤り．組織加重係数が最も大きい組織・臓器は，骨髄（赤色），結腸，肺，胃などで0.12であり，脳は最も小さい値（0.01）である．

C 正しい．組織加重係数は，どの組織・臓器においても1より小さい．

D 誤り．等価線量は，吸収線量に放射線加重係数を乗じて得ることができる．なお，組織加重係数を乗じるものは，等価線量でこれによって実効線量が得られる．

以上から（2）が正解．

▶答（2）

4.4 ベルゴニー・トリボンドーの法則

問題1 【令和2年春B問11】

放射線感受性に関する次の記述のうち，ベルゴニー・トリボンドーの法則に従っていないものはどれか．

（1）リンパ球は，骨髄中だけでなく，末梢血液中においても感受性が高い．

（2）皮膚の基底細胞層は，角質層より感受性が高い．

（3）小腸の腺窩細胞（クリプト細胞）は，絨毛先端部の細胞より感受性が高い．

（4）骨組織は，一般に放射線感受性が低いが，小児では比較的高い．

（5）脳の神経組織の放射線感受性は，成人では低いが，胎児では高い時期がある．

解説 （1）従わない．ベルゴニー・トリボンドーの法則は，①細胞分裂の頻度の高いものほど，②将来行う細胞分裂の数が多いものほど，③形態・機能が未分化なものほど，放射線感受性が強いという法則である．リンパ球は，細胞分裂しないので，骨髄中だけでなく，末梢血液中においても感受性が低い．

（2）従う．細胞分裂を行う皮膚の基底細胞層は，細胞分裂しない角質層（一番外側の皮膚でほとんど死んだ細胞）より感受性が高い．

（3）従う．細胞分裂を行う小腸の腺窩細胞（クリプト細胞）は，細胞分裂をしない絨毛先端部の細胞より感受性が高い．

（4）従う．骨組織は，一般に放射線感受性が低いが，細胞分裂の行われる小児では比較的高い．

（5）従う．脳の神経組織の放射線感受性は，成人では低いが，脳細胞の分裂が起こる胎児では高い時期がある．

▶答（1）

 題2 【令和元年春B問11】 

放射線感受性に関する次の記述のうち，ベルゴニー・トリボンドーの法則に従っていないものはどれか.

(1) 皮膚の基底細胞層は，角質層より感受性が高い.

(2) 小腸の腺窩細胞（クリプト細胞）は，絨毛先端部の細胞より感受性が高い.

(3) リンパ球は，骨髄中だけでなく，末梢血液中においても感受性が高い.

(4) 骨組織は，一般に放射線感受性が低いが，小児では比較的高い.

(5) 神経組織から成る脳の放射線感受性は，成人では低いが，胎児では高い時期がある.

解説 (1) 従う．ベルゴニー・トリボンドーの法則は，①細胞分裂の頻度の高いものほど，②将来行う細胞分裂の数が多いものほど，③形態・機能が未分化なものほど，放射線感受性が強い（又は高い）という法則である．細胞分裂を行う皮膚の基底細胞層は，細胞分裂しない角質層（一番外の皮膚でほとんど死んだ細胞）より感受性が高い.

(2) 従う．細胞分裂を行う小腸の腺窩細胞（クリプト細胞）は，細胞分裂しない絨毛先端部より感受性が高い.

(3) 従わない．リンパ球は，細胞分裂しないので，骨髄中だけでなく，末梢血液中においても感受性は低い.

(4) 従う．骨組織は，一般に放射線感受性は低いが，細胞分裂の行われる小児では比較的高い.

(5) 従う．神経組織から成る脳の放射線感受性は，成人では低いが，脳細胞の分裂が起こる胎児では高い時期がある.

▶答 (3)

問題3 【平成30年春B問11】 

放射線感受性に関する次の記述のうち，ベルゴニー・トリボンドーの法則に従っていないものはどれか.

(1) 皮膚の基底細胞層は，角質層より感受性が高い.

(2) 小腸の腺窩細胞（クリプト細胞）は，絨毛先端部の細胞より感受性が高い.

(3) リンパ球は，骨髄中だけでなく，末梢血液中においても感受性が高い.

(4) 骨組織は，一般に放射線感受性が低いが，小児では比較的高い.

(5) 神経組織から成る脳の放射線感受性は，成人では低いが，胎児では高い時期がある.

解説 (1) 従う．ベルゴニー・トリボンドーの法則は，①細胞分裂の頻度の高いものほど，②将来行う細胞分裂の数が多いものほど，③形態・機能が未分化なものほど，放射線感受性が強い（又は高い）という法則である．細胞分裂を行う皮膚の基底細胞層は，細胞分裂しない角質層（一番外側の皮膚でほとんど死んだ細胞）より感受性が高い．

(2) 従う．細胞分裂を行う小腸の腺窩細胞（クリプト細胞）は，細胞分裂しない絨毛先端部より感受性が高い．

(3) 従わない．リンパ球は，細胞分裂しないので，骨髄中だけでなく，末梢血液中においても感受性は低い．

(4) 従う．骨組織は，一般に放射線感受性は低いが，細胞分裂の行われる小児では比較的高い．

(5) 従う．神経組織から成る脳の放射線感受性は，成人では低いが，脳細胞の分裂が起こる胎児では高い時期がある．

▶答（3）

問題4

【平成28年秋B問11】 

放射線感受性に関する次の記述のうち，ベルゴニー・トリボンドーの法則に従っていないものはどれか．

(1) 皮膚の基底細胞層は，角質層より感受性が高い．

(2) 小腸の腺窩（か）細胞（クリプト細胞）は，絨（じゅう）毛先端部の細胞より感受性が高い．

(3) リンパ球は，骨髄中だけでなく，末梢（しょう）血液中においても感受性が高い．

(4) 骨組織は，一般に放射線感受性が低いが，小児では比較的高い．

(5) 神経組織から成る脳の放射線感受性は，成人では低いが，胎児では高い時期がある．

解説 (1) 従う．ベルゴニー・トリボンドーの法則は，①細胞分裂の頻度の高いものほど，②将来行う細胞分裂の数が多いものほど，③形態・機能が未分化なものほど，放射線感受性が強いという法則である．細胞分裂を行う皮膚の基底細胞層は，細胞分裂しない角質層（一番外の皮膚でほとんど死んだ細胞）より感受性が高い．

(2) 従う．細胞分裂を行う小腸の腺窩細胞（クリプト細胞）は，成熟した細胞の絨毛先端部より感受性が高い．

(3) 従わない．リンパ球は，細胞分裂しないので，骨髄中だけでなく，末梢血液中においても感受性は低い．

(4) 従う．骨組織は，一般に放射線感受性は低いが，細胞分裂の行われる小児では比較的高い．

(5) 従う．神経組織から成る脳の放射線感受性は，成人では低いが，脳細胞の分裂が起こる胎児では高い時期がある．

▶答（3）

4.5 全身に放射線を受けた場合の早期影響

問題1

【令和2年春B問15】

ヒトが一時に全身にエックス線の照射を受けた場合の早期影響に関する次のAからDの記述について，正しいものの組合せは（1）～（5）のうちどれか.

A　1～2Gy程度の被ばくで，放射線宿酔の症状が現れることはない.

B　被ばくから死亡までの期間は，一般に消化器官の障害による場合の方が，造血器官の障害による場合より短い.

C　3～5Gy程度の被ばくによる死亡は，主に造血器官の障害によるものである.

D　半致死線量（$LD_{50/60}$）に相当する線量の被ばくによる死亡は，主に消化器官の障害によるものである.

（1）A，B　（2）A，C　（3）B，C　（4）B，D　（5）C，D

解説　A　誤り．1～2Gy程度の被ばくで，放射線宿酔の症状が現れる．なお，放射線宿酔とは，放射線被ばく直後ないし数時間後に現れる何となくだるい，疲れやすい，眠い，食欲がない，吐き気がする，頭痛・めまいがするなどの症状で，乗り物酔いや二日酔い，つわりなどの症状に似ていることからこのように呼ばれている.

B　正しい．被ばくから死亡までの期間は，一般に消化器官の障害による場合の方が，造血器官の障害による場合より短い.

C　正しい．3～5Gy程度の被ばくによる死亡は，主に造血器官の障害によるものである.

D　誤り．半致死線量（$LD_{50/60}$：被ばく後60日で50%の死亡を表す）に相当する線量の被ばくによる死亡は，主に出血と細菌感染による骨髄死（3～5Gy）が原因である.

以上から（3）が正解.

▶答（3）

問題2

【令和元年秋B問15】

ヒトが一時に全身にエックス線の照射を受けた場合の早期影響に関する次のAからDの記述について，正しいものの組合せは（1）～（5）のうちどれか.

A　1～2Gy程度の被ばくで，放射線宿酔の症状が現れることはない.

B　3～5Gy程度の被ばくによる死亡は，主に造血器官の障害によるものである.

C　被ばくした全員が60日以内に死亡する線量の最小値は，約4Gyであると推定されている.

D　被ばくから死亡までの期間は，一般に消化器官の障害による場合の方が，造血器官の障害による場合より短い.

（1）A，B　（2）A，D　（3）B，C　（4）B，D　（5）C，D

解説 A　誤り．1～2 Gy程度の被ばくで，放射線宿酔の症状が現れる．なお，放射線宿酔とは，放射線被ばく直後ないし数時間後に現れる何となくだるい，疲れやすい，眠い，食欲がない，吐き気がする，頭痛・めまいがするなどの症状で，乗り物酔いや二日酔い，つわりなどの症状に似ていることからこのように呼ばれている．

B　正しい．3～5 Gy程度の被ばくによる死亡は，主に造血器官の障害によるものである．

C　誤り．被ばくした全員が60日以内に死亡する線量の最小値は，約7 Gyであると推定されている．

D　正しい．被ばくから死亡までの期間は，一般に消化器官の障害による場合の方が，造血器官の障害による場合より短い．消化器官の小腸において放射線の被ばくを受けると，小腸粘膜の絨毛構造は消失して平坦化するとともに，粘膜に潰瘍，出血，繊維化が進み粘膜細胞は壊死する．このように障害が進行すると，粘膜の消化吸収作用はなくなり，細胞の感染が起こり，水分や電解質の漏出が進み，症状が腸管に拡がり患者は危篤状態におちいり死亡に至る．

以上から（4）が正解．

▶答（4）

問題3

【令和元年春B問18】

ヒトが一時に全身にエックス線被ばくを受けた場合の早期影響に関する次の記述のうち，正しいものはどれか．

（1）2 Gy以下の被ばくでは，放射線宿酔の症状が現れることはない．

（2）3～4 Gy程度の被ばくによる死亡は，主に造血器官の障害によるものである．

（3）被ばくした全員が，60日以内に死亡する線量の最小値は，約4 Gyである．

（4）半致死線量（$LD_{50/60}$）に相当する線量の被ばくによる死亡は，主に消化器官の障害によるものである．

（5）10～15 Gy程度の被ばくによる死亡は，主に中枢神経系の障害によるものである．

解説（1）誤り．放射線宿酔の症状は，1～2 Gyで現れる．なお，放射線宿酔とは，放射線被ばく直後ないし数時間後に現れる何となくだるい，疲れやすい，眠い，食欲がない，吐き気がする，頭痛・めまいがするなどの症状で，乗り物酔いや二日酔い，つわりなどの症状に似ていることからこのように呼ばれている．

（2）正しい．3～4 Gy程度の被ばくによる死亡は，主に造血器官の障害によるものである．

（3）誤り．被ばくした全員が，60日以内に死亡する線量の最小値は，約7 Gyである．

（4）誤り．半致死線量（$LD_{50/60}$：被ばく後60日で50%の死亡を表す）に相当する線量の被ばくによる死亡は，主に出血と細菌感染による骨髄死（3～5 Gy）が原因である．

（5）誤り．10～15 Gy程度の被ばくによる死亡は，数分から1時間以内に下痢，嘔吐，発熱などの前駆症状が現れ，次いで消化管障害による高度の下痢，腸出血と敗血症など

により死亡する． ▶答（2）

問題4 【平成30年秋B問16】

ヒトが一時に全身にエックス線被ばくを受けた場合の早期影響に関する次の記述のうち，正しいものはどれか．

(1) 2Gy以下の被ばくでは，放射線宿酔の症状が現れることはない．

(2) 3～4Gy程度の被ばくによる死亡は，主に造血器官の障害によるものである．

(3) 被ばくした全員が，60日以内に死亡する線量の最小値は，約4Gyである．

(4) 半致死線量（$LD_{50/60}$）に相当する線量の被ばくによる死亡は，主に消化器官の障害によるものである．

(5) 10～15Gy程度の被ばくによる死亡は，主に中枢神経系の障害によるものである．

解説 (1) 誤り．1～2Gy程度の被ばくで，放射線宿酔の症状が現れる．なお，放射線宿酔とは，放射線被ばく直後ないし数時間後に現れる何となくだるい，疲れやすい，眠い，食欲がない，吐き気がする，頭痛・めまいがするなどの症状で，乗り物酔いや二日酔い，つわりなどの症状に似ていることからこのように呼ばれている．

(2) 正しい．3～4Gy程度の被ばくによる死亡は，主に造血器官の障害によるものである．

(3) 誤り．被ばくした全員が60日以内に死亡する線量の最小値は，約7Gyである．

(4) 誤り．半致死線量（$LD_{50/60}$）に相当する線量（4Gy程度（3～5Gy））の被ばくによる死亡は，主に出血と細菌感染による骨髄死が主な死因である．

(5) 誤り．10～15Gy程度の被ばくによる死亡は，下痢，嘔吐，発熱などの前駆症状が現れ，その後消化管障害による高度の下痢，腸出血，敗血症などによる．主に中枢神経系の障害（50～100Gy以上）によるものではない． ▶答（2）

問題5 【平成29年秋B問14】

ヒトが一時に全身にエックス線被ばくを受けた場合の急性影響に関する次の記述のうち，正しいものはどれか．

(1) 1～2Gy程度の被ばくでは，放射線宿酔の症状が現れることはない．

(2) 被ばくした全員が，60日以内に死亡する線量の最小値は，約4Gyである．

(3) 3～5Gy程度の被ばくによる死亡は，主に造血器官の障害によるものである．

(4) $LD_{50/60}$に相当する線量の被ばくによる死亡は，主に消化器官の障害によるものである．

(5) 被ばくから死亡までの期間は，一般に，造血器官の障害による場合の方が，消化器官の障害による場合より短い．

解説 (1) 誤り．1～2 Gy程度の被ばくで，放射線宿酔の症状が現れる．なお，放射線宿酔とは，放射線被ばく直後ないし数時間後に現れる何となくだるい，疲れやすい，眠い，食欲がない，吐き気がする，頭痛・めまいがするなどの症状で，乗り物酔いや二日酔い，つわりなどの症状に似ていることからこのように呼ばれている．

(2) 誤り．被ばくした人数の全員が60日以内に死亡する線量の最小値は約7 Gy，半数が60日以内に死亡する線量の最小値（これを半致死線量という．$LD_{50/60}$と表す）は，約4 Gyである．

(3) 正しい．3～5 Gy程度の被ばくによる死亡は，主に造血器官の障害によるものである．

(4) 誤り．半致死線量（$LD_{50/60}$：被ばく後60日で50%の死亡を表す）に相当する線量の被ばくによる死亡は，主に出血と細菌感染による骨髄死（3～5 Gy）が原因である．

(5) 誤り．被ばくから死亡までの期間は，一般に，造血器官の障害による場合の方が，消化器官の障害による場合より長い．

▶答 (3)

問題6

【平成29年春B問15】

ヒトが一時に全身にエックス線被ばくを受けた場合の早期影響に関する次の記述のうち，正しいものはどれか．

(1) 2 Gy以下の被ばくでは，放射線宿酔の症状が現れることはない．
(2) 3～4 Gy程度の被ばくによる死亡は，主に造血器官の障害によるものである．
(3) 被ばくした全員が，60日以内に死亡する線量の最小値は，約4 Gyである．
(4) 半致死線量（$LD_{50/60}$）に相当する線量の被ばくによる死亡は，主に消化器官の障害によるものである．
(5) 10～15 Gy程度の被ばくによる死亡は，主に中枢神経系の障害によるものである．

解説 (1) 誤り．放射線宿酔の症状は，1～2 Gyで現れる．

(2) 正しい．3～4 Gy程度の被ばくによる死亡は，主に造血器官の障害によるものである．

(3) 誤り．被ばくした全員が，60日以内に死亡する線量の最小値は，約7 Gyである．

(4) 誤り．半致死線量（$LD_{50/60}$：被ばく後60日で50%の死亡を表す）に相当する線量の被ばくによる死亡は，主に出血と細菌感染による骨髄死（3～5 Gy）が原因である．

(5) 誤り．10～15 Gy程度の被ばくによる死亡は，数分から1時間以内に下痢，嘔吐，発熱などの前駆症状が現れ，次いで消化管障害による高度の下痢，腸出血と敗血症により死亡する．

▶答 (2)

問題7

【平成28年秋B問12】

ヒトが一時に全身にエックス線の照射を受けた場合の早期影響に関する次のAからDまでの記述について，正しいものの組合せは (1)～(5) のうちどれか．

A　1～2Gy程度の被ばくで，放射線宿酔の症状が現れることはない.

B　3～5Gy程度の被ばくによる死亡は，主に造血器官の障害によるものである.

C　被ばくした全員が60日以内に死亡する線量の最小値は，約4Gyであると推定されている.

D　被ばくから死亡までの期間は，一般に消化器官の障害による場合の方が，造血器官の障害による場合より短い.

(1) A，B　(2) A，C　(3) B，C　(4) B，D　(5) C，D

解説 A　誤り．1～2Gy程度の被ばくで，前駆症状と呼ばれる放射線宿酔の症状が現れる.

B　正しい．3～5Gy程度の被ばくによる死亡は，主に造血器官の障害と細菌感染による骨髄死が主な死因である．なお，60日間の間に50%が死亡する半致死線量の数値である.

C　誤り．被ばくした半数が60日以内に死亡する線量の最小値は約4Gyであると推定されている．「全員」が誤り.

D　正しい．被ばくから死亡までの期間は，一般に消化器官の障害による場合の方が，造血器官の障害による場合より短い.

以上から (4) が正解.　▶答 (4)

問題8　【平成28年春B問15】

ヒトが一時に全身にエックス線の照射を受けた場合の早期影響に関する次のAからDまでの記述について，正しいものの組合せは (1)～(5) のうちどれか.

A　1～2Gy程度の被ばくで，放射線宿酔の症状が現れることはない.

B　3～5Gy程度の被ばくによる死亡は，主に造血器官の障害によるものである.

C　被ばくした全員が60日以内に死亡する線量の最小値は，約4Gyであると推定されている.

D　被ばくから死亡までの期間は，一般に消化器官の障害による場合の方が，造血器官の障害による場合より短い.

(1) A，B　(2) A，C　(3) B，C　(4) B，D　(5) C，D

解説 問題7（平成28年秋B問12）と同一問題．解説は，問題7を参照.　▶答 (4)

問題9　【平成27年秋B問18】

ヒトが一時に全身にエックス線の照射を受けた場合の早期影響に関する次の記述のうち，正しいものはどれか.

(1) 0.5Gy以下の被ばくでは，末梢血液の検査で異常が認められることはない.

(2) 1 ～ 2 Gy 程度の被ばくでは，放射線宿酔の症状が現れることはない．
(3) 3 ～ 5 Gy 程度の被ばくによる死亡は，主に造血器官の障害によるものである．
(4) 被ばくした全員が 60 日以内に死亡する線量の最小値は，約 4 Gy である．
(5) 10 ～ 15 Gy 程度の被ばくによる死亡は，主に中枢神経系の障害によるものである．

解説 (1) 誤り．末梢血液中のリンパ球は，0.25 Gy の被ばくで照射後きわめて早い時期に異常が認められる．

(2) 誤り．1 ～ 2 Gy 程度の被ばくで，放射線宿酔の症状が現れる．

(3) 正しい．3 ～ 5 Gy 程度の被ばくによる死亡は，主に造血器官によるものである．

(4) 誤り．被ばくした全員が 60 日以内に死亡する線量の最小値は，約 7 Gy である．

(5) 誤り．10 ～ 15 Gy 程度の被ばくによる死亡は，下痢，嘔吐，発熱などの前駆症状が現れ，その後消化管障害による高度の下痢，腸出血，敗血症などによる．主に中枢神経系の障害（50 ～ 100 Gy 以上）によるものではない．

▶答 (3)

4.6 確率的影響と確定的影響

問題 1 【令和 2 年春 B 問 13】 

放射線の被ばくによる確率的影響及び確定的影響に関する次の記述のうち，正しいものはどれか．

(1) 確率的影響では，被ばく線量と影響の発生確率の関係が S 字状曲線で示される．
(2) 確定的影響では，被ばく線量の増加とともに影響の発生確率は増加するが，障害の重篤度は変わらない．
(3) 胎内被ばくにより胎児に生じる奇形は，確率的影響に分類される．
(4) 実効線量は，確率的影響を評価するための量である．
(5) 確率的影響の発生を完全に防止することは，放射線防護の目的の一つである．

解説 (1) 誤り．確定的影響では，**図 4.4** (a) に示すように被ばく線量と影響の発生確率の関係が S 字状曲線（シグモイド曲線）で示される．なお，確率的影響は，被ばく線量に従って影響の発生確率（頻度）は大きくなる．

(2) 誤り．確率的影響では，図 4.4 (b) に示すように被ばく線量の増加とともに影響の発生確率は増加するが，障害の重篤度は変わらない．なお，確定的影響では，重篤度は増加する．

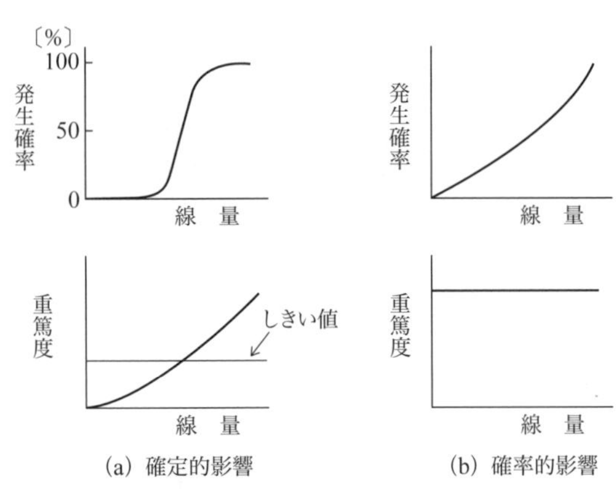

図 4.4　確定的影響と確率的影響 [3)]

(3) 誤り．胎内被ばくにより胎児に生じる奇形は，確定的影響に分類される．なお，確率的影響では胎児のがんの発生が該当する．

(4) 正しい．実効線量は，確率的影響を評価するための量である．

(5) 誤り．放射線防護の目的は，有害な確定的影響を防止し，確率的影響を容認できるレベルまで制限することである．そのために，①確定的影響の「しきい線量」，②確率的影響の発生頻度，③容認できるリスクレベルを知ることである．　▶答 (4)

問題 2　【令和元年秋 B 問 14】

放射線の被ばくによる確率的影響と確定的影響に関する次の記述のうち，誤っているものはどれか．

(1) 確率的影響では，被ばく線量が増加すると影響の発生確率も増加する．

(2) 確定的影響では，被ばく線量と影響の発生確率との関係が，シグモイド曲線で示される．

(3) 遺伝的影響は，確率的影響に分類される．

(4) 確定的影響は，実効線量により評価される．

(5) 胎内被ばくによる胎児の奇形は，確定的影響に分類される．

解説 (1) 正しい．確率的影響（しきい値のない影響で遺伝子を損傷する影響）では，被ばく線量が増加すると影響の発生確率も増加する．（図 4.4 (b) 及び**図 4.5** 参照）

(2) 正しい．確定的影響（しきい値のある影響で身体を損傷する影響）では，被ばく線量と影響の発生確率との関係が，シグモイド曲線（S 字型）で示される．（図 4.4 (a) 及び図 4.5 参照）

(3) 正しい．遺伝的影響は，確率的影響に分類される．

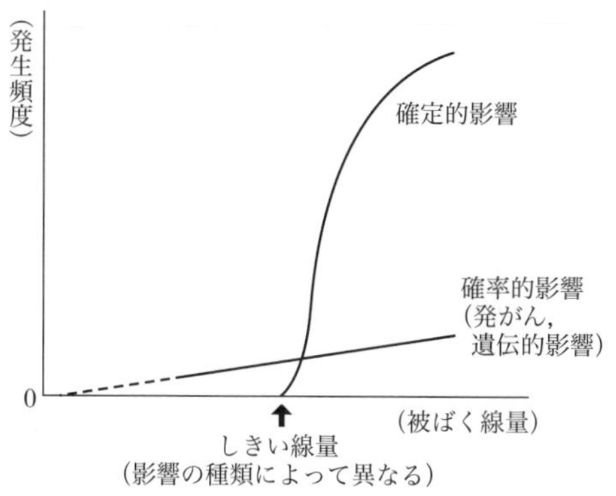

図 4.5　放射線影響の線量効果関係[1)]

(4) 誤り．確定的影響は，等価線量により評価される．実効線量により評価されるのは，確率的影響のあるものである．なお，実効線量とは，吸収線量に放射線加重係数を掛けて等価線量を求め，それに臓器・組織の組織加重係数を掛けて算出する．

(5) 正しい．胎内被ばくによる胎児の奇形（身体的影響：被ばくした本人に現れる影響）は，遺伝ではないため確定的影響に分類される．

▶答 (4)

問題 3　【令和元年春 B 問 15】

放射線の被ばくによる確率的影響及び確定的影響に関する次の記述のうち，誤っているものはどれか．

(1) 晩発影響には，確率的影響に分類されるものと，確定的影響に分類されるものがある．

(2) 確定的影響では，被ばく線量と影響の発生確率との関係が，シグモイド曲線で示される．

(3) 遺伝的影響は，確率的影響に分類される．

(4) 確定的影響の発生確率は，実効線量により評価される．

(5) しきい線量は，確定的影響には存在するが，確率的影響には存在しないと考えられている．

解説 (1) 正しい．晩発影響（被ばくして少なくとも数か月以後に影響）には，確率的影響（しきい値のない影響）に分類されるものと，確定的影響（しきい値のある影響）に分類されるものがある．

(2) 正しい．確定的影響では，被ばく線量と影響の発生確率との関係が，シグモイド曲線（S字型）で示される．（図 4.2，図 4.4 及び図 4.5 参照）

(3) 正しい．遺伝的影響は，確率的影響に分類される．（図 4.4 及び図 4.5 参照）

(4) 誤り．確定的影響の発生確率は，等価線量により評価される．実効線量は確率的影響により評価される．なお，実効線量は，吸収線量に放射線加重係数を掛けて等価線量を求め，それに臓器・組織の組織加重係数を掛けて算出する．

(5) 正しい．しきい線量は，確定的影響には存在するが，確率的影響には存在しないと考えられている．（図 4.4 参照）

▶答（4）

問題 4 【平成 30 年秋 B 問 15】

放射線の被ばくによる確率的影響と確定的影響に関する次の記述のうち，誤っているものはどれか．

(1) 確率的影響では，被ばくした集団中の影響の発生確率は，被ばく線量の増加とともに増加する．

(2) 確定的影響では，被ばく線量と影響の発生確率との関係が，シグモイド曲線で示される．

(3) 遺伝的影響は，確率的影響に分類される．

(4) 確定的影響の発生確率は，実効線量により評価される．

(5) 確定的影響では，被ばく線量が増加すると，障害の重篤度が大きくなる．

解説 (1) 正しい．確率的影響では，被ばくした集団中の影響の発生確率は，被ばく線量の増加とともに増加する．なお，重篤度は一定である．（図 4.4（b）参照）

(2) 正しい．確定的影響では，被ばく線量と影響の発生確率との関係が，シグモイド曲線（S 字型）で示される．（図 4.4（a）参照）

(3) 正しい．遺伝的影響は，確率的影響に分類される．（図 4.4 及び図 4.5 参照）

(4) 誤り．確定的影響の発生確率は，等価線量によって評価される．実効線量により評価されるものは，確率的影響のあるものである．なお，実効線量とは吸収線量に放射線加重係数を掛けて等価線量を求め，それに臓器・組織の組織加重係数を掛けて算出する．

(5) 正しい．確定的影響では，被ばく線量が増加すると，障害の重篤度が大きくなる．（図 4.4（a）参照）

▶答（4）

問題 5 【平成 30 年春 B 問 14】

放射線の被ばくによる確率的影響及び確定的影響に関する次の記述のうち，誤っているものはどれか．

(1) 確率的影響では，被ばくした集団中の影響の発生確率は，被ばく線量の増加とともに増加する．

(2) 確定的影響では，被ばく線量と影響の発生確率との関係が，シグモイド曲線で示される．

(3) 遺伝的影響は，確率的影響に分類される.
(4) 確定的影響の発生確率は，実効線量により評価される.
(5) しきい線量は，確定的影響には存在するが，確率的影響には存在しないと考えられている.

解説 (1) 正しい．確率的影響（がんの発生のようにしきい値のない影響）では，被ばくした集団中の影響の発生確率は，被ばく線量の増加とともに増加する．(図4.5参照)
(2) 正しい．確定的影響（しきい値のある影響）では，被ばく線量と影響の発生確率との関係が，シグモイド曲線（S字型）で示される．(図4.5参照)
(3) 正しい．遺伝的影響は，しきい値がないので確率的影響に分類される．
(4) 誤り．確定的影響の発生確率は，等価線量によって評価され，確率的影響の発生確率は実効線量によって評価される．なお，等価線量と実効線量については，「3.1 放射線の量とその単位」平成30年春B問1の解説（3）と（4）参照.
(5) 正しい．しきい線量は，確定的影響には存在するが，確率的影響には存在しないと考えられている.

▶答（4）

問題6 【平成29年秋B問15】

放射線の被ばくによる確率的影響と確定的影響に関する次の記述のうち，誤っているものはどれか.
(1) 確率的影響では，被ばく線量が増加すると影響の発生確率も増加する.
(2) 確定的影響では，被ばく線量と影響の発生確率との関係が，シグモイド曲線で示される.
(3) 遺伝的影響は，確率的影響に分類される.
(4) 確定的影響の発生確率は，実効線量により評価される.
(5) しきい線量は，確定的影響には存在するが，確率的影響には存在しない.

解説 (1) 正しい．確率的影響では，被ばく線量が増加すると影響の発生確率も増加する．(図4.4及び図4.5参照)
(2) 正しい．確定的影響では，被ばく線量と影響の発生確率との関係が，シグモイド曲線（S字型）で示される.
(3) 正しい．遺伝的影響は，確率的影響に分類される.
(4) 誤り．確定的影響の発生確率は，等価線量により評価される．実効線量は，確率的影響を評価するための量である．なお，実効線量とは吸収線量に放射線加重係数を掛けて等価線量を求め，それに臓器・組織の組織加重係数を掛けて算出する.
(5) 正しい．しきい線量は，確定的影響（遺伝子以外の臓器・組織に影響）には存在す

るが，確率的影響（遺伝子に影響）には存在しない．　▶答（4）

題7　【平成29年春B問13】

放射線の被ばくによる確率的影響及び確定的影響に関する次の記述のうち，正しいものはどれか．

(1) 確定的影響では，被ばく線量と障害の発生率との関係は指数関数で示される．

(2) 確率的影響では，被ばく線量の増加とともに，単位線量当たりの障害の発生率が増加する．

(3) 確定的影響では，被ばく線量が増加すると，障害の重篤度が大きくなる．

(4) 確定的影響の程度は，実効線量により評価される．

(5) 遺伝的影響は，確定的影響に分類される．

解説 (1) 誤り．確定的影響（白内障のようにしきい値のある影響）では，被ばく線量と障害の発生率との関係は，図4.5に示すようにS字状（シグモイド状）で示される．

(2) 誤り．確率的影響（がんの発生のようにしきい値のない影響）では，被ばく線量の増加とともに発生頻度が増加する．「単位線量当たりの障害の発生率」ではない．（図4.5参照）

(3) 正しい．確定的影響では，被ばく線量が増加すると，障害の重篤度が大きくなる．

(4) 誤り．確定的影響の程度は，等価線量〔Sv〕により評価する．なお，確率的影響の程度は実効線量〔Sv〕により評価する．

(5) 誤り．遺伝的影響は，しきい値のない確率的影響に分類される．　▶答（3）

題8　【平成28年秋B問13】

放射線の被ばくによる確率的影響及び確定的影響に関する次の記述のうち，正しいものはどれか．

(1) 確率的影響では，被ばく線量と影響の発生確率の関係がS字状曲線で示される．

(2) 確定的影響では，被ばく線量の増加とともに影響の発生確率は増加するが，障害の重篤度は変わらない．

(3) 遺伝的影響は，確定的影響に分類される．

(4) 実効線量は，確率的影響を評価するための量である．

(5) 確率的影響の発生を完全に防止することは，放射線防護の目的の一つである．

解説 (1) 誤り．確定的影響では，図4.4（a）に示すように被ばく線量と影響の発生確率（頻度）の関係がS字状曲線（シグモイド曲線）で示される．なお，確率的影響は，被ばく線量に従って影響の発生確率（頻度）は大きくなる．

(2) 誤り．確率的影響では，図 4.4 (b) に示すように被ばく線量の増加とともに影響の発生確率は増加するが，障害の重篤度は変わらない．

(3) 誤り．遺伝的影響は，確率的影響に分類される．

(4) 正しい．実効線量は，確率的影響を評価するための量である．なお，実効線量とは吸収線量に放射線加重係数を掛けて等価線量を求め，それに臓器・組織の組織加重係数を掛けて算出する．

(5) 誤り．放射線防護の目的は，有害な確定的影響を防止し，確率的影響を容認できるレベルまで制限することである．そのために，①確定的影響の「しきい線量」，②確率的影響の発生頻度，③容認できるリスクレベルを知ることである．

▶答 (4)

問題 9 【平成 28 年春 B 問 16】

放射線の被ばくによる確率的影響と確定的影響に関する次の記述のうち，誤っているものはどれか．

(1) 確率的影響では，被ばく線量が増加すると影響の発生確率も増加する．

(2) 遺伝的影響は，確率的影響に分類される．

(3) 確定的影響では，被ばく線量と影響の発生確率との関係が，シグモイド曲線で示される．

(4) 確定的影響の発生確率は，実効線量により評価される．

(5) 確定的影響では，障害の重篤度は，被ばく線量に依存する．

解説 (1) 正しい．確率的影響（しきい値のない影響）では，被ばく線量が増加すると影響の発生確率も増加する．（図 4.4 (b) 参照）

(2) 正しい．遺伝的影響は，確率的影響に分類される．

(3) 正しい．確定的影響（しきい値のある影響）では，被ばく線量と影響の発生確率との関係が，シグモイド曲線（S 字型）で示される．

(4) 誤り．確定的影響の発生率は，等価線量により評価される．実効線量は確率的影響の評価に使用される．なお，等価線量は吸収線量に放射線加重係数を掛けたもので，実効線量は等価線量に組織加重係数を掛けたものである．

(5) 正しい．確定的影響では，障害の重篤度は，被ばく線量に依存する．（図 4.4 (a) 参照）

▶答 (4)

問題 10 【平成 27 年秋 B 問 15】

放射線の被ばくによる確率的影響と確定的影響に関する次の記述のうち，正しいものはどれか．

(1) 確率的影響では，被ばく線量が増加すると障害の重篤度が大きくなる．

（2）確定的影響では，被ばく線量と障害の発生率との関係は指数関数で示される.
（3）遺伝的影響は，確定的影響に分類される.
（4）実効線量は，確率的影響を評価するための量である.
（5）しきい線量は，確率的影響には存在するが，確定的影響には存在しない.

解説（1）誤り．確率的影響では，被ばく線量が増加しても障害の重篤度は一定である．（図4.4（b）参照）
（2）誤り．確定的影響では，被ばく線量と障害の発生率との関係は，シグモイド曲線（S字型）で示される.
（3）誤り．遺伝的影響は，確率的影響に分類される.
（4）正しい．実効線量は，確率的影響を評価するための量である.
（5）誤り．しきい線量は，確定的影響には存在するが，確率的影響には存在しない.

▶答（4）

4.7 放射線による遺伝的影響

4.7 放射線による遺伝的影響

問題1 【令和2年春B問18】 

放射線による遺伝的影響に関する次の記述のうち，正しいものはどれか.
（1）生殖腺が被ばくしたときに生じる障害は，全て遺伝的影響である.
（2）親の体細胞に突然変異が生じると，子孫に遺伝的影響が生じる.
（3）胎児期に被ばくし，成長した子供には，その後に遺伝的影響を起こすことはない.
（4）遺伝的影響は，確定的影響に分類される.
（5）倍加線量は，放射線による遺伝的影響を推定する指標とされ，その値が大きいほど遺伝的影響は起こりにくい.

解説（1）誤り．生殖腺が被ばくしたときに生じる障害は，子孫への遺伝的影響（確率的影響）のほか，被ばく本人の身体的影響（確定的影響）に分類される.
（2）誤り．親の体細胞に突然変異が生じても，子孫に遺伝的影響が生じるとは限らない.
（3）誤り．胎児期に被ばくし，成長した子供には，その後に遺伝的影響を起こすおそれはある.
（4）誤り．遺伝的影響は，確率的影響（しきい値のない影響）に分類される.
（5）正しい．倍加線量は，放射線による遺伝的影響を推定する指標とされ，その値が大きいほど遺伝的影響は起こりにくい．なお，倍加線量とは，自然発生の突然変異率を2

倍にするのに必要な線量をいう． ▶答（5）

問題2

【令和元年春B問13】 

放射線による遺伝的影響などに関する次のAからDの記述について，正しいものの組合せは（1）～（5）のうちどれか．

A　放射線による障害を骨髄細胞に受けると，子孫に遺伝的影響が生じる．

B　遺伝子の染色体異常は，正常な染色体の配列の一部が逆になることなどにより生じる．

C　小児が被ばくした場合でも，その子孫に遺伝的影響が生じるおそれがある．

D　放射線照射により，突然変異率を自然における値の2倍にする線量を倍加線量といい，ヒトでは約0.05 Gyである．

（1）A，B　（2）A，C　（3）A，D　（4）B，C　（5）C，D

解説　A　誤り．放射線による障害を骨髄細胞に受けても，子孫に遺伝的影響が生じることはない．

B　正しい．遺伝子の染色体異常は，正常な染色体の配列の一部が逆（逆位）になることなどにより生じる．

C　正しい．小児が被ばくした場合でも，その子孫に遺伝的影響が生じるおそれがある．

D　誤り．放射線照射により，突然変異率を自然における値の2倍にする線量を倍加線量といい，ヒトでは約1 Gyとしている．

以上から（4）が正解． ▶答（4）

問題3

【平成30年秋B問19】 

放射線による遺伝的影響などに関する次のAからDの記述について，正しいものの全ての組合せは（1）～（5）のうちどれか．

A　生殖細胞の突然変異には，遺伝子突然変異と染色体異常がある．

B　遺伝子の染色体異常は，正常な染色体の配列の一部が逆になることなどにより生じる．

C　小児が被ばくした場合でも，その子孫に遺伝的影響が生じるおそれがある．

D　放射線照射により，突然変異率を自然における値の2倍にする線量を倍加線量といい，ヒトでは約0.05 Gyである．

（1）A，B　（2）A，C　（3）A，D　（4）B，C　（5）A，B，C

解説　A　正しい．生殖細胞の突然変異には，遺伝子突然変異（DNA分子レベル）と染色体異常（顕微鏡で観察可能レベル）がある．

B　正しい．遺伝子の染色体異常は，正常な染色体の配列の一部が逆になることなどにより生じる．

C　正しい．小児が被ばくした場合でも，その子孫に遺伝的影響が生じるおそれがある．

D　誤り．放射線照射により，突然変異率を自然における値の2倍にする線量を倍加線量といい，ヒトでは約1.0 Gyである．

以上から（5）が正解．

▶答（5）

問題4　【平成29年秋B問19】

放射線による遺伝的影響に関する次の記述のうち，誤っているものはどれか．

（1）生殖腺が被ばくしたときに生じるおそれのある障害には，子孫への遺伝的影響のほか，被ばく者本人の身体的影響に分類されるものもある．

（2）生殖細胞に突然変異が生じても，子孫に遺伝的影響が生じるとは限らない．

（3）胎内被ばくを受け，出生した子供にみられる発育遅滞は，遺伝的影響である．

（4）小児が被ばくした場合にも，子孫に遺伝的影響が生じるおそれがある．

（5）遺伝的影響は，次世代だけでなく，それ以後の世代に現れる可能性もある．

解説　（1）正しい．生殖腺が被ばくしたときに生じるおそれのある障害には，子孫への遺伝的影響（確率的影響）のほか，被ばく者本人の身体的影響（確定的影響）に分類されるものもある．

（2）正しい．生殖細胞に突然変異が生じても，子孫への遺伝的影響は一定の確率で発生するので，遺伝的影響が生じるとは限らない．

（3）誤り．胎内被ばくを受け，出生した子供にみられる発育遅滞は，身体的影響（確定的影響）である．

（4）正しい．小児が被ばくした場合にも，遺伝子障害があれば，子孫に遺伝的影響（確率的影響）が生じるおそれがある．

（5）正しい．遺伝的影響は，次世代だけでなく，それ以後の世代に現れる可能性もある．

▶答（3）

問題5　【平成28年春B問19】

放射線による遺伝的影響に関する次の記述のうち，正しいものはどれか．

（1）生殖腺が被ばくしたときに生じる障害は，すべて遺伝的影響である．

（2）親の体細胞に突然変異が生じると，子孫に遺伝的影響が生じる．

（3）胎内被ばくを受け，出生した子供にみられる発育遅延は，遺伝的影響である．

（4）小児が被ばくした場合には，遺伝的影響が生じるおそれはない．

（5）倍加線量は，放射線による遺伝的影響を推定する指標とされ，その値が大きいほど遺伝的影響は起こりにくい.

解説 (1) 誤り. 生殖細胞が被ばくしたとき生じる影響は，遺伝的影響（被ばくした人の子供や孫に出る影響）と身体的影響（被ばくした人に出る影響）がある.「すべて遺伝的影響」は誤り.

(2) 誤り. 親の体細胞に突然変異が生じても，子孫に遺伝的影響が生じるとは限らない.

(3) 誤り. 胎内被ばくを受け，出生した子供にみられる発育遅延は，確定的影響でしきい線量は0.5 ～ 1.0 Gyである.

(4) 誤り. 小児が被ばくした場合でも，遺伝的影響が生じるおそれはある.

(5) 正しい. 倍加線量は，放射線による遺伝的影響を推定する指標とされ，その値が大きいほど遺伝的影響は起こりにくい. なお，倍加線量とは，自然発生の突然変異率を2倍にするのに必要な線量をいう.

▶答 (5)

問題6

【平成27年秋B問16】 

放射線による遺伝的影響等に関する次のAからDまでの記述について，正しいものの組合せは (1) ～ (5) のうちどれか.

A 生殖細胞が被ばくしたときに生じる影響は，すべて遺伝的影響である.

B 生殖細胞の突然変異には，遺伝子突然変異と染色体異常がある.

C 小児が被ばくした場合でも，その子孫に遺伝的影響が生じるおそれがある.

D 放射線照射により，突然変異率を自然における値の2倍にする線量を倍加線量といい，その値が小さいほど遺伝的影響は起こりにくい.

(1) A, B　(2) A, C　(3) B, C　(4) B, D　(5) C, D

解説 A 誤り. 生殖細胞が被ばくしたとき生じる影響は，遺伝的影響（被ばくした人の子供や孫に出る影響）と身体的影響（被ばくした人に出る影響）がある.「すべて遺伝的影響」は誤り.

B 正しい. 生殖細胞の突然変異には，遺伝子突然変異（DNA分子レベル）と染色体異常（顕微鏡で観察可能レベル）がある.

C 正しい. 小児が被ばくした場合でも，その子孫に遺伝的影響が生じることがある.

D 誤り. 放射線照射により，突然変異率を自然における値の2倍にする線量を倍加線量といい，その値が小さいほど遺伝的影響が起こりやすいことを表す.

以上から (3) が正解.

▶答 (3)

4.8 RBEに関するもの

問題1 【平成30年春B問16】

生物学的効果比（RBE）に関する次のAからDの記述について，正しいものの組合せは（1）～（5）のうちどれか．

A　RBEは，基準放射線と問題にしている放射線について，各々の同一線量を被ばくしたときの集団の生存率の比である．

B　RBEを求めるときの基準放射線としては，通常，アルファ線が用いられる．

C　RBEの値は，同じ線質の放射線であっても，着目する生物学的効果，線量率などの条件によって異なる．

D　RBEは放射線の線エネルギー付与（LET）の増加とともに増大し，100 keV/μm付近で最大値を示すが，更にLETが大きくなるとRBEは減少していく．

（1）A，B　（2）A，C　（3）B，C　（4）B，D　（5）C，D

解説　A　誤り．生物学的効果比（RBE：Relative Biological Effectiveness）は，次のように定義される．

$$\mathrm{RBE} = \frac{\text{ある生物学的効果を引き起こすのに必要な基準放射線の吸収線量}}{\text{同一の効果を引き起こすのに必要な対象放射線の吸収線量}}$$

したがって，RBEは，基準放射線と問題にしている放射線について，各々の同一線量を被ばくしたときの集団の生存率の比ではない．

B　誤り．RBEを求めるときの基準放射線としては，通常，エックス線またはγ線が用いられる．

C　正しい．RBEの値は，同じ線質の放射線であっても，着目する生物学的効果，線量率などの条件によって異なる．

D　正しい．RBEは放射線の線エネルギー付与（LET）の増加とともに増大し，100 keV/μm付近で最大値を示すが，さらにLETが大きくなるとRBEは減少していく．（図4.6参照）

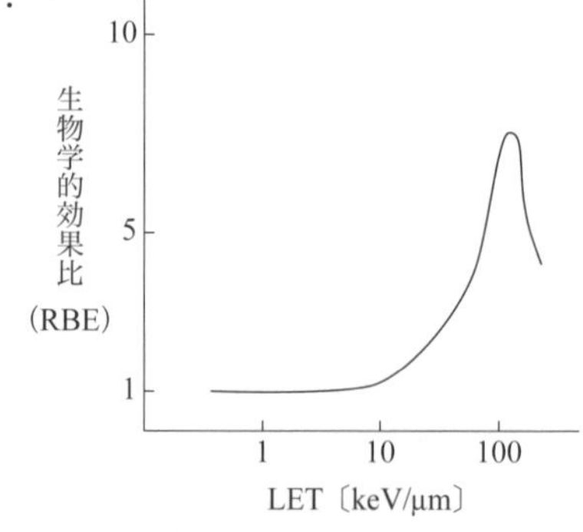

図4.6　LETとRBEの関係[3)]

以上から（5）が正解．

▶答（5）

問題2 【平成29年秋B問20】

生物学的効果比（RBE）に関する次の記述のうち，正しいものはどれか．

(1) RBEは，次の式で定義される．

$$\text{RBE} = \frac{\text{ある生物学的効果を引き起こすのに必要な基準放射線の吸収線量}}{\text{同一の効果を引き起こすのに必要な対象放射線の吸収線量}}$$

(2) RBEを求めるときの基準放射線には，^{60}Coのベータ線を用いる．

(3) エックス線は，そのエネルギーの高低にかかわらず，RBEが1より小さい．

(4) RBEの値は，同じ線質の放射線であれば，着目する生物学的効果，線量率などの条件が異なっても変わらない．

(5) RBEは，放射線の線エネルギー付与（LET）に依存しており，どのような生物学的効果であっても，1 MeV/μm付近のLET値をもつ放射線のRBEの値が最大である．

解説 (1) 正しい．RBE（Relative Biological Effectiveness：生物学的効果比）は，次の式で定義される．

$$\text{RBE} = \frac{\text{ある生物学的効果を引き起こすのに必要な基準放射線の吸収線量}}{\text{同一の効果を引き起こすのに必要な対象放射線の吸収線量}}$$

(2) 誤り．RBEを求めるときの基準放射線は，エックス線またはγ線を用いる．

(3) 誤り．エックス線は，そのエネルギーの高低にかかわらず，RBEが1より大きい．

(4) 誤り．RBEの値は，同じ線質の放射線であっても，着目する生物学的効果，線量率などの条件が異なると変わる．

(5) 誤り．RBEは放射線の線エネルギー付与（LET）に依存しており，どのような生物学的効果であっても，100 keV/μm付近で最大である．（図4.6参照）

▶答 (1)

問題3 【平成28年秋B問14】

生物学的効果比（RBE）に関する次のAからDまでの記述について，正しいものの組合せは (1)～(5) のうちどれか．

A エックス線は，そのエネルギーの高低にかかわらず，RBEが1より小さい．

B RBEの値は，同じ線質の放射線であっても，着目する生物学的効果，線量率などの条件によって異なる．

C RBEを求めるときの基準放射線としては，通常，アルファ線が用いられる．

D RBEは放射線の線エネルギー付与（LET）の増加とともに増大し，100 keV/μm付近で最大値を示すが，更にLETが大きくなるとRBEは減少していく．

(1) A，B (2) A，C (3) B，C (4) B，D (5) C，D

解説 A 誤り．生物学的効果比（RBE：Relative Biological Effectiveness）は，次のように定義される．

$$\mathrm{RBE} = \frac{\text{ある生物学的効果を引き起こすのに必要な基準放射線の吸収線量}}{\text{同一の効果を引き起こすのに必要な対象放射線の吸収線量}}$$

エックス線は，そのエネルギーの高低にかかわらずRBEが1より大きく変化する（図4.6参照）．なお，ピークに達した後にRBEが右下がりになるのはoverkill（殺し過ぎ）が原因である．

B　正しい．RBEの値は，同じ線質の放射線であっても，着目する生物学的効果，線量率などの条件によって異なる．

C　誤り．RBEを求めるときの基準放射線としては，通常，エックス線（250 kVp）またはγ線が用いられる．

D　正しい．RBEは放射線の線エネルギー付与（LET）の増加とともに増大し（図4.6参照），100 keV/μm付近で最大値を示すが，更にLETが大きくなるとAで解説したようにRBEは減少していく．これは細胞を殺すのに必要以上のエネルギー（overkill）を与え，無駄になるエネルギーが多く，線量当たりで見ると，致死効果が少なくなるためである．

以上から（4）が正解．

▶答（4）

問題4　【平成28年春B問17】

生物学的効果比（RBE）に関する次のAからDまでの記述について，正しいものの組合せは（1）～（5）のうちどれか．

A　RBEは，次の式で定義される．

$$\mathrm{RBE} = \frac{\text{ある生物学的効果を引き起こすのに必要な基準放射線の吸収線量}}{\text{同一の効果を引き起こすのに必要な対象放射線の吸収線量}}$$

B　RBEは，線質の異なる放射線を被ばくした集団の生存率の比により表すことができる．

C　RBEは，線質と線量が同じ放射線であっても線量率の大小によって一般に異なった値となる．

D　RBEは放射線のLETに依存する値で，100 keV/μm付近で極小値を示すが，これを超える範囲では，LETの増大とともに大きくなる．

（1）A，B　（2）A，C　（3）B，C　（4）B，D　（5）C，D

解説　A　正しい．RBE（Relative Biological Effectiveness：生物学的効果比）は，次の式で定義される．

$$\mathrm{RBE} = \frac{\text{ある生物学的効果を引き起こすのに必要な基準放射線の吸収線量}}{\text{同一の効果を引き起こすのに必要な対象放射線の吸収線量}}$$

B　誤り．RBEは，同じ生物学的効果をもたらすのに必要な吸収線量の比で表す．

C　正しい．RBEは，線質と線量が同じ放射線であっても線量率（時間当たりの線量）の大小によって一般に異なった値となる．

D　誤り．RBEは，放射線のLET（線エネルギー付与：Linear Energy Transfer：放射線の飛跡に沿った単位長さ当たりのエネルギー損失）に依存する値で，100 keV/μm付近で極大値を示すが，これを超えると，LETの増大とともに低下する．

以上から（2）が正解．

▶答（2）

4.9 エックス線の直接作用と間接作用（生物学的効果）

問題1　【令和2年春B問19】 

放射線による生物学的効果に関する次の現象のうち，放射線の間接作用によって説明することができないものはどれか．

（1）生体中に存在する酸素の分圧が高くなると放射線の生物学的効果は増大する．

（2）温度が低下すると放射線の生物学的効果は減少する．

（3）生体中にシステイン，システアミンなどのSH基をもつ化合物は，放射線の生物学的効果を軽減させる．

（4）溶液中の酵素の濃度を変えて一定線量の放射線を照射するとき，不活性化される酵素の分子数は，酵素の濃度が高くなると増加する．

（5）溶液中の酵素の濃度を変えて一定線量の放射線を照射するとき，酵素の濃度が減少するに従って，酵素の全分子数のうち，不活性化される分子の占める割合は増大する．

解説（1）説明できる．生体中に存在する酸素の分圧が高くなると，有害なラジカル（主に・OHラジカル）の増大となり，放射線の生物学的効果が増大することは，ラジカルが影響すると考えられるから間接作用で説明できる．

（2）説明できる．温度が低下すると，ラジカルの拡散が妨げられるので，放射線の生物学的効果が減少することは，生じたラジカルが影響すると考えられるから間接作用で説明できる．

（3）説明できる．生体中にシステイン，システアミンなどのSH基（スカベンジャー）をもつ化合物が存在すると，生じたラジカルと反応してラジカルが減少するので，放射線の生物学的効果を軽減させることは，生じたラジカルが影響すると考えられるから間接作用で説明できる．

（4）説明できない．溶液中の酵素の濃度を変えて一定線量の放射線を照射するとき，生じたラジカルの数は一定であるから，不活性化される酵素の分子数も一定であるので，放射線の生物学的効果が酵素の濃度に比例することは，間接作用では説明できない．

(5) 説明できる．溶液中の酵素の濃度を変えて一定線量の放射線を照射するとき，酵素の濃度が減少するに従って，酵素の全分子数のうち，不活性化される分子の占める割合は増大することは，生じたラジカルが影響すると考えられるから間接作用で説明できる．

▶答（4）

問題2 【令和元年秋B問17】

放射線の生物学的効果に関する次のAからDの記述について，正しいものの組合せは（1）～（5）のうちどれか．

A　LET（線エネルギー付与）とは，物質中を放射線が通過するとき，荷電粒子の飛跡に沿って単位長さ当たりに物質に与えられるエネルギーで，放射線の線質を表す指標である．

B　半致死線量は，被ばくした集団中の全個体が一定期間内に死亡する最小線量の50％に相当する線量である．

C　OER（酸素増感比）とは，細胞内に酸素が存在しない状態と存在する状態とを比較し，同じ生物学的効果を与える線量の比で，酸素効果の大きさを表すものである．

D　倍加線量は，放射線による遺伝的影響を推定するための指標であり，その値が大きいほど遺伝的影響は起こりやすい．

（1）A，B　（2）A，C　（3）B，C　（4）B，D　（5）C，D

解説 A　正しい．LET（Linear Energy Transfer：線エネルギー付与）とは，物質中を放射線が通過するとき，荷電粒子の飛跡に沿って単位長さ当たりに物質に与えられるエネルギーで，放射線の線質を表す指標である．

B　誤り．半致死線量の$LD_{50/60}$は，被ばく後60日で50％が死亡する線量である．

C　正しい．OER（酸素増感比）とは，細胞内に酸素が存在しない状態と存在する状態とを比較し，同じ生物学的効果を与える線量の比で，酸素効果の大きさを表すものである．

D　誤り．倍加線量は，放射線により突然変異率を自然における値の2倍にする線量をいい，遺伝的影響を推定するための指標であり，その値が小さいほど遺伝的影響は起こりやすい．

以上から（2）が正解．

▶答（2）

問題3 【令和元年秋B問20】

放射線による生物学的効果に関する次の現象のうち，放射線の間接作用によって説明することができないものはどれか．

(1) 生体中に存在する酸素の分圧が高くなると放射線の生物学的効果は増大する.
(2) 温度が低下すると放射線の生物学的効果は減少する.
(3) 生体中にシステイン，システアミンなどのSH基をもつ化合物が存在すると放射線の生物学的効果が軽減される.
(4) 溶液中の酵素の濃度を変えて一定線量の放射線を照射するとき，不活性化される酵素の分子数は酵素の濃度に比例する.
(5) 溶液中の酵素の濃度を変えて一定線量の放射線を照射するとき，酵素の濃度が減少するに従って，酵素の全分子数のうち，不活性化される分子の占める割合は増大する.

解説 (1) 説明できる．生体中に存在する酸素の分圧が高くなると，ラジカル（間接作用に影響を与える物質で主に•OHラジカル）の生成量が増加するので放射線の生物学的効果は増大する.

(2) 説明できる．温度が低下すると，ラジカルの拡散が妨げられるので放射線の生物学的効果は減少する.

(3) 説明できる．生体中にシステイン，システアミンなどのSH基をもつ化合物が存在すると，それらによってラジカルが消費されてしまうので，放射線の生物学的効果が軽減される.

(4) 説明できない．溶液中の酵素の濃度を変えて一定線量の放射線を照射するとき，生成するラジカルの数は一定であるから不活性化される酵素の分子数も一定であり，酵素の濃度に比例することは放射線の生物学的効果として説明できない.

(5) 説明できる．溶液中の酵素の濃度を変えて一定線量の放射線を照射するとき，生成するラジカルの数は一定であるから不活性化される酵素の分子数も一定であるため酵素の濃度が減少するに従って，酵素の全分子数のうち，不活性化される分子の占める割合は増大することは，放射線の生物学的効果として説明できる． ▶答 (4)

問題4 【令和元年春B問17】

放射線による生物学的効果に関する次の現象のうち，放射線の間接作用によって説明することができないものはどれか.

(1) 生体中に存在する酸素の分圧が高くなると放射線の生物学的効果は増大する.
(2) 温度が低下すると放射線の生物学的効果は減少する.
(3) 生体中にシステイン，システアミンなどのSH基をもつ化合物が存在すると，放射線の生物学的効果を軽減させる.
(4) 溶液中の酵素の濃度を変えて一定線量の放射線を照射するとき，不活性化される酵素の分子数は酵素の濃度に比例する.

(5) 溶液中の酵素の濃度を変えて一定線量のエックス線を照射するとき，酵素の濃度が減少するに従って，酵素の全分子数のうち，不活性化される分子の占める割合は増大する．

解説 (1) 説明できる．生体中に存在する酸素の分圧が高くなると，有害なラジカルの増大となり，放射線の生物学的効果が増大することは，ラジカルが影響すると考えられるから間接作用で説明できる．

(2) 説明できる．温度が低下すると，ラジカルの拡散が妨げられるので，放射線の生物学的効果が減少することは，生じたラジカルが影響すると考えられるから間接作用で説明できる．

(3) 説明できる．生体中にシステイン，システアミンなどのSH基（スカベンジャー）をもつ化合物が存在すると，生じたラジカルと反応してラジカルが減少するので，放射線の生物学的効果を軽減させることは，生じたラジカルが影響すると考えられるから間接作用で説明できる．

(4) 説明できない．溶液中の酵素の濃度を変えて一定線量の放射線を照射するとき，生じたラジカルの数は一定であるから，不活性化される酵素の分子数も一定であるので，酵素の濃度に比例することは，間接作用で説明できない．

(5) 説明できる．溶液中の酵素の濃度を変えて一定線量の放射線を照射するとき，酵素の濃度に関係なく一定量のラジカルが生成しているため，不活性化する酵素の数も一定である．酵素の濃度が減少するに従って，酵素の全分子数のうち，不活性化される分子の占める割合が増大することは，生じたラジカルが影響すると考えられるから間接作用で説明できる．

▶答 (4)

問題5 【平成30年秋B問20】

放射線による生物学的効果に関する次の現象のうち，放射線の間接作用によって説明することができないものはどれか．

(1) 生体中に存在する酸素の分圧が高くなると，放射線の生物学的効果は増大する．

(2) 温度が低下すると，放射線の生物学的効果は減少する．

(3) 生体中にシステイン，システアミンなどのSH基をもつ化合物が存在すると，放射線の生物学的効果を軽減させる．

(4) 溶液中の酵素の濃度を変えて一定線量の放射線を照射するとき，不活性化される酵素の分子数は，酵素の濃度が高くなると増加する．

(5) 溶液中の酵素の濃度を変えて一定線量の放射線を照射するとき，酵素の濃度が減少するに従って，酵素の全分子数のうち，不活性化される分子の占める割合は増大する．

解説 (1) 説明できる．生体中に存在する酸素の分圧が高くなると，有害なラジカルの増大となり，放射線の生物学的効果が増大することは，ラジカルが影響すると考えられるから間接作用で説明できる．

(2) 説明できる．温度が低下すると，ラジカルの拡散が妨げられるので，放射線の生物学的効果が減少することは，生じたラジカルが影響すると考えられるから間接作用で説明できる．

(3) 説明できる．生体中にシステイン，システアミンなどのSH基（スカベンジャー）をもつ化合物が存在すると，生じたラジカルと反応してラジカルが減少するので，放射線の生物学的効果を軽減させることは，生じたラジカルが影響すると考えられるから間接作用で説明できる．

(4) 説明できない．溶液中の酵素の濃度を変えて一定線量の放射線を照射するとき，生じたラジカルの数は一定であるから，不活性化される酵素の分子数も一定であるので，酵素の濃度に比例することは，間接作用で説明できない．

(5) 説明できる．溶液中の酵素の濃度を変えて一定線量の放射線を照射するとき，酵素の濃度に関係なく一定量のラジカルが生成しているため，不活性化する酵素の数も一定であるため，酵素の濃度が減少するに従って，酵素の全分子数のうち，不活性化される分子の占める割合は増大することは，生じたラジカルが影響すると考えられるから間接作用で説明できる．

▶答 (4)

問題6 【平成30年春B問19】

放射線による生物学的効果に関する次の現象のうち，放射線の間接作用によって説明することができないものはどれか．

(1) 生体中に存在する酸素の分圧が高くなると放射線の生物学的効果は増大する．

(2) 温度が低下すると放射線の生物学的効果は減少する．

(3) 生体中にシステイン，システアミンなどのSH基をもつ化合物が存在すると放射線の生物学的効果を軽減させる．

(4) 溶液中の酵素の濃度を変えて一定線量の放射線を照射するとき，不活性化される酵素の分子数は酵素の濃度に比例する．

(5) 溶液中の酵素の濃度を変えて一定線量の放射線を照射するとき，酵素の濃度が減少するに従って，酵素の全分子数のうち，不活性化される分子の占める割合は増大する．

解説 (1) 説明できる．生体中に存在する酸素の分圧が高くなると，有害なラジカルの増大となり，放射線の生物学的効果が増大することは，ラジカルが影響すると考えられるから間接作用で説明できる．

(2) 説明できる．温度が低下すると，ラジカルの拡散が妨げられるので，放射線の生物学的効果が減少することは，生じたラジカルが影響すると考えられるから間接作用で説明できる．

(3) 説明できる．生体中にシステイン，システアミンなどのSH基（スカベンジャー）をもつ化合物が存在すると，生じたラジカルと反応してラジカルが減少するので，放射線の生物学的効果を軽減させることは，生じたラジカルが影響すると考えられるから間接作用で説明できる．

(4) 説明できない．溶液中の酵素の濃度を変えて一定線量の放射線を照射するとき，生じたラジカルの数は一定であるから，不活性化される酵素の分子数も一定であるので，酵素の濃度に比例することは，間接作用で説明できない．

(5) 説明できる．溶液中の酵素の濃度を変えて一定線量の放射線を照射するとき，酵素の濃度に関係なく一定量のラジカルが生成しているため，不活性化する酵素の数も一定である．酵素の濃度が減少するに従って，酵素の全分子数のうち，不活性化される分子の占める割合が増大することは，生じたラジカルが影響すると考えられるから間接作用で説明できる．

▶答 (4)

問題7 【平成29年秋B問16】

放射線の生体に対する作用に関する次の記述のうち，正しいものはどれか．

(1) 放射線によって水分子がフリーラジカルになり，これが生体高分子を破壊し，細胞に障害を与えることを直接作用という．

(2) エックス線などの間接電離放射線により発生した二次電子が生体高分子を電離又は励起し，細胞に障害を与えることを間接作用という．

(3) 生体中にシステインなどのSH基を有する化合物が存在すると放射線効果が軽減されることは，直接作用により説明される．

(4) 生体中に存在する酸素の分圧が高くなると放射線効果が増大することは，間接作用では説明できない．

(5) 溶液中の酵素の濃度を変えて同一線量の放射線を照射するとき，酵素の濃度が減少するに従って，酵素の全分子数のうち不活性化されたものの占める割合が増大することは，間接作用により説明される．

解説 (1) 誤り．放射線によって水分子がフリーラジカル（主に・OHラジカル）になり，これが生体高分子を破壊し，細胞に損害を与えることを間接作用という．なお，直接作用とは，高いエネルギーを持った放射線が直接生体高分子を破壊し，細胞に障害を与えることをいう．

(2) 誤り．エックス線などの間接電離放射線（荷電を持たない放射線でエックス線，γ線や中性子線などが該当）により発生した二次電子が生体高分子を電離または励起し，細胞に障害を与えることを直接作用という．

(3) 誤り．生体中にシステインなどのSH基を有する化合物が存在すると生じたフリーラジカルと容易に反応するので，放射線効果が軽減されるが，これは間接効果により説明される．

(4) 誤り．生体中に存在する酸素の分圧が高くなると放射線効果が増大することは，ラジカルが酸素と反応してさらに有害なラジカルを産生すると，損傷部分が酸素と反応して修復されにくくなると考えられるので，間接効果で説明できる．

(5) 正しい．溶液中の酵素の濃度を変えて同一線量の放射線を照射するとき，酵素と反応するフリーラジカルの濃度は一定であるから，溶液中の酵素の濃度が減少するに従って，酵素の全分子数のうち不活性化されたものの占める割合が増大することは，間接作用により説明される．

▶答 (5)

問題8 【平成29年春B問12】

放射線の直接作用と間接作用に関する次の記述のうち，正しいものはどれか．

(1) 放射線により水分子がフリーラジカルになり，これが生体の細胞に損傷を与える作用が直接作用である．

(2) 間接電離放射線により生じた二次電子が，生体の細胞に損傷を与える作用が間接作用である．

(3) 低LET放射線が生体に与える影響は，間接作用によるものより直接作用によるものの方が大きい．

(4) 生体中にシステインなどのSH基を有する化合物が存在すると放射線効果が軽減されることは，直接作用により説明される．

(5) 溶液中の酵素の濃度を変えて一定線量の放射線を照射するとき，酵素の濃度が減少するに従って，酵素の全分子のうち不活性化されるものの占める割合が増加することは，間接作用により説明される．

解説 (1) 誤り．放射線により水分がフリーラジカル（主に•OHラジカル）になり，これが生体の細胞に損傷を与える作用が間接作用である．なお，直接作用とは，エネルギーの高い放射線が直接細胞に損傷を与える場合をいう．

(2) 誤り．間接電離放射線（荷電粒子以外の放射線，γ線，エックス線，中性子線などをいう）により生じた二次電子が，生体の細胞に損傷を与える作用は直接作用である．

(3) 誤り．低LET放射線が生体に与える影響は，直接作用よりも•OHラジカルなどによる間接作用の方が大きい．

(4) 誤り．生体中にシステイン（SH基を持つアミノ酸の一種）などのSH基を有する化合物が存在すると，放射線効果が軽減されることは，•OH ラジカルを SH 基が消費してしまうので間接作用により説明される.

(5) 正しい．溶液中の酸素の濃度を変えて一定線量の放射線を照射するとき，生じた•OH 濃度は一定であるから損傷する酵素の数も一定であるため，酵素の濃度が減少するに従って，酵素の全分子のうち不活性化されるものの占める割合が増加することは，間接作用により説明される.

▶答 (5)

問題 9 【平成 28 年秋 B 問 15】 

エックス線の直接作用と間接作用に関する次の記述のうち，正しいものはどれか.

(1) エックス線光子と生体内の水分子を構成する原子との相互作用の結果生成されたラジカルが，直接，生体高分子に損傷を与える作用が直接作用である.

(2) エックス線光子によって生じた二次電子が，生体高分子の電離又は励起を行い，生体高分子に損傷を与える作用が間接作用である.

(3) エックス線のような低 LET 放射線が生体に与える影響は，間接作用によるものより直接作用によるものの方が大きい.

(4) 生体中にシステイン，システアミンなどの SH 基を有する化合物が存在すると放射線効果が軽減されることは，主に直接作用により説明される.

(5) 溶液中の酵素の濃度を変えて一定線量のエックス線を照射するとき，酵素の濃度が減少するに従って酵素の全分子のうち不活性化される分子の占める割合が増加することは，間接作用により説明される.

解説 (1) 誤り．エックス線光子と生体内の水分子を構成する原子との相互作用の結果生成されたラジカルが，直接，生体高分子に損傷を与える作用が間接作用である．なお，直接作用とは，エックス線光子（又はそれによる二次電子）が直接生体高分子に損傷を与えることをいう.

(2) 誤り．エックス線光子によって生じた二次電子（例えば光電効果など）が，生体高分子の電離又は励起を行い，生体高分子に損傷を与える作用は直接作用である.

(3) 誤り．エックス線のような低 LET 放射線が生体に与える影響は，直接作用によるものより間接作用によるものの方が大きい.

(4) 誤り．生体中にシステイン，システアミンなどの SH 基を有する化合物が存在すると，生じたラジカルと反応しやすいので（ラジカルスカベンジャー），生じた放射線効果が軽減されることは，主に間接効果により説明される．これは保護効果と呼ばれる.

(5) 正しい．溶液中の酵素の濃度を変えて一定線量のエックス線を照射するとき，生成するラジカルの量は一定であるから酵素の濃度が減少するに従って酵素の全分子のうち不活性化される分子の占める割合が増加することは，間接作用により説明される．直接

作用であれば，酵素の濃度に一定の割合で不活性化することとなる． ▶答（5）

問題10 【平成28年春B問18】

放射線の生体に対する作用に関する次の記述のうち，正しいものはどれか．

（1）放射線によって水分子がフリーラジカルになり，これが生体高分子を破壊し，細胞に障害を与えることを直接作用という．

（2）エックス線などの間接電離放射線により発生した二次電子が生体高分子を電離又は励起し，細胞に障害を与えることを間接作用という．

（3）生体中にシステインなどのSH基を有する化合物が存在すると放射線効果が軽減されることは，直接作用により説明される．

（4）生体中に存在する酸素の分圧が高くなると放射線効果が増大することは，間接作用では説明できない．

（5）溶液中の酵素の濃度を変えて同一線量の放射線を照射するとき，酵素の濃度が減少するに従って，酵素の全分子数のうち不活性化されたものの占める割合が増大することは，間接作用により説明される．

解説 （1）誤り．放射線によって水分子がフリーラジカル（主に・OHラジカル）になり，これが生体高分子を破壊し，細胞に損害を与えることを間接作用という．なお，直接作用とは，高いエネルギーを持った放射線が直接生体高分子を破壊し，細胞に損害を与えることをいう．

（2）誤り．エックス線などの間接電離放射線（荷電を持たない放射線でエックス線，γ線や中性子線などが該当）により発生した二次電子が生体高分子を電離又は励起し，細胞に障害を与えることを直接作用という．

（3）誤り．生体中にシステインなどのSH基を有する化合物が存在すると，生じたフリーラジカルと容易に反応するので，放射線効果が軽減されるが，これは間接効果により説明される．

（4）誤り．生体中に存在する酸素の分圧が高くなると放射線効果が増大することは，ラジカルが酸素と反応してさらに有害なラジカルを産生すること，損傷部分が酸素と反応して修復されにくくなると考えられるので，間接効果で説明できる．

（5）正しい．溶液中の酵素の濃度が減少するに従って，酵素の全分子数のうち不活性化されたものの占める割合が増大することは，間接作用により説明される． ▶答（5）

問題11 【平成27年秋B問12】

エックス線の直接作用と間接作用に関する次の記述のうち，正しいものはどれか．

（1）エックス線光子と生体内の水分子を構成する原子との相互作用の結果生成され

たラジカルが，直接，生体高分子に損傷を与える作用が直接作用である．

(2) エックス線光子によって生じた二次電子が，生体高分子の電離又は励起を行い，生体高分子に損傷を与える作用が間接作用である．

(3) エックス線のような低LET放射線が生体に与える影響は，直接作用によるものより間接作用によるものの方が大きい．

(4) 生体中にシステイン，システアミンなどのSH基を有する化合物が存在すると放射線効果が軽減されることは，主に直接作用により説明される．

(5) 溶液中の酵素の濃度を変えて一定線量のエックス線を照射するとき，酵素の濃度が減少するに従って酵素の全分子のうち不活性化される分子の占める割合が増加することは，直接作用により説明される．

解説 (1) 誤り．エックス線光子と生体内の水分子を構成する原子との相互作用の結果生成されたラジカルが，直接，生体高分子に損傷を与えても，エックス線光子が直接生体高分子に損傷を与えていないので間接作用である．

(2) 誤り．エックス線光子によって生じた二次電子が，生体高分子の電離又は励起を行い，生体高分子に損傷を与える作用が直接作用である．

(3) 正しい．エックス線のような低LET放射線が生体に与える影響は，直接作用によるものより間接作用によるものの方が大きい．

(4) 誤り．生体中にシステイン，システアミンなどのSH基を有する化合物が存在すると放射線効果が軽減（水分子が放射線を受けて生じた•OHラジカルが，SH基と反応してラジカルを減少させるため：ラジカルスカベンジャー）されることは，主に間接作用により説明される．

(5) 誤り．溶液中の酵素の濃度を変えて一定線量のエックス線を照射するとき，生成するラジカルの量は一定であるから酵素の濃度が減少するに従って酵素の全分子のうち不活性化される分子の占める割合が増加することは，間接作用により説明される．直接作用であれば，酵素の濃度に一定の割合で不活性化することとなる．

▶答（3）

4.10 生体に対する放射線効果の複合問題

問題1 【令和元年春B問20】 

生体に対する放射線効果に関する次のAからDの記述について，正しいものの組合せは（1）～（5）のうちどれか．

A 平均致死線量は，ある組織・臓器の個々の細胞を死滅させる最小線量を，その組織・臓器全体にわたり平均した線量で，この値が大きい組織・臓器の放射線感受性は高い.

B　半致死線量は，被ばくした集団中の個体の50%が一定期間内に死亡する線量であり，動物種の放射線感受性を比較するときなどに用いられる.

C　全致死線量は，半致死線量の2倍に相当する線量であり，この線量を被ばくした個体は数時間～数日のうちに死亡してしまう.

D　RBE（生物学的効果比）は，基準となる放射線と問題にしている放射線とが，同じ生物学的効果を与えるときの各々の吸収線量の比であり，線質の異なる放射線による生物学的効果を比較する場合に用いられる.

(1) A，C　(2) A，D　(3) B，C　(4) B，D　(5) C，D

解説　A　誤り．平均致死線量は，ある組織・臓器の個々の標的細胞1個当たり平均1個のヒット（ヒットすれば細胞は死ぬと仮定）を生じるのに必要な線量で，ヒットを受けない細胞もあり，また複数個のヒットを受ける細胞もあり，平均して生存率が37%に該当する線量（細胞の生存率曲線を片対数グラフで表し，直線部分で37%）をいう．この値が小さい組織・臓器の放射線感受性は高い.

B　正しい．半致死線量（LD_{50}）は，被ばくした集団中の個体の50%が一定期間内（通常30日）に死亡する線量であり，動物種の放射線感受性を比較するときなどに用いられる.

C　誤り．全致死線量は，30日間で被ばくした全員（100%）が死亡する線量をいう．$LD_{100}(30)$と表す．半致死線量の2倍に相当する線量ではない.

D　正しい．RBE（Relative Biological Effectiveness：生物学的効果比）は，基準となる放射線と問題にしている放射線とが，次式で示すように同じ生物学的効果を与えるときの各々の吸収線量の比であり，線質の異なる放射線による生物学的効果を比較する場合に用いられる.

$$\mathrm{RBE} = \frac{\text{ある生物的効果を引き起こすのに必要な基準放射線の吸収線量}}{\text{同一の効果を引き起こすのに必要な対象放射線の吸収線量}}$$

以上から（4）が正解.　▶答（4）

問題2　【平成30年春B問18】

放射線の生物学的効果に関する次のAからDの記述について，正しいものの組合せは（1）～（5）のうちどれか.

A　組織加重係数は，各組織・臓器の確率的影響に対する相対的な放射線感受性を表す係数であり，どの組織・臓器においても1より小さい.

B　半致死線量は，被ばくした集団中の全個体が一定期間内に死亡する最小線量の

50%に相当する線量である.

C　OER（酸素増感比）とは，細胞内に酸素が存在しない状態と存在する状態とを比較し，同じ生物学的効果を与える線量の比で，酸素効果の大きさを表すものである.

D　倍加線量は，放射線による遺伝的影響を推定するための指標であり，その値が大きいほど遺伝的影響は起こりやすい.

(1) A, B　(2) A, C　(3) B, C　(4) B, D　(5) C, D

解説　A　正しい．組織加重係数は，各組織・臓器の確率的影響に対する相対的な放射線感受性を表す係数であり，どの組織・臓器においても1より小さい.

B　誤り．半致死線量は，被ばくした集団中の全個体の半数が一定期間内（人の場合は60日とする）に死亡する線量である.

C　正しい．OER（Oxygen Enhancement Ratio：酸素増感比）とは，細胞内に酸素が存在しない状態と存在する状態とを比較し，同じ生物学的効果を与える線量の比で，酸素効果の大きさを表すものである.

$$\mathrm{OER} = \frac{\text{無酸素状態である効果を引き起こすのに必要な線量}}{\text{酸素存在下で同じ効果を引き起こすのに必要な線量}}$$

D　誤り．倍加線量は，自然突然変異率を2倍にする線量をいい，放射線による遺伝的影響を推定するための指標であり，その値が大きいほど遺伝的影響は起こりにくいことを表す.

▶答 (2)

問題3　【平成29年春B問17】

生体に対する放射線効果に関する次のAからDまでの記述について，正しいものの組合せは (1)～(5) のうちどれか.

A　組織加重係数は，各組織・臓器の確率的影響に対する相対的なリスクを表す係数である.

B　倍加線量は，放射線照射により，突然変異率を自然における値の2倍にする線量であり，その値が大きいほど遺伝的影響は起こりやすい.

C　酸素増感比（OER）は，生体内に酸素が存在しない状態と存在する状態とで同じ生物学的効果を与える線量の比であり，酸素効果の大きさを表すときに用いられる.

D　生物学的効果比（RBE）は，線質の異なる放射線を被ばくした各々の生物集団の生存率の比であり，線質の異なる放射線による生物学的効果を比較するとき用いられる.

(1) A, C　(2) A, D　(3) B, C　(4) B, D　(5) C, D

解説　A　正しい．組織加重係数は，各組織・臓器の確率的影響に対する相対的なリスクを表す係数である.

B　誤り．倍加線量は，放射線照射により，突然変異率を自然における値の2倍にする線量であり，その値が大きいほど遺伝的影響は起こりにくい.

C　正しい．酸素増感比（OER：Oxygen Enhancement Ratio）は，生体内に酸素が存在しない状態と存在する状態とで同じ生物学的効果を与える線量の比であり，酸素効果の大きさを表すときに用いられる.

D　誤り．生物学的効果比（RBE：Relative Biological Effectiveness）は，ある効果を得るのに必要な基準放射線の吸収線量を，同じ効果を得るのに必要な試験放射線の吸収線量で割った値をいう．線質の異なる放射線による生物学的効果を比較するときに用いられるが，生物集団の生存率の比ではない.

以上から（1）が正解.　▶答（1）

問題4　【平成28年秋B問17】

放射線の生物学的効果に関する次のAからDまでの記述について，正しいものの組合せは（1）～（5）のうちどれか.

A　LET（線エネルギー付与）とは，物質中を放射線が通過するとき，荷電粒子の飛跡に沿って単位長さ当たりに物質に与えられる平均エネルギーで，放射線の線質を表す指標である.

B　半致死線量は，被ばくした集団中の全個体が一定期間内に死亡する最小線量の50%に相当する線量である.

C　OER（酸素増感比）とは，細胞内に酸素が存在しない状態と存在する状態とを比較し，同じ生物学的効果を与える線量の比で，酸素効果の大きさを表すものである.

D　倍加線量は，放射線による遺伝的影響を推定するための指標であり，その値が大きいほど遺伝的影響は起こりやすい.

（1）A，B　（2）A，C　（3）B，C　（4）B，D　（5）C，D

解説　A　正しい．LET（Linear Energy Transfer：線エネルギー付与）とは，物質中に放射線が通過するとき，放射線の飛跡に沿って単位長さ当たりに物質に与えられる平均エネルギーで放射線の線質を表す指標である．なお，設問には「荷電粒子」とあるが，荷電粒子に限らない.

B　誤り．半致死線量は，被ばくした集団中の全個体の半数が一定期間内（人の場合は60日とする）に死亡する線量である.

C　正しい．OER（Oxygen Enhancement Ratio：酸素増感比）は，細胞内に酸素が存在しない状態と存在する状態とを比較し，同じ生物学的効果を与える線量の比で，酸素効果の大きさを表すものである.

$$\mathrm{OER} = \frac{\text{無酸素状態である効果を引き起こすのに必要な線量}}{\text{酸素存在下で同じ効果を引き起こすのに必要な線量}}$$

D　誤り．倍加線量は，自然における突然変異率を2倍にする線量をいい，放射線による遺伝的影響を推定するための指標であり，その値が大きいほど遺伝的影響は起こりにくいことを表す．

以上から（2）が正解．　▶答（2）

問題5

【平成27年秋B問17】 

生体に対する放射線効果に関する次の記述のうち，誤っているものはどれか．

（1）線量率効果とは，同一線量の放射線を照射した場合でも，線量率の高低によって生物学的効果の大きさが異なることをいう．

（2）RBE（生物学的効果比）は，基準となる放射線と問題にしている放射線とが，同じ生物学的効果を与えるときの各々の吸収線量の比であり，線質の異なる放射線による生物学的効果を比較する場合に用いられる．

（3）OER（酸素増感比）は，細胞内に酸素が存在しない状態と存在する状態とで同じ生物学的効果を与える線量の比であり，酸素効果の大きさを表すときに用いられる．

（4）組織加重係数は，各組織・臓器の確率的影響に対する相対的なリスクを表す係数である．

（5）半致死線量は，被ばくした集団中のすべての個体が一定期間内に死亡する最小線量の50%に相当する線量である．

解説（1）正しい．線量率効果とは，同一線量の放射線を照射した場合でも，高線量率で短時間に照射（急照射）するよりも，低線量率で長時間照射（緩照射）した方が，影響が小さく，生物学的効果の大きさが異なることをいう．

（2）正しい．RBE（Relative Biological Effectiveness：生物学的効果比）は，基準となる放射線と問題としている放射線とが，同じ生物学的効果を与えるときの各々の吸収線量の比であり，線質の異なる放射線による生物学的効果を比較する場合に用いられる．

（3）正しい．OER（Oxygen Enhancement Ratio：酸素増感比）は，細胞内に酸素が存在しない状態と存在する状態とで同じ生物学的効果が得られる線量の比であり，酸素効果の大きさを表すときに用いられる．

（4）正しい．組織加重係数は，各組織・臓器の確率的影響に対する相対的なリスクを表す係数である．

（5）誤り．半致死線量は，被ばくした集団中の半数の個体が一定期間内に死亡する最小限に相当する線量である．　▶答（5）

4.11 放射線による身体的影響

問題1 【令和2年春B問20】

次のAからDの放射線による身体的影響について，その発症にしきい線量が存在するものの全ての組合せは（1）～（5）のうちどれか．

A　白血病

B　永久不妊

C　放射線宿酔

D　再生不良性貧血

（1）A，B，D　（2）A，C　（3）A，D　（4）B，C　（5）B，C，D

解説 A　白血病は，血液のがんであるからしきい線量がない．なお，しきい線量がないので確率的影響である．

B　永久不妊は，男性3.5～6 Gy，女性3 Gyでしきい線量がある．なお，しきい線量があるので確定的影響である．

C　放射線宿酔は，被ばく後数時間で悪心，吐き気，嘔吐などの症状が起こり，しきい線量は1～2 Gyである．

D　再生不良性貧血は，しきい線量は約2 Gyである．なお，再生不良性貧血とは，白血球，赤血球，血小板などすべて減少する疾患をいう．

以上から（5）が正解．

▶答（5）

問題2 【令和元年秋B問16】

次のAからDの放射線による身体的影響について，その発症にしきい線量が存在するものの全ての組合せは（1）～（5）のうちどれか．

A　白血病

B　永久不妊

C　放射線宿酔

D　再生不良性貧血

（1）A，B，D　（2）A，C　（3）A，D　（4）B，C　（5）B，C，D

解説 A　白血病は，血液のがんであるからしきい線量がない．なお，しきい線量（閾値線量）がないので確率的影響である．

B　永久不妊は，男性3.5～6 Gy，女性3 Gyでしきい線量がある．なお，しきい線量があるので確定的影響である．

C　放射線宿酔は，被ばく後数時間で悪心，吐き気，嘔吐などの症状が起こり，しきい線量は1～2Gyである．

D　再生不良性貧血は，しきい線量は約2Gyである．なお，再生不良性貧血とは，白血球，赤血球，血小板などすべて減少する疾患をいう．

以上から（5）が正解．　▶答（5）

問題3　【令和元年秋B問19】

放射線による身体的影響に関する次のAからDの記述について，正しいものの組合せは（1）～（5）のうちどれか．

A　眼の水晶体上皮細胞が損傷を受けて発生する白内障は，早期影響に分類される．

B　白内障の潜伏期は，被ばく線量が多いほど短い傾向にある．

C　晩発影響である白血病の潜伏期は，その他のがんに比べて一般に短い．

D　放射線による皮膚障害のうち，脱毛は，潜伏期が1～3か月程度で，晩発影響に分類される．

（1）A，B　（2）A，C　（3）B，C　（4）B，D　（5）C，D

解説　A　誤り．眼の水晶体上皮細胞が損傷を受けて発生する白内障は，晩期（晩発）影響に分類される．その潜伏期間は2～3年であるが，数か月から数十年の幅がある．

B　正しい．白内障の潜伏期は，被ばく線量が多いほど短い傾向にある．

C　正しい．晩期（晩発）影響である白血病の潜伏期は，その他のがんに比べて一般に短い．

D　誤り．放射線による皮膚障害のうち，脱毛（2～6Gy）は，潜伏期が3週間程度で，早期（早発）影響に分類される．

以上から（3）が正しい．　▶答（3）

問題4　【令和元年春B問14】

放射線による身体的影響に関する次のAからDの記述について，正しいものの組合せは（1）～（5）のうちどれか．

A　眼の被ばくで起こる白内障は，早期影響に分類され，その潜伏期は3～10週間であるが，被ばく線量が多いほど短い傾向にある．

B　再生不良性貧血は，2Gy程度の被ばくにより，末梢（しょう）血液中の全ての血球が著しく減少し回復不可能になった状態をいい，潜伏期は1週間以内で，早期影響に分類される．

C　晩発影響である白血病の潜伏期は，その他のがんに比べて一般に短い．

D　晩発影響には，その重篤度が，被ばく線量に依存するものとしないものがある．

（1）A，B　（2）A，C　（3）B，C　（4）B，D　（5）C，D

解説 A 誤り．眼の被ばくで起こる白内障は，晩期影響に分類され，その潜伏期は2～3年であるが，数か月から数十年の幅がある．被ばく線量が多いほど短い傾向にある．

B 誤り．再生不良性貧血は，2 Gy程度の被ばくにより，末梢血液中のすべての血球が著しく減少し回復不可能になった状態をいい，潜伏期は数か月後の晩期影響に分類される．確定的影響に分類される．

C 正しい．晩発影響である白血病の潜伏期（最短で2～3年）は，その他のがん（10年程度）に比べて一般に短い．

D 正しい．晩発影響には，その重篤度が，被ばく線量に依存するもの（白内障，再生不良性貧血，胎児への影響）としないもの（がん–白血病，乳がん，甲状腺がん，肺がん，胃がんなど）がある．

以上から（5）が正解．

▶答（5）

問題5

【平成30年秋B問12】

放射線被ばくによる白内障に関する次の記述のうち，正しいものはどれか．

（1）放射線により眼の角膜上皮細胞に障害を受けると，白内障が発生する．

（2）白内障発生のしきい線量は，急性被ばくでも慢性被ばくでも変わらない．

（3）白内障は，早期影響に分類される．

（4）白内障の重篤度は，被ばく線量には依存しない．

（5）白内障の潜伏期間は，被ばく線量が多いほど短い傾向がある．

解説（1）誤り．放射線により眼の水晶体が混濁する影響を受けると，白内障が発生する．

（2）誤り．白内障発生のしきい線量は，急性被ばくでは5 Gy程度，慢性被ばくでは10 Gy以上と考えられている．

（3）誤り．白内障は，晩期影響に分類され，潜伏期は被ばく線量の大小に影響し，線量が多いほど短い．平均潜伏期間は2～3年であるが，数か月から数十年の幅がある．

（4）誤り．白内障の重篤度は，確定的影響であるため被ばく線量に依存する．（図4.4参照）

（5）正しい．白内障の潜伏期間は，被ばく線量が多いほど短い傾向がある．

▶答（5）

問題6

【平成30年秋B問14】

次のAからDの放射線による身体的影響について，その発症にしきい線量が存在するものの全ての組合せは（1）～（5）のうちどれか．

A 白血病

B 永久不妊

C 皮膚炎

D 脱毛

(1) A, B, D　(2) A, C　(3) A, D　(4) B, C　(5) B, C, D

解説 しきい線量のないものは，がんや遺伝的影響（これらは確率的影響）のあるものである．

A　白血病は，血液のがんであるからしきい線量がない．

B　永久不妊は，しきい線量がある．

C　皮膚炎は，しきい線量がある．

D　脱毛は，しきい線量がある．

以上から（5）が正解．

▶答（5）

題7

【平成30年春B問13】

次のAからDの放射線による身体的影響について，その発症にしきい線量が存在するものの全ての組合せは（1）～（5）のうちどれか．

A　白血病

B　永久不妊

C　放射線宿酔

D　再生不良性貧血

(1) A, B, D　(2) A, C　(3) A, D　(4) B, C　(5) B, C, D

解説 A　しきい線量なし．白血病は，血液のがんでしきい線量が存在しない．放射線に対し確率的影響を受ける．

B　しきい線量あり．永久不妊は，しきい線量が存在し，放射線に対し確定的影響を受ける．男性の永久不妊は3.5～6 Gy，女性の永久不妊は3 Gyである．

C　しきい線量あり．放射線宿酔は，被ばく後数時間で悪心，吐き気，嘔吐などの症状が起こり，しきい線量（1～2 Gy）が存在し，確定的影響を受ける．

D　しきい線量あり．再生不良性貧血は，しきい線量が存在し，確定的影響を受ける．なお，再生不良性貧血とは，白血球，赤血球，血小板などすべてが減少する疾患をいい，しきい値は約2 Gyである．

以上から（5）が正解．

▶答（5）

題8

【平成30年春B問15】

放射線被ばくによる白内障に関する次の記述のうち，正しいものはどれか．

（1）放射線により眼の角膜上皮細胞に障害を受けると，白内障が発生する．

（2）白内障発生のしきい線量は，急性被ばくでも慢性被ばくでも変わらない．

（3）白内障は，早期影響に分類される．

(4) 白内障の重篤度は，被ばく線量には依存しない.
(5) 白内障の潜伏期間は，被ばく線量が多いほど短い傾向がある.

解説 (1) 誤り．放射線により眼の水晶体が混濁する障害を受けると，白内障が発生する.
(2) 誤り．白内障発生のしきい線量は，急性被ばくでは5 Gy程度，慢性被ばくでは10 Gy以上と考えられている.
(3) 誤り．白内障は，晩期影響に分類され，潜伏期は被ばく線量の大小に影響し，線量が多いほど短い．平均潜伏期は2～3年であるが，数か月から数十年の幅がある.
(4) 誤り．白内障の重篤度は，確定的影響であるため被ばく線量に依存する．(図4.4参照)
(5) 正しい．白内障の潜伏期間は，被ばく線量が多いほど短い傾向がある. ▶答 (5)

問題9 【平成29年春B問14】

放射線被ばくによる白内障に関する次の記述のうち，正しいものはどれか.
(1) 放射線により眼の水晶体上皮細胞に障害を受けると，白内障が発生する.
(2) 白内障は，早期影響に分類される.
(3) 白内障の重篤度は，被ばく線量には依存しない.
(4) 白内障の潜伏期間の長さは，被ばく線量とは無関係である.
(5) 放射線被ばくによる白内障は，その症状により，老人性白内障と容易に識別することができる.

解説 (1) 正しい．放射線により眼の水晶体上皮細胞に障害を受けると，白内障が発生する.
(2) 誤り．白内障は，晩期影響に分類される.
(3) 誤り．白内障は確定的影響を受けるので，その重篤度は，被ばく線量に依存する.
(4) 誤り．白内障の潜伏期間の長さは，被ばく線量が大きいほど短い.
(5) 誤り．放射線被ばくによる白内障は，その症状により，老人性白内障と容易に識別することができない.
▶答 (1)

問題10 【平成29年春B問19】

エックス線被ばくによる放射線皮膚炎の症状に関する次のAからDまでの記述について，正しいものの組合せは(1)～(5)のうちどれか.
A 0.2 Gyの被ばくでは，皮膚の充血や腫脹(ちょう)がみられる.
B 3 Gyの被ばくでは，一過性の紅斑や一時的な脱毛がみられる.
C 5 Gyの被ばくでは，水疱(ほう)や永久脱毛がみられる.

D　20 Gy 以上の被ばくでは，進行性びらんや難治性の潰瘍がみられる．

(1) A，B　(2) A，C　(3) B，C　(4) B，D　(5) C，D

解説　A　誤り．0.2 ～ 0.5 Gy の被ばくでは，皮膚には特別な症状はみられない．6 Gy の照射後 2 週間程度で皮膚の充血や腫脹がみられる．

B　正しい．3 Gy の被ばくでは，一過性の紅斑や一時的脱毛がみられる．

C　誤り．15 Gy の被ばくでは約 1 週間後に水疱がみられ，永久脱毛は 7 Gy 以上の被ばくでみられる．

D　正しい．20 Gy 以上の被ばくでは，進行性びらんや難治性の潰瘍がみられる．

以上から (4) が正解．　▶答 (4)

問題 11　【平成 28 年秋 B 問 16】

次の A から D までの放射線による身体的影響について，その発症にしきい線量が存在するものすべての組合せは (1) ～ (5) のうちどれか．

A　皮膚炎

B　永久不妊

C　甲状腺がん

D　再生不良性貧血

(1) A，B，D　(2) A，C　(3) A，D　(4) B，C　(5) B，C，D

解説　A　しきい線量あり．皮膚炎は，確定的影響でしきい線量が存在する．初期紅斑は 2 ～ 3 Gy，壊死は 50 Gy である．

B　しきい線量あり．永久不妊は，確定的影響でしきい線量は 3 ～ 6 Gy である．

C　しきい線量なし．甲状腺がんは，確率的影響でしきい線量がない．

D　しきい線量あり．再生不良性貧血は，確定的影響でしきい線量が存在する．なお，再生不良性貧血とは，白血球，赤血球，血小板などすべてが減少する疾患をいい，しきい値は約 2 Gy である．

以上から (1) が正解．　▶答 (1)

問題 12　【平成 28 年秋 B 問 19】

放射線による身体的影響に関する A から D までの記述について，正しいものの組合せは (1) ～ (5) のうちどれか．

A　眼の水晶体上皮細胞が損傷を受けて発生する白内障は，早期影響に分類される．

B　白内障の潜伏期は，被ばく線量が多いほど短い傾向にある．

C　晩発影響である白血病の潜伏期は，その他のがんに比べて一般に短い．

D　放射線による皮膚障害のうち，脱毛は，潜伏期が1～3か月程度で，晩発影響に分類される.

(1) A，B　(2) A，C　(3) B，C　(4) B，D　(5) C，D

解説 A　誤り．眼の水晶体上皮細胞が損傷を受けて発生する白内障は，晩発影響に分類される.

B　正しい．白内障の潜伏期は，被ばく線量が多いほど短い傾向にある.

C　正しい．晩発影響である白血病の潜伏期は，その他のがんに比べて一般に短い.

D　誤り．放射線による皮膚障害のうち，脱毛（2～6 Gy）は潜伏期間が3週間程度で早発影響に分類される.

以上から（3）が正解.

▶答（3）

問題13　【平成28年春B問13】

放射線による身体的影響に関する次のAからDまでの記述について，正しいものの組合わせは（1）～（5）のうちどれか.

A　再生不良性貧血は，2 Gy程度の被ばくにより，末梢（しょう）血液中のすべての血球が著しく減少し回復不可能になった状態をいい，潜伏期は1週間以内で，早期影響に分類される.

B　白内障は，眼の水晶体上皮の被ばくによる障害で，晩発影響に分類される.

C　晩発影響の一つである白血病の潜伏期は，その他のがんに比べて長い.

D　晩発影響には，その重篤度が，被ばく線量に依存するものとしないものがある.

(1) A，B　(2) A，C　(3) B，C　(4) B，D　(5) C，D

解説 A　誤り．再生不良性貧血は，2 Gy程度の被ばくにより，末梢血液中のすべての血球（白血球，赤血球，血小板）が著しく減少する症状をいい，潜伏期間は数か月以後の晩発影響に分類される．なお，確定的影響に分類される．血球を生産する骨髄が放射線で損傷を受けたためである.

B　正しい．白内障は，眼の水晶体上皮の被ばくによる障害で，晩発影響に分類される.

C　誤り．晩発影響の一つである白血病の潜伏期（最短で2～3年後に発生し，6～7年後に発生のピーク）は，その他のがん（10年程度）に比べて短い.

D　正しい．晩発影響には，その重篤度が被ばくに依存するもの（白内障など）としないもの（白血病など）がある.

以上から（4）が正解.

▶答（4）

問題 14 【平成28年春B問14】

エックス線被ばくによる造血器官及び血液に対する影響に関する次の記述のうち，正しいものはどれか．

(1) 末梢血液中の血球は，リンパ球を除いて，造血器官中の未分化な細胞より放射線感受性が低い．

(2) 造血器官である骨髄のうち，脊椎の中にあり，造血幹細胞の分裂頻度が極めて高いものは脊髄である．

(3) 人の末梢(しょう)血液中の血球数の変化は，被ばく量が1 Gy程度までは認められない．

(4) 末梢血液中の血球のうち，被ばく後減少が現れるのが最も遅いものは血小板である．

(5) 末梢血液中の赤血球の減少は貧血を招き，血小板の減少は感染に対する抵抗力を弱める原因となる．

解説 (1) 正しい．末梢血液中の血球は，リンパ球を除いて，造血器官中の未分化な細胞より放射線感受性が低い．

(2) 誤り．造血器官である骨髄（骨の中心に存在）のうち，脊椎（背骨）の中にあり，造血幹細胞の分裂頻度が極めて高いものは，免疫担当細胞（白血球（リンパ球を含む）などを産生する細胞）である．白血球のうち好中球は寿命が末梢血液中で10時間と最も短いので細胞分裂の頻度が高いこととなる（表4.2参照）．なお，脊髄は神経細胞でほとんど細胞分裂はしない．

(3) 誤り．人の末梢血液中の血球数の変化は，赤色骨髄（造血機能のある骨髄）に対して被ばく量が0.5 Gyで認められる．

(4) 誤り．末梢血液中の血球のうち，被ばく後減少が現れるのが最も遅いものは赤血球である．（図4.3参照）

(5) 誤り．末梢血液中の赤血球の減少は貧血を招き，血小板の減少は出血が起きやすくなり，また出血がとまりにくくなる．なお，感染に対する抵抗力を弱める原因は，白血球の減少である．

▶答 (1)

問題 15 【平成27年秋B問19】

放射線による身体的影響に関する次のAからDまでの記述について，正しいものの組合せは (1) ～ (5) のうちどれか．

A 眼の水晶体上皮細胞が損傷を受けて発生する白内障は，早期影響に分類される．

B 白内障の潜伏期は，被ばく線量が多いほど短い傾向にある．

C 晩発影響である白血病の潜伏期は，その他のに比べて一般に短い．

D 放射線による皮膚障害のうち，脱毛は，潜伏期が1～3か月程度で，晩発影響に分類される.

(1) A, B　(2) A, C　(3) B, C　(4) B, D　(5) C, D

解説 問題12（平成28年秋B問19）と同一問題. 解説は, 問題12を参照. ▶答（3）

4.12 DNAの損傷と修復

問題1 【令和2年春B問16】 

放射線によるDNAの損傷と修復に関する次の記述のうち, 正しいものはどれか.

(1) DNA損傷には, 塩基損傷とDNA鎖切断があるが, エックス線のような間接電離放射線では, 塩基損傷は生じない.

(2) DNA鎖切断のうち, 二重らせんの両方が切れる2本鎖切断の発生頻度は, 片方だけが切れる1本鎖切断の発生頻度より高い.

(3) 細胞には, DNA鎖切断を修復する機能があり, 修復が誤りなく行われれば細胞は回復し, 正常に増殖を続けるが, 塩基損傷を修復する機能はない.

(4) DNA2本鎖切断の修復方式のうち, 非相同末端結合修復は, DNA切断端どうしを直接結合する方式であるため, 誤りなく行われる.

(5) DNA鎖切断のうち, 1本鎖切断は2本鎖切断に比べて修復されやすい.

解説 (1) 誤り. DNA損傷には, 塩基損傷とDNA鎖切断があるが, エックス線のような間接電離放射線（その他γ線, 中性子線など）でも, 塩基損傷が生じる.

(2) 誤り. DNA鎖切断のうち, 二重らせんの片方だけが切れる1本鎖切断の発生頻度は, 両方が切れる2本鎖切断の発生頻度より高い. 2本鎖切断のエネルギーは, 1本鎖切断のエネルギーの約10倍である.

(3) 誤り. 細胞には, DNA鎖切断を修復する機能があり, 修復が誤りなく行われれば細胞は回復し, 正常に増殖を続けるが, 塩基損傷を修復する機能もある.

(4) 誤り. DNA2本鎖切断の修復方式のうち, 非相同末端結合修復は, 切断端の損傷部位を取り除いた後DNA切断端どうしを直接結合する方式なので, 切断部位の塩基配列の情報が失われたまま再結合されるため, 再結合された部位の塩基配列は本来のものではなく, 誤りがちな修復となる.

(5) 正しい. DNA鎖切断のうち, 1本鎖切断は2本鎖切断に比べて修復されやすい.

▶答（5）

問題2 【令和元年秋B問12】

放射線によるDNAの損傷と修復に関する次のAからDの記述について，正しいものの組合せは（1）～（5）のうちどれか．

A　放射線によるDNA損傷には，塩基損傷とDNA鎖切断があるが，エックス線のような間接電離放射線では，塩基損傷は生じない．

B　DNA鎖切断のうち，二重らせんの片方だけが切れる1本鎖切断の発生頻度は，両方が切れる2本鎖切断の発生頻度より高い．

C　細胞には，DNA損傷を修復する機能があり，修復が誤りなく行われれば，細胞は回復する．

D　DNA鎖切断のうち，2本鎖切断はDNA鎖の相同組換え修復により，1本鎖切断に比べて容易に修復される．

（1）A，B　（2）A，C　（3）B，C　（4）B，D　（5）C，D

解説　A　誤り．放射線によるDNA損傷には，塩基損傷とDNA鎖切断があるが，エックス線のような間接電離放射線（エックス線，γ線，中性子線）でも，塩基損傷は生じる．

B　正しい．DNA鎖切断のうち，二重らせんの片方だけが切れる1本鎖切断の発生頻度は，両方が切れる2本鎖切断の発生頻度より高い．2本鎖切断のエネルギーは，1本鎖切断のエネルギーの約10倍である．

C　正しい．細胞には，DNA損傷を修復する機能があり，修復が誤りなく行われれば，細胞は回復する．

D　誤り．DNA鎖切断のうち，2本鎖切断はDNA鎖の非相同末端結合修復（哺乳類細胞ではこの修復（主としてG_1期）が多いが，他に相同組み換え修復もある）は，切断端の損傷部位を取り除いた後DNA切断端どうしを直接結合する方式なので，切断部位の塩基配列の情報が失われたまま再結合されるため，再結合された部位の塩基配列が本来のものではなく，1本鎖切断に比べて容易に修復されない．なお，相同組み換え修復は元のDNAに修復（S期とそれに続くG_2期）される．（図4.1参照）

以上から（3）が正解．　▶答（3）

問題3 【平成30年秋B問18】 

放射線によるDNAの損傷と修復に関する次の記述のうち，正しいものはどれか．

（1）放射線によるDNA損傷には，塩基損傷とDNA鎖切断があるが，エックス線のような間接電離放射線では，塩基損傷は生じない．

（2）DNA鎖切断のうち，二重らせんの片方だけが切れる1本鎖切断の発生頻度は，両方が切れる2本鎖切断の発生頻度より高い．

(3) 細胞には，DNA 鎖切断を修復する機能があり，修復が誤りなく行われれば，細胞は回復し，正常に増殖を続けるが，塩基損傷を修復する機能はない．

(4) DNA 鎖切断のうち，2 本鎖切断は DNA 鎖の組換え現象が利用されるため，1 本鎖切断に比べて容易に修復される．

(5) DNA 鎖切断の修復方式のうち，非相同末端結合は，DNA 切断端同士を直接再結合する修復であるため，誤りなく行われる．

解説 (1) 誤り．放射線による DNA 損傷には，塩基損傷と DNA 鎖切断があるが，エックス線のような間接電離放射線（エックス線，γ 線，中性子線）でも，塩基損傷が生じる．

(2) 正しい．DNA 鎖切断のうち，二重らせんの片方だけが切れる 1 本鎖切断の発生頻度は，両方が切れる 2 本鎖切断の発生頻度より高い．2 本鎖切断のエネルギーは，1 本鎖切断のエネルギーの約 10 倍である．

(3) 誤り．細胞には，DNA 鎖切断を修復する機能があり，修復が誤りなく行われれば，細胞は回復し，正常に増殖を続けるが，塩基損傷を修復する機能もある．

(4) 誤り．DNA 鎖切断のうち，2 本鎖切断は，DNA 鎖の組み換え現象が利用されるため，1 本鎖切断に比べて容易に修復されない．

(5) 誤り．DNA2 本鎖切断の修復方式のうち，非相同末端結合修復は，DNA 切断端どうしを直接結合する方式なので，切断部位の塩基配列の情報が失われたまま再結合されるため，再結合された部位の塩基配列は本来のものではなく，誤りがちな修復となる．

▶答 (2)

問題 4 【平成 29 年秋 B 問 18】

放射線による DNA の損傷と修復に関する次の記述のうち，正しいものはどれか．

(1) DNA 損傷には，塩基損傷と DNA 鎖切断があるが，エックス線のような間接電離放射線では，塩基損傷は生じない．

(2) DNA 鎖切断のうち，二重らせんの両方が切れる 2 本鎖切断の発生頻度は，片方だけが切れる 1 本鎖切断の発生頻度より高い．

(3) 細胞には，DNA 鎖切断を修復する機能があり，修復が誤りなく行われれば細胞は回復し，正常に増殖を続けるが，塩基損傷を修復する機能はない．

(4) DNA2 本鎖切断の修復方式のうち，非相同末端結合修復は，DNA 切断端どうしを直接結合する方式であるため，誤りなく行われる．

(5) DNA 鎖切断のうち，1 本鎖切断は 2 本鎖切断に比べて修復されやすい．

解説 (1) 誤り．DNA 損傷には，塩基損傷と DNA 鎖切断があるが，エックス線のような間接電離放射線（エックス線，γ 線，中性子線）でも，塩基損傷が生じる．

(2) 誤り．DNA 鎖切断のうち，二重らせんの両方が切れる 2 本鎖切断の発生頻度は，片方だけが切れる 1 本鎖切断の発生頻度より低い．2 本鎖切断のエネルギーは，1 本鎖切断のエネルギーの約 10 倍である．

(3) 誤り．細胞には，DNA 鎖切断を修復する機能があり，修復が誤りなく行われれば，細胞は回復し，正常に増殖を続けるが，塩基損傷を修復する機能もある．

(4) 誤り．DNA2 本鎖切断の修復方式のうち，非相同末端結合修復は，切断端の損傷部位を取り除いた後 DNA 切断端どうしを直接結合する方式である．切断部位の塩基配列の情報が失われたまま再結合されるため，再結合された部位の塩基配列は本来のものではなく，誤りがちな修復となる．

(5) 正しい．DNA 鎖切断のうち，1 本鎖切断は 2 本鎖切断に比べて修復されやすい．

▶答 (5)

問題 5 【平成 28 年秋 B 問 18】 

放射線による DNA の損傷と修復に関する次の記述のうち，正しいものはどれか．

(1) DNA 損傷には，塩基損傷と DNA 鎖切断があるが，エックス線のような間接電離放射線では，塩基損傷は生じない．

(2) DNA 鎖切断のうち，二重らせんの両方が切れる 2 本鎖切断の発生頻度は，片方だけが切れる 1 本鎖切断の発生頻度より高い．

(3) 細胞には，DNA 鎖切断を修復する機能があり，修復が誤りなく行われれば，細胞は回復し，正常に増殖を続けるが，塩基損傷を修復する機能はない．

(4) DNA 2 本鎖切断の修復方式のうち，非相同末端結合修復は，DNA 切断端どうしを直接結合する方式であるため，誤りなく行われる．

(5) DNA 鎖切断のうち，1 本鎖切断は 2 本鎖切断に比べて修復されやすい．

解説 (1) 誤り．DNA 損傷には，塩基損傷と DNA 鎖切断があるが，エックス線のような間接電離放射線（エックス線，γ 線，中性子線）でも，塩基損傷が生じる．

(2) 誤り．DNA 鎖切断のうち，二重らせんの両方が切れる 2 本鎖切断の発生頻度は，片方だけが切れる 1 本鎖切断の発生頻度より低い．2 本鎖切断のエネルギーは，1 本鎖切断のエネルギーの約 10 倍である．

(3) 誤り．細胞には，DNA 鎖切断を修復する機能があり，修復が誤りなく行われれば，細胞は回復し，正常に増殖を続ける．塩基損傷を修復する機能もある．

(4) 誤り．DNA 2 本鎖切断の修復方式のうち，非相同末端結合修復は，切断端の損傷部位を取り除いた後 DNA 切断端どうしを直接結合する方式である．切断部位の塩基配列の情報が失われたまま再結合されるため，再結合された部位の塩基配列は本来のものではなく，誤りがちな修復となる．

(5) 正しい．DNA 鎖切断のうち，1 本鎖切断は 2 本鎖切断に比べて修復されやすい．

▶答 (5)

問題 6 【平成 27 年秋 B 問 13】 

放射線による DNA の損傷と修復に関する次の記述のうち，正しいものはどれか．

(1) DNA 損傷には，塩基損傷と DNA 鎖切断があるが，エックス線のような間接電離放射線では，塩基損傷は生じない．

(2) DNA 鎖切断のうち，二重らせんの両方が切れる 2 本鎖切断の発生頻度は，片方だけが切れる 1 本鎖切断の発生頻度より高い．

(3) 細胞には，DNA 鎖切断を修復する機能があり，修復が誤りなく行われれば，細胞は回復し，正常に増殖を続けるが，塩基損傷を修復する機能はない．

(4) DNA 鎖切断のうち，1 本鎖切断は 2 本鎖切断に比べて修復されやすい．

(5) DNA 2 本鎖切断の修復方式のうち，非相同末端結合修復は，DNA 切断端どうしを直接結合する方式であるため，誤りなく行われる．

解説 (1) 誤り．DNA 損傷には，塩基損傷と DNA 鎖切断があるが，エックス線のような間接電離放射線（エックス線，γ 線，中性子線）でも，塩基損傷が生じる．

(2) 誤り．DNA 鎖切断のうち，二重らせんの両方が切れる 2 本鎖切断の発生頻度は，片方だけが切れる 1 本鎖切断の発生頻度より低い．2 本鎖切断のエネルギーは，1 本鎖切断のエネルギーの約 10 倍である．

(3) 誤り．細胞には，DNA 鎖切断を修復する機能があり，修復が誤りなく行われれば，細胞は回復し，正常に増殖を続ける．塩基損傷を修復する機能もある．

(4) 正しい．DNA 鎖切断のうち，1 本鎖切断は 2 本鎖切断に比べて修復されやすい．

(5) 誤り．DNA 2 本鎖切断の修復方式のうち，非相同末端結合修復は，切断端の損傷部位を取り除いた後 DNA 切断端どうしを直接結合する方式である．切断部位の塩基配列の情報が失われたまま再結合されるため，再結合された部位の塩基配列は本来のものではなく，誤りがちな修復となる．

▶答 (4)

4.13 胎内被ばくに関するもの

問題 1 【令和元年春 B 問 19】 

胎内被ばくに関する次の記述のうち，誤っているものはどれか．

(1) 着床前期の被ばくでは胚(はい)の死亡が起こることがあるが，被ばくしても生き残り，発育を続けて出生した子供には，被ばくによる影響はみられない．

(2) 器官形成期の被ばくでは，奇形が生じることがある．
(3) 胎児期の被ばくでは，出生後，精神発達遅滞がみられることがある．
(4) 胎内被ばくにより胎児に生じる奇形は，確定的影響に分類される．
(5) 胎内被ばくを受け出生した子供にみられる精神発達遅滞は，確率的影響に分類される．

解説 (1) 正しい．着床前期の被ばくでは，胚の死亡が起こることがあるが，被ばくしても生き残り，発育を続けて出生した子供には，被ばくによる影響はみられない．
(2) 正しい．器官形成期の被ばくでは，奇形が発生することがある．（**表 4.4** 参照）

表 4.4　胎児の放射線影響[2)]

胎生期の区分	期間	発生する影響	しきい線量〔Gy〕
着床前期	受精 8 日まで	胚死亡	0.1
器官形成期	受精 9 日～受精 8 週	奇形	0.1
胎児期	受精 8 週～受精 25 週	精神発達遅滞	0.2 ～ 0.4
	受精 8 週～受精 40 週	発育遅延	0.5 ～ 1.0
全期間	—	発がんと遺伝的影響	—

(3) 正しい．胎児期の被ばくでは，出生後，精神発達遅滞がみられることがある．
(4) 正しい．胎内被ばくにより胎児に生じる奇形（身体的影響：被ばくした本人に現れる影響）は，遺伝ではないため確定的影響に分類される．
(5) 誤り．胎内被ばくを受け出生した子供にみられる精神発達遅滞は，身体的影響で遺伝ではないため，確定的影響に分類される．　▶答 (5)

問題 2　【平成 30 年秋 B 問 17】 

胎内被ばくに関する次の記述のうち，正しいものはどれか．
(1) 着床前期に被ばくして生き残った胎児には，発育不全がみられる．
(2) 胎内被ばくを受け出生した子供にみられる発育不全は，確率的影響に分類される．
(3) 胎内被ばくのうち，奇形の発生するおそれが最も大きいのは，胎児期の被ばくである．
(4) 胎内被ばくにより胎児に生じる奇形は，確定的影響に分類される．
(5) 胎内被ばくによる奇形の発生のしきい線量は，ヒトでは 5 Gy 程度である．

解説 (1) 誤り．着床前期に被ばくして生き残った胎児には，発育不全がみられない．
(2) 誤り．胎内被ばくを受け出生した子供にみられる発育不全は，遺伝ではないため確定的影響に分類される．

(3) 誤り．胎内被ばくのうち，奇形の発生するおそれが最も大きいのは，器官形成期の被ばくである．（表4.4参照）

(4) 正しい．胎内被ばくにより胎児に生じる奇形は，遺伝ではないため確定的影響に分類される．

(5) 誤り．胎内被ばくによる奇形の発生のしきい線量は，ヒトでは0.1 Gy程度である．（表4.4参照）

▶答 (4)

問題3 【平成30年春B問20】

胎内被ばくに関する次の記述のうち，誤っているものはどれか．

(1) 着床前期の被ばくでは，胚(はい)の死亡が起こることがあるが，被ばくしても生き残り，発育を続けて出生した子供には，被ばくによる影響はみられない．

(2) 器官形成期の被ばくでは，奇形が発生することがある．

(3) 胎児期の被ばくでは，出生後，精神発達遅滞がみられることがある．

(4) 胎内被ばくにより胎児に生じる奇形は，確定的影響に分類される．

(5) 胎内被ばくを受け出生した子供にみられる精神発達遅滞は，確率的影響に分類される．

解説 (1) 正しい．着床前期の被ばくでは，胚(はい)の死亡が起こることがあるが，被ばくしても生き残り，発育を続けて出生した子供には，被ばくによる影響はみられない．

(2) 正しい．器官形成期の被ばくでは，奇形が発生することがある．（表4.4参照）

(3) 正しい．胎児期の被ばくでは，出生後，精神発達遅滞がみられることがある．

(4) 正しい．胎内被ばくにより胎児に生じる奇形（身体的影響：被ばくした本人に現れる影響）は，遺伝ではないため確定的影響に分類される．

(5) 誤り．胎内被ばくを受け出生した子供にみられる精神発達遅滞は，身体的影響で遺伝ではないため，確定的影響に分類される．

▶答 (5)

問題4 【平成29年秋B問17】

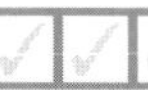

胎内被ばくに関する次の記述のうち，誤っているものはどれか．

(1) 着床前期の被ばくでは胚(はい)の死亡が起こることがあるが，被ばくしても生き残り，発育を続けて出生した子供には，被ばくによる影響はみられない．

(2) 器官形成期の被ばくでは，奇形が生じることがある．

(3) 胎児期の被ばくでは，出生後，精神発達遅滞がみられることがある．

(4) 胎内被ばくにより胎児に生じる奇形は，確定的影響に分類される．

(5) 胎内被ばくを受け出生した子供にみられる精神発達遅滞は，確率的影響に分類される．

解説 (1) 正しい．着床前期の被ばくでは胚の死亡が起こることがあるが，被ばくしても生き残り，発育を続けて出生した子供には，被ばくの影響は見られない．

(2) 正しい．器官形成期の被ばくでは，奇形が生じることがある．（表4.4参照）

(3) 正しい．胎児期の被ばくでは，出生後，精神発達遅滞がみられることがある．（表4.4参照）

(4) 正しい．胎内被ばくにより胎児に生じる奇形は，遺伝ではないため確定的影響に分類される．

(5) 誤り．胎内被ばくを受け出生した子供にみられる精神発達遅滞は，遺伝ではないため確定的影響に分類される．

▶答 (5)

問題5

【平成29年春B問20】 

胎内被ばくに関する次の記述のうち，誤っているものはどれか．

(1) 着床前期の被ばくでは胚の死亡が起こることがあるが，被ばくしても生き残り，発育を続けて出生した子供には，被ばくによる影響はみられない．

(2) 器官形成期の被ばくでは，奇形が発生することがある．

(3) 胎内被ばくにより胎児に生じる奇形は，確定的影響に分類される．

(4) 胎児期の被ばくでは，出生後，精神発達遅滞がみられることがある．

(5) 胎児期の被ばくによる奇形や発育不全は，遺伝的影響に分類される．

解説 (1) 正しい．着床前期の被ばくでは胚の死亡が起こることがあるが，被ばくしても生き残り，発育を続けて出産した子供には，被ばくによる影響はみられない．

(2) 正しい．器官形成期の被ばくでは，奇形が発生することがある．（表4.4参照）

(3) 正しい．胎内被ばくにより胎児に生じる奇形は，遺伝ではないので確定的影響に分類される．

(4) 正しい．胎児期の被ばくでは，出生後，精神発達遅滞がみられることがある．

(5) 誤り．胎児期の被ばくによる奇形や発育不全は，遺伝ではないので確定的影響に分類される．

▶答 (5)

問題6

【平成28年秋B問20】 

胎内被ばくに関する次の記述のうち，正しいものはどれか．

(1) 着床前期に被ばくして生き残った胎児には，発育不全がみられる．

(2) 胎内被ばくにより胎児に生じる奇形は，確定的影響に分類される．

(3) 胎内被ばくのうち，奇形の発生するおそれが最も大きいのは，胎児期の被ばくである．

(4) 胎内被ばくを受けて出生した小児にみられる精神発達の遅滞は，確率的影響に分類される.

(5) 器官形成期の被ばくは，奇形を起こすおそれはないが，出生後，身体的な発育遅延が生じるおそれがある.

解説 (1) 誤り．着床前期（受精8日まで：しきい線量0.1 Gy）に被ばくした場合，死亡してしまうか，正常に生まれてくるかどちらかであるので，死亡に至らず生き残った胎児には，発育不全はみられない．（表4.4参照）

(2) 正しい．胎内被ばくにより胎児に生じる奇形（受精9日〜受精8週：しきい線量0.1 Gy）は，確定的影響に分類される．

(3) 誤り．胎内被ばくのうち，奇形の発生のおそれが最も大きいのは，器官形成期の被ばくである．（表4.4参照）

(4) 誤り．胎内被ばくを受けて出生した小児にみられる精神発達の遅滞は，確定的影響に分類される．

(5) 誤り．胎児期の被ばくは，奇形を起こすおそれはないが，出生後，身体的な発育遅延が生じるおそれがある．（表4.4参照）

▶答 (2)

問題7 【平成28年春B問20】

胎内被ばくに関する次の記述のうち，正しいものはどれか.

(1) 着床前期に被ばくして生き残った胎児には，発育不全がみられる.

(2) 胎内被ばくを受けて出生した小児にみられる精神発達の遅滞は，確率的影響に分類される.

(3) 胎内被ばくのうち，奇形の発生するおそれが最も大きいのは，胎児期の被ばくである.

(4) 胎内被ばくにより胎児に生じる奇形は，確定的影響に分類される.

(5) 胎内被ばくによる奇形の発生のしきい線量は，ヒトでは5 Gy程度である.

解説 (1) 誤り．着床前期に被ばくして生き残った胎児には，発育不全は見られない．正常に生まれるか，死亡かのどちらかである．（表4.4参照）

(2) 誤り．胎内被ばくを受けて出生した小児にみられる精神発達の遅滞（しきい線量：0.2 〜 0.4 Gy）は，確定的影響に分類される．

(3) 誤り．胎内被ばくのうち，奇形の発生するおそれが最も大きいのは，器官形成期（受精9日〜受精8週）の被ばくである．

(4) 正しい．胎内被ばくにより胎児に生じる奇形は，確定的影響に分類される．

(5) 誤り．胎内被ばくによる奇形の発生のしきい線量は，ヒトでは0.1 Gyである．

▶答 (4)

4.13 胎内被ばくに関するもの

問題8 【平成27年秋B問20】

胎内被ばくに関する次の記述のうち，正しいものはどれか．

(1) 着床前期の被ばくでは胚の死亡が起こりやすく，生き残って発育を続けた胎児には，奇形が発生する．

(2) 胎内被ばくにより胎児に生じる奇形は，確率的影響に分類される．

(3) 器官形成期に被ばくした胎児には奇形が発生することはないが，出生後，精神発達遅滞が生じるおそれがある．

(4) 胎児期には脳の放射線感受性が低く，この時期に被ばくしても，出生後，精神発達遅滞が生じることはないが，身体的な発育遅延が生じるおそれがある．

(5) 胎内被ばくによる出生後の発育遅延は，確定的影響に分類される．

解説 (1) 誤り．着床前期の被ばくでは，胚の死亡が起こりやすく，生き残って発育を続けた胎児は正常である．

(2) 誤り．胎内被ばくによる胎児に生じる奇形は，しきい値がある確定的影響に分類される．（表4.4参照）

(3) 誤り．器官形成期に被ばくした胎児には，奇形が発生するおそれがある．精神発達遅滞が生じるおそれのあるのは，胎児期における被ばくである．（表4.4参照）

(4) 誤り．胎児期には脳の放射線感受性が高く，この時期に被ばくすると出生後，精神発達遅滞が生じるおそれがあり，身体的な発育遅延が生じるおそれもある．（表4.4参照）

(5) 正しい．胎児被ばくによる出生後の発育遅延は，しきい値（0.5 ～ 1.0 Gy）があり確定的影響に分類される．

▶答 (5)

■参考文献

1) 平井昭司・佐藤宏・上島久正・鈴木章悟・持木幸一：エックス線作業主任者試験徹底研究（改訂2版），オーム社（2014）

2) 柴田徳思　編：放射線概論（第8版），通商産業研究社（2013）

3) オーム社 編：診療放射線技師国家試験完全対策問題集―精選問題・出題年別―，オーム社

4) オーム社 編：診療放射線技師国家試験　合格！Myテキスト―過去問データベース＋模擬問題付―，オーム社

■索　引

記 号

〈著者略歴〉

三 好 康 彦 （みよし　やすひこ）

1968 年　九州大学工学部合成化学科卒業
1971 年　東京大学大学院博士課程中退
　　　　東京都公害局（当時）入局
2002 年　博士（工学）
2005 年 4 月～ 2011 年 3 月　県立広島大学生命環境学部 教授
現　在　EIT 研究所 主宰

主な著書 小型焼却炉 改訂版 / 環境コミュニケーションズ（2004年）
　　　　汚水・排水処理 ―基礎から現場まで― / オーム社（2009年）
　　　　公害防止管理者試験 水質関係 速習テキスト / オーム社（2013年）
　　　　公害防止管理者試験 大気関係 速習テキスト / オーム社（2013年）
　　　　公害防止管理者試験 ダイオキシン類 精選問題 / オーム社（2013年）
　　　　年度版 環境計量士試験［濃度・共通］攻略問題集 / オーム社
　　　　年度版 公害防止管理者試験 攻略問題集 / オーム社
　　　　年度版 第 1 種放射線取扱主任者試験 完全対策問題集 / オーム社
　　　　年度版 高圧ガス製造保安責任者試験 乙種機械 攻略問題集 / オーム社
　　　　年度版 高圧ガス製造保安責任者試験 丙種化学（特別） 攻略問題集 / オーム社
　　　　その他，論文著書多数

エックス線作業主任者試験　合格問題集

2021 年 1 月 14 日　　第 1 版第 1 刷発行

著　　者　三 好 康 彦
発 行 者　村 上 和 夫
発 行 所　株式会社 オ ー ム 社
　　　　　郵便番号　101-8460
　　　　　東京都千代田区神田錦町 3-1
　　　　　電 話　03(3233)0641(代表)
　　　　　URL https://www.ohmsha.co.jp/

印刷・製本　小宮山印刷工業
ISBN978-4-274-22661-8　Printed in Japan